U0291768

高等院校土木工程专业系列教材

高层建筑混凝土结构设计

编著　田稳苓　黄志远

审核　　　华德徽

中国建材工业出版社

图书在版编目(CIP)数据

高层建筑混凝土结构设计/田稳苓,黄志远编著.
北京:中国建材工业出版社,2005.7(2016.12 重印)
ISBN 978-7-80159-937-7

Ⅰ.高… Ⅱ.①田…②黄… Ⅲ.高层建筑—混凝
土结构—结构设计 Ⅵ.TU 973

中国版本图书馆 CIP 数据核字(2005)第 064189 号

内 容 提 要

本书系统地阐述了高层建筑结构体系及选择,建筑体型的设计原则,结构上的作用计算方法,结构分析计算模型及计算要点;系统地介绍了框架结构、剪力墙结构、框架—剪力墙结构、钢筋混凝土现浇楼盖、高层房屋的基础的设计计算方法及施工图平面整体表示方法。书中除对结构的内力近似计算理论和方法作必要的阐述外,对高层建筑的体型设计,结构静力、动力计算模型,结构计算合理性分析作了系统的介绍。旨在通过本书的学习,使学生掌握高层建筑混凝土结构设计全过程的各个设计环节。本书可作为高等学校土木工程专业的教科书,还可供工程设计人员及科研人员参考。

高层建筑混凝土结构设计

田稳苓 黄志远 编著

出版发行:中国建材工业出版社
地　　址:北京市海淀区三里河路 1 号
邮　　编:100044
经　　销:全国各地新华书店
印　　刷:北京鑫正大印刷有限公司
开　　本:787mm×1092mm　1/16
印　　张:16.5
字　　数:404 千字
版　　次:2005 年 7 月第一版
印　　次:2016 年 12 月第二次
定　　价:**39.80 元**

网上书店:www.jccbs.com.cn

本书如出现印装质量问题,由我社发行部负责调换。联系电话:(010)88386906

前　　言

　　20 世纪 90 年代以来,我国混凝土结构的高层建筑迅速发展,国内兴建的住宅、旅馆、办公楼、商贸中心和多功能高层建筑,绝大多数为钢筋混凝土结构。这就要求土木工程专业学生必须掌握高层建筑混凝土结构设计方法。为适应新形势下培养复合型高等土木工程人才和实际工程设计的需要,根据全国高等学校土木工程专业指导委员会关于该课程教学大纲的要求及我国现行的相关规范和规程,编写了本书。

　　本书在内容安排上注重实用性、系统性和全面性,并注重对结构整体性及建筑体型分析。主要内容包括高层建筑结构的受力特点、高层建筑结构体系,建筑体型设计,结构上的作用,结构分析,常用的高层框架、剪力墙和框架—剪力墙结构的设计,钢筋混凝土现浇楼盖设计,高层房屋的基础设计,施工图平面整体表示方法。在编写上除对结构的内力近似计算理论和方法作简明的阐述外,对高层建筑的体型设计,结构静力、动力计算模型,结构计算合理性分析及施工图平面整体表示方法作了系统的介绍。力求通过本书的学习,使学生掌握高层建筑混凝土结构设计全过程的各设计环节。本书可作为高等学校土木工程专业的教科书,还可供工程设计人员及科研人员参考。

　　本书由河北工业大学田稳苓(编写第 1、2、3、4、5 章,第 6 章 1、2 节,第 7 章 1、2 节,第 8 章 1、2、3 节,第 11 章)、河北工业大学黄志远(编写第 6 章 3 节,第 7 章 3、4 节,第 8 章 4 节,第 9 章,第 10 章及各章例题)共同编写。由田稳苓负责制定编写大纲及进行统稿。河北工业大学华德徽教授审阅了全部书稿,并提出了很多宝贵的建议和具体的修改意见,在此表示衷心感谢。

　　由于编写时间仓促及编者水平所限,书中错误和不当之处,恳请读者批评指正。

编　者

2005 年 3 月

目　　录

第1章 绪 论

1.1 高层建筑的发展

高层建筑的"高"是一个相对的概念,它是与人的感觉和地区的环境有关的。因此,高层建筑不能简单地以高度或层数用一个统一的标准定义。不过,从结构工程师的观点出发,高层建筑应是在结构设计中,因建筑物的建筑高度的不断增加,使水平风荷载或地震作用对建筑物的影响起重要控制作用。

多层与高层建筑的界限各国定义不一,也不严格,相关的影响因素主要有:①建筑材料的发展;②建筑技术的发展;③地震区高层建筑的研究水平;④电梯的设置标准;⑤防火的特殊要求。

多、高层建筑的定义一般是根据传统的影响、是否设电梯、建筑物的防火等级等因素确定的。我国曾将8层及8层以上的民用建筑或高度超过22m的工业建筑(设电梯)定义为高层建筑。《高层建筑混凝土结构技术规程》JGJ 3—2002将10层及10层以上的或房屋高度超过28m的民用建筑定义为高层建筑。

人类从文明社会开始就向往着高楼大厦,最初建造的高大建筑是为了防御外来侵略,随之发展到教会建筑。世界上第一栋近代高层建筑是美国芝加哥家庭保险公司大楼(Home Insurance,10层,高度为55m),建于1884~1886年。现代高层建筑也起源于美国,其中的代表建筑为1931年建成的纽约帝国大厦(102层,高度为381m),1972年建成的纽约世界贸易中心姐妹楼(110层,高度分别为417m和415m)和1974年建成的芝加哥西尔斯大厦(110层,高度为442m)。1985年以来,亚洲的日本、新加坡、香港、马来西亚、韩国、朝鲜和中国等国家和地区建成了大量的高层建筑,逐步成为世界高层建筑的集聚地之一。1998年马来西亚吉隆坡建成的石油双塔大厦(88层,高度为452m),取代西尔斯大厦成为世界的最高建筑。芝加哥为了保持世界第一建筑高度的记录,正在筹建一栋超过石油双塔大厦的摩天大楼。

我国内地高层建筑从20世纪50年代开始自行设计和建造,1959年在北京建成了一批高层公共和旅馆建筑,如民族饭店(14层)、民航大楼(16层)。20世纪60年代最高的建筑是广州宾馆(27层,高度为87m)。20世纪70年代相继建造了一批高层办公和旅馆建筑,其中最高的是广州白云宾馆(33层,112m)。20世纪80年代我国高层建筑高速发展,1980~1984年所建的高层建筑相当于解放以来三十多年中兴建高层建筑的总和。20世纪90年代我国高层建筑的层数和高度增长很快,1995年第五届国际高层建筑会议公布的排名,全世界最高的20栋建筑中,亚洲10栋,中国大陆3栋,香港地区2栋,台湾省1栋,即中国已占6栋。

据高层建筑与城市住宅委员会(CTBUH)1998年1月公布的资料,世界上最高的15栋建筑如表1-1所示,中国占4栋。1998年末统计的中国大陆已建成的15栋最高建筑如表1-2所示。其分布地区情况:上海6栋,深圳4栋,武汉2栋,北京1栋,广州1栋,青岛1栋。

表 1-1 世界上最高的 15 栋建筑(1998 年 1 月发布)

序号	名 称	城 市	建成年代	层 数	高度(m)	材料	用 途
1	石油大厦 1 Petronas Tower 1	吉隆坡	1998	88	452	M	多功能
2	石油大厦 2 Petronas Tower 2	吉隆坡	1998	88	452	M	多功能
3	西尔斯大厦 Sears Tower	芝加哥	1974	110	442	S	办 公
4	金茂大厦 Jin Mao Tower	上 海	1998	88	421	M	多功能
5	世界贸易中心 1 World Trade Center 1 (2001 年 9 月 11 日因飞机撞击而倒塌)	纽 约	1972	110	417	S	办 公
6	世界贸易中心 2 World Trade Center 2 (2001 年 9 月 11 日因飞机撞击而倒塌)	纽 约	1973	110	415	S	办 公
7	帝国大厦 Empire State Building	纽 约	1931	102	381	S	办 公
8	中环广场 Central Plaza	香 港	1992	78	372	C	办 公
9	中银大厦 Bank of China Tower	香 港	1989	70	369	M	办 公
10	T&C 大厦 T&C Tower	高 雄	1997	85	348	S	多功能
11	标准石油公司大厦 Amoco Building	芝加哥	1937	80	346	S	办 公
12	约翰汉克中心 John Hancock Center	芝加哥	1969	100	344	S	多功能
13	地王大厦 Shun Hing Spuare	深 圳	1996	81	325	M	办 公
14	中天广场 Sky Central Plaza	广 州	1996	80	322	C	多功能
15	芝加哥湖滨大厦 Chicago Beach Tower Hotel	芝加哥	1998	60	321	M	旅 馆

注:"材料"栏中 M 为钢-混凝土混合结构,S 为钢结构,C 为混凝土结构。

表 1-2 中国大陆最高的 15 栋建筑(1998 年 1 月发布)

序 号	名 称	地点	室内地坪至屋顶板高度(m)	结构层		体 系		形 状	建成年份
				地上	地下	材料	结 构		
1	金茂大厦	上海	421	88	3	M	框架-筒体	方 形	1998
2	地王大厦	深圳	325	81	3	M	框架-筒体	矩 形	1996
3	中天广场(中信广场)	广州	322	80	2	C	框架-筒体	方 形	1997
4	赛格广场	深圳	292	72	4	M	框架-筒体	八角形	1998
5	中银大厦	青岛	246	58	4	C	筒中筒	1/4 圆形	1996
6	明天广场	上海	238	60	3	C	框架-剪力墙	方 形	1998
7	上海交银金融大厦北楼	上海	230	55	4	M	框架-剪力墙	直角梯形	1998
8	武汉世界金融大厦	武汉	229	58	2	C	筒中筒	方 形	1998
9	浦东国际金融大厦	上海	226	56	3	M	框架-筒体	弧 形	1998
10	彭年广场(余氏酒店)	深圳	222	58	4	C	框架-多筒	三角形	1998
11	鸿昌广场	深圳	218	60	4	C	筒中筒	八角形	1996
12	武汉国际贸易中心	武汉	212	53	3	C	筒中筒	棱 形	1996
13	万都中心	上海	211	55	2	C	框架-筒体	方 形	1998
14	京广中心	北京	208	57	3	M	框架-剪力墙	扇 形	1990
15	上海国际航运大厦	上海	208	50	3	M	框架-筒体	扇 形	1998

注:"材料"栏中 M 为钢-混凝土混合结构,S 为钢结构,C 为混凝土结构。

按组成高层建筑结构的材料,可将高层建筑分为钢结构高层建筑、混凝土结构高层建筑、钢-混凝土混合结构高层建筑三种形式。钢结构具有自重轻、强度高、延性好、施工快等特点,但用钢量大、造价高、防火性能较差。混凝土结构具有造价低、耐火性能好、结构刚度大等优点,但结构的自重较大,这会使结构的地震作用增大,同时增加了在软土地基上设计基础的难度。钢-混凝土混合结构综合了两者的优点,克服了两者的缺点,是高层建筑中一种较好的结构形式。在世界范围内建成的高层建筑或超高层建筑中钢结构、钢-混凝土混合结构的大厦占了相当大的比例,世界上最高的15栋高层建筑中,钢结构有7栋,钢-混凝土混合结构有6栋,混凝土结构仅有2栋(表1-1)。国内目前仍以混凝土结构的高层建筑为主。国内已建成的15栋最高的高层建筑中,混凝土结构占8栋,钢-混凝土混合结构占7栋(表1-2)。

本书仅讨论混凝土结构高层建筑的受力性能和结构设计方法,并重点讲述框架结构、框架-剪力墙结构和剪力墙结构的设计方法。

1.2 高层建筑设计特点

高层建筑结构和多层建筑结构一样,承受竖向荷载和水平作用,但高层建筑结构首先是高,因而具有以下主要特点。

1. 水平作用力为控制作用

结构要同时承受竖向荷载和水平作用,在低层结构中,水平作用产生的内力、侧移很小,以抵抗竖向荷载为主。随着建筑高度的增加,水平作用(风荷载或地震作用)产生的内力和位移迅速增加,如果把建筑物看成一个简单的竖向悬臂构件(图1-1),构件中由竖向荷载产生的轴力与高度(H)成正比;水平作用产生的弯矩与高度(H)的二次方成正比;水平作用产生的侧向位移则与高度(H)的四次方成正比。在高层建筑结构中,水平作用将成为结构设计的控制因素。

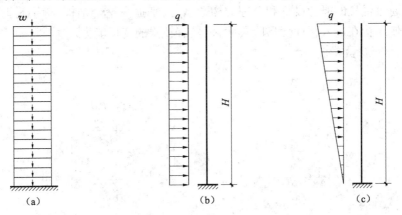

图 1-1 建筑物上的作用

(a)竖向荷载;(b)均布水平作用;(c)倒三角形水平作用

轴力 $$N = wH(\text{竖向荷载}) \tag{1-1}$$

弯矩 $$M = \frac{qH^2}{2}(\text{均布水平作用}) \tag{1-2}$$

$$M = \frac{qH^2}{3}(\text{倒三角形水平作用}) \tag{1-3}$$

侧移
$$\Delta = \frac{qH^4}{8EI}(均布水平作用) \tag{1-4}$$

$$\Delta = \frac{11qH^4}{120EI}(倒三角形水平作用) \tag{1-5}$$

2. 结构应具有适宜刚度

从上述的分析中发现,随着高度的增加,高层建筑的侧向位移迅速增大。因此,设计高层建筑时不仅要求结构有足够的强度,而且要求结构有适宜的刚度,使结构有合理的自振周期等动力特性,并使水平力作用下产生的层位移控制在一定范围之内。高层建筑结构层间位移(刚度)控制的主要目的有以下几点:

(1)在正常使用条件下,保证主结构基本处于弹性受力状态,避免钢筋混凝土墙或柱出现裂缝;将混凝土梁等楼面构件的裂缝数量、宽度和高度限制在规范允许范围之内。

(2)在正常使用条件下,保证填充墙、隔墙和幕墙等非结构构件的完好,避免产生明显损伤。

(3)在正常使用条件下,保证高层建筑物有适宜的刚度,避免高层建筑物在风荷载作用下,产生过大的振动加速度,满足高层建筑物中居住者的舒适度要求。

(4)在强烈地震作用下,避免因结构薄弱层(部位)产生较大的弹塑性变形,引起结构的严重破坏甚至倒塌。

3. 结构应具有良好的延性

建筑结构的耐震主要取决于结构所能吸收的地震能量,它等于结构承载力～变形曲线所包围的面积(图1-2)。可见,结构的耐震能力是由承载力和变形能力两者共同决定的。当结构承载力较低而具有很大的变形能力(延性)时,也可以吸收较多的能量(图1-2b)。这样,即使结构较早出现损坏,但能经受住较大的变形,也会避免倒塌。相对于低层建筑,高层建筑较柔一些,地震作用下的变形就更大一些。为了避免高层建筑在大震下倒塌,必须在满足必要强度的前提下,通过优良的概念设计和合理的构造措施,来提高整个结构、特别是薄弱层(部位)的变形能力,使结构在进入塑性变形阶段后,仍具有较强的变形能力。

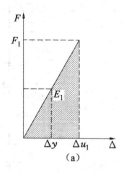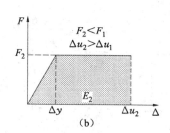

图 1-2

一个结构或构件的延性,是指结构或构件在承载力没有明显降低的情况下,其塑性变形能力。一般用破坏或极限强度时的变形与屈服变形的比值来表示,称为延性比或延性系数。

结构的总体延性常用顶点位移延性比(延性系数)表示,即

$$\mu = \frac{\Delta u}{\Delta y} \tag{1-6}$$

式中　μ——结构顶点位移延性比(延性系数);

　　　Δu——结构顶点极限位移;

　　　Δy——结构顶点屈服位移。

　　顶点位移延性比综合反映结构各部分的塑性变形能力。地震区对一般钢筋混凝土结构要求 μ 值大于3~5。结构延性的好坏与许多因素有关,如结构材料、结构体系、总体结构布置、构件设计、节点连接构造等。因此,在结构设计中应综合考虑这些因素,合理设计,使结构具有足够的强度、适宜的刚度、良好的延性。

第2章 高层建筑结构体系

2.1 高层建筑结构体系组成原则

建筑结构是指建筑物中承受荷载并起骨架作用的部分,由水平分体系(楼、屋盖)、竖向分体系(抗侧力结构体系)和基础三大部分组成。作用在建筑结构上的荷载传递路线为:荷载→水平分体系→竖向分体系→基础。

由于高层建筑的水平作用是控制作用,因此,抗侧力结构体系的选择和设计成为设计中的关键问题。高层建筑结构体系的组成应遵循下列原则:

1. 结构体系应具有明确的计算简图和合理的地震作用传递途径

如图 2-1 所示,由于柱(图 2-1a、图 2-1b、图 2-1c)和抗震墙(图 2-1d)不连续,使地震作用传递路线间断。如果在这些不规则传力部位处,相邻构件的强度差异较大时,易引起图 2-1 中阴影部位构件的非弹性变形集中,成为抗震上的薄弱部位。

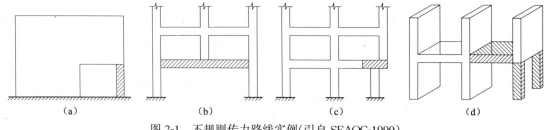

(a)　　　　　　　(b)　　　　　　　(c)　　　　　　　(d)

图 2-1　不规则传力路线实例(引自 SEAOC-1990)

2. 结构体系应避免因部分结构或构件破坏而导致整个结构丧失抗震能力或承受重力荷载的能力

在 1995 年日本阪神大地震中,一些 8～10 层上下的钢筋混凝土房屋在中间层塌落;1999 年台湾集集大地震中,一些 10 多层的钢筋混凝土房屋向一侧倾倒。其原因是出现了薄弱层(图 2-2)。因此,抗震设计的一个重要原则是避免部分结构破坏,防止结构塌落和倾倒。

3. 结构体系应具备必要的承载能力、适宜的刚度和良好的变形能力

对结构体系来说足够的承载能力是基本要求,而适宜的刚度和良好的变形能力是同时需要满足的条件。结构刚度过大,虽然变形小,震害轻,但地震作用大,不经济。结构刚度过小,变形太大,震害重。因此,设计时应使结构刚度适宜。

结构要有良好的塑性变形能力,通过允许的塑性变形耗散地震能量,达到大震不倒的目的。在地震区,结构延性设计准则是抗震设计的重要原则。

4. 结构体系宜具有多道抗震防线

多道抗震防线的结构体系在历次地震中,均显示出优越的抗震性能。其原因是当第一道防线的抗侧力构件在强列地震作用下遭到破坏后,由第二道防线的抗侧力构件来承受后续的地震冲击,以保证建筑物最低限度的安全,免于倒塌。尤其当建筑物基本周期与地震震动的卓越周期相接近,以致发生共振的情况时,多道抗震防线的优越性就更为明显。当第一道防线因共振而遭破坏后,以第二道防线为主体的建筑物,自振周期会有较大变化,不同于地震震动的卓越周期,避开共振现象,减轻地震的破坏作用,虽然可能遭受到十分严重的破坏,却很少发生倒塌。如果仅有一道抗震防线,该防线一旦破坏,相应于随后的持续地震动,就会促使建筑物倒塌。

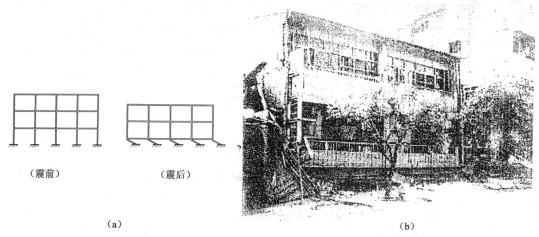

图 2-2　底柱折断、底层偏移
(a)震害示意简图;(b)震害实况

　　多道抗震防线的结构体系一般为多重结构体系(如框架-剪力墙体系、框架-支撑体系、框架-筒体体系、筒中筒体系等)。震害调查发现,建筑物倒塌的最直接原因是承重构件承载能力降低,且低于有效重力荷载作用效应。因此,第一道防线应优先选择不负担或少负担重力荷载的构件或体系。

2.2　高层建筑结构体系

　　我国钢筋混凝土高层建筑中通常采用的结构体系有:框架、框架-剪力墙、剪力墙和筒体等几种体系。这些体系的受力特点、抵抗水平作用的能力、特别是抗震性能都有所不同,因此有不同的适用范围。

2.2.1　框架结构体系

　　由梁、柱线形杆件组成的结构称为框架。框架可以是等跨的,亦可以是不等跨的,层高可以相等亦可以不相等(图 2-3a)。有时因使用要求还可在某层缺梁或某跨缺柱(图 2-3b)。高层建筑中的所有抗侧力单元全部采用框架,称为框架结构体系。

　　框架结构在建筑上能够提供较大的空间,平面布置灵活,对设置门厅、会议室、开敞办公室、阅览室、商场和餐厅等都十分有利,故常用于综合办公楼、旅馆、医院、学校、商场等建筑。

　　框架既承受竖向荷载也承受水平作用。在水平荷载作用下,梁、柱内力由底层往上逐渐减少,内力分布不均匀(图 2-4a),框架结构的位移曲线呈剪切型(图 2-4b),其特点是愈到上部层间相对位移愈小。

　　框架结构作为抗侧力单元,主要由线性杆件组成,抗侧刚度较小、侧向位移大,一般属于柔性结构。

　　框架结构体系通过合理设计,可具有良好的延性,即所谓实现"延性框架"设计。因此在地震力作用下,框架结构本身的抗震性能是好的。但另一方面,由于框架结构侧向刚度较小,水平作用下位移较大,易引起非结构性构件的破坏,有时甚至会造成结构破坏。从受力合理和控制造价的角度,框架结构不宜建得过高。

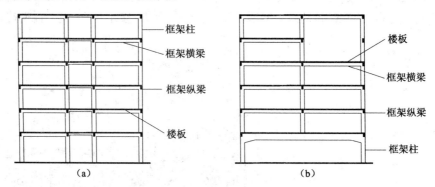

图 2-3　框架结构
(a)框架结构;(b)某层缺梁或某跨缺柱的框架结构

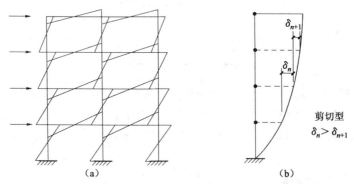

图 2-4　框架结构在水平荷载作用下的弯矩图和位移曲线
(a)弯矩图;(b)位移曲线

我国已建成的钢筋混凝土框架结构体系中最高达 15 层,是早期建造的北京民航办公大楼,为装配式框架结构体系,如图 2-5 所示。

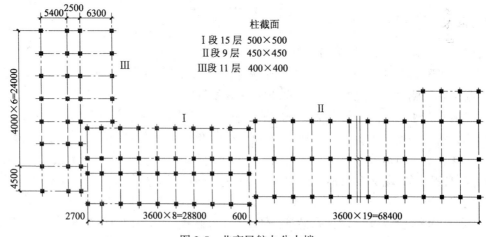

图 2-5　北京民航办公大楼

8

2.2.2 剪力墙结构体系

剪力墙是截面厚度薄、宽度(长度)较大的平面构件。高层建筑中的所有抗侧力单元全部采用剪力墙,称为剪力墙结构体系。

剪力墙体系是利用房屋的内、外墙作为承重构件的一种体系。承重墙同时也兼作围护和分隔墙使用,适用于开间较小的住宅、旅馆等高层建筑。图 2-6 所示的上海才茂公寓(23 层,高 71m)为一剪力墙结构体系。

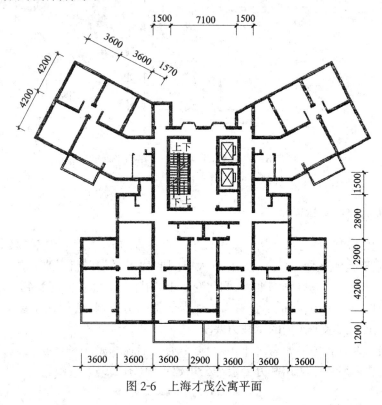

图 2-6　上海才茂公寓平面

剪力墙作为墙体使用时,既承受竖向荷载,也承受水平作用。在水平作用下,剪力墙结构的位移曲线呈弯曲型(图 2-7),其特点是愈到上部层间相对位移愈大。

剪力墙结构体系的缺点和局限性主要表现在剪力墙间距不能太大,平面布置不灵活,不能满足公共建筑的使用要求,结构自重也较大。

剪力墙的抗震性能较好,现浇钢筋混凝土剪力墙结构体系,由于其整体性好、抗侧刚度大,因而在水平力作用下侧向变形小,震害轻。由于墙体截面面积大,强度也比较容易满足,适合建造高层建筑。

当采用剪力墙结构的高层住宅沿街布置时,为了满足居民购物和城市规划的要求,需要在建筑物的底部取消隔墙而做成大开间的商场。另外,一些剪力墙结构体系的宾馆,考虑到娱乐、购

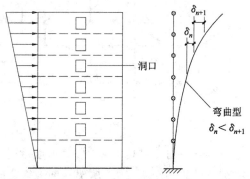

图 2-7　水平荷载作用下剪力墙的位移曲线

9

物、用膳、停车等的要求,也将房间的底部做成大开间。为此,可使部分剪力墙落地,部分剪力墙在底部改为框架,成为框支剪力墙。这类结构体系称为底部大空间的剪力墙结构体系。图2-8 所示为大连友谊广场商住楼(15 层),为底部大空间的剪力墙结构。

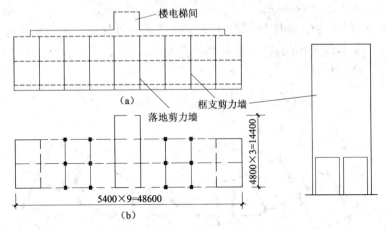

图 2-8 大连友谊广场商住楼结构平面图
(a)顶层平面;(b)首层平面

2.2.3 框架-剪力墙结构体系

框架-剪力墙结构体系是在框架体系中设置一定数量的剪力墙所构成的双重体系。

框架体系具有建筑平面布置灵活,有较大空间的优点,但其抗侧刚度差,水平位移较大。剪力墙体系恰好相反,具有抗侧刚度大、侧向变形小的特点,而建筑空间受到一定限制,布置不灵活。为此,在框架体系中,在适当位置布置适当数量的剪力墙,会使整个结构体系的抗侧刚度适当,并能满足抵抗水平作用的承载力要求,还可以保证建筑布置的一定灵活性。这样,可达到取两者之长,补各自体系原有之不足。框架-剪力墙体系是一种经济有效、应用范围较广泛的结构体系,普遍应用于宾馆和办公楼等公用建筑中(图2-9)。

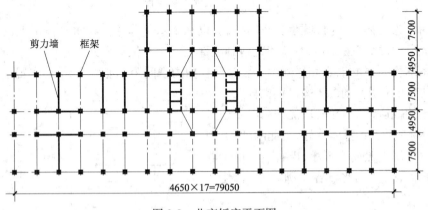

图 2-9 北京饭店平面图

框架-剪力墙结构体系中,剪力墙承受绝大部分的水平作用,而框架则以承受竖向荷载为主,分工合理、物尽其用。框架和剪力墙之间的协同工作,使房屋各层变形趋于均匀。同时也使框架柱的受力比纯框架柱均匀,因此柱截面尺寸和配筋亦较均匀。框架和剪力墙的刚度相差很大,水平作用下的变形曲线形状也不相同,当框架单独承受水平作用时,其变形曲线呈剪切型(图2-10a),当剪力墙单独承受水平作用时的变形曲线呈弯曲型(图2-10b),两者通过楼板连在一起,使变形协调一致,变形曲线呈弯剪型(图2-10c)。

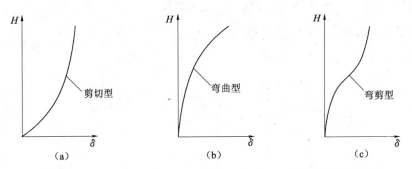

图2-10　结构的水平位移曲线(H—房屋高度;δ—房屋的水平位移)
(a)框架结构;(b)剪力墙结构;(c)框架-剪力墙结构

2.2.4　筒体结构体系

筒体是由钢筋混凝土墙形成的封闭的空间结构。它具有较大抗侧及抗扭刚度。筒体有两种形式:一为实腹筒体,筒体和各层楼板连接后,形成了一个抗侧刚度极大的空间结构,似一竖向放置的薄壁悬臂箱形梁(图2-11a);另外一种为空腹筒体,由布置在房屋四周的密集立柱和高跨比很大的窗裙梁所组成的多孔筒体(图2-11b)构成。空腹筒体的开洞面积一般不超过房屋外立面面积的60%。柱距一般为$1.2\sim3.0$m,最大不宜超过4m。窗裙梁的截面高度可取柱净距的1/4,厚一般为$0.3\sim0.5$m。在水平作用下,筒体的位移曲线呈弯剪型(图2-11c)。

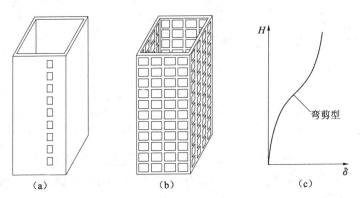

图2-11　筒体及其水平荷载作用下的位移曲线
(a)实腹筒;(b)空腹筒;(c)位移曲线

以筒体来承受房屋大部分或全部竖向荷载和水平荷载所组成的结构体系称为筒体结构。根据房屋的高度、荷载的性质、建筑功能及建筑美学要求可以采用框架-筒体结构、筒中筒结构、组合筒结构和其他一些筒体结构形式。

1. 框架-核心筒结构体系

工程设计时,一般可将竖向交通、卫生间等服务性房屋集中布置在楼层平面的核心部位,沿着该部位的周边设置钢筋混凝土墙体,将办公用房布置在外围,便形成了由实腹筒和框架共同组成的框架-核心筒结构体系。这种结构体系的外框架布置灵活,为建筑师设计各种不同的建筑平面、立面和空间创造了条件,适用于有新意的各种公共建筑,如图 2-12 所示。

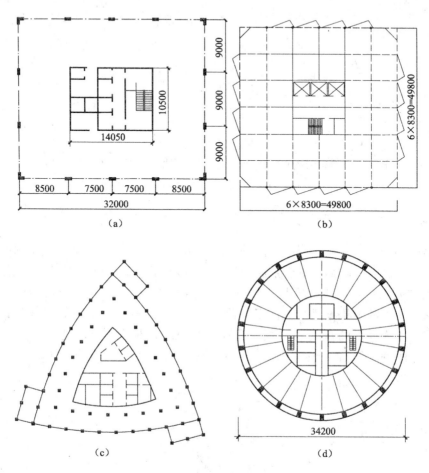

图 2-12　框架-核心筒结构体系

(a)上海联谊大厦(29 层,高 108.65m);(b)上海华东电管局(24 层,高 123m);

(c)上海红桥宾馆(35 层,高 103.7m);(d)广东肇庆星湖大酒店(34 层,高 118.4m)

　　框-筒体系中,框架主要承受竖向荷载,而筒体主要承受水平作用,框架-筒体结构体系的受力性能类似于框架-剪力墙结构体系,在水平荷载作用下的位移曲线呈弯剪型。但是,前者的抗侧刚度远大于后者。

　　为增加建筑物的高度,还可在框架内设置若干个封闭的组合筒体形成框架-组合筒体结构体系。目前,世界最高的建筑——马来西亚的石油大厦姐妹楼采用的就是这种结构形式(图2-13)。正在美国芝加哥筹建的世界最高建筑 Miglin-Beitler 塔(609.7m)采用的也是这种结构形式(图 2-14)。另外,还可以将组合筒体设在框架的外部,组成框架-组合筒结构体系。外露的组合筒体使建筑立面显得更加挺拔、雄伟。深圳市中国银行大厦就是框架-外露组合筒结构的一个实例(图 2-15)。

（a）

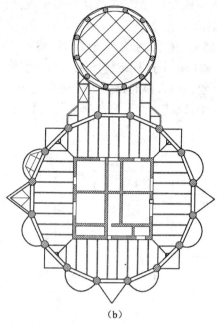

（b）

图 2-13　马来西亚石油大厦姐妹楼

（a）效果图；（b）单塔平面图

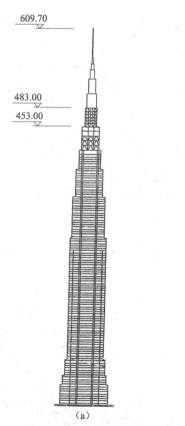

（a）

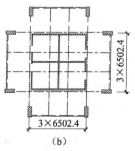

（b）

图 2-14　芝加哥 Miglin-Beitler 塔（高 609.7m）

（a）立面图；（b）平面图

13

框架-空腹筒体结构体系就是将空腹筒体布置在房屋的外围、框架布置在中间形成的框架-筒体结构体系,如图 2-16 所示。这种结构适用于房屋的平面接近正方形或圆形的塔式建筑中,1965 年建成的美国芝加哥 43 层切斯纳脱公寓大楼(Dewitt Chestnut Apartment Building)就应用了这种结构体系。由于空腹筒体的密立柱之间的距离较小,不利于在建筑的底部设立较大的入口通路。为了解决这个问题,常用巨大的拱、横梁或桁架等(称为转换层)支承上部结构,以减少房屋底部密立柱的数目(图 2-17)。

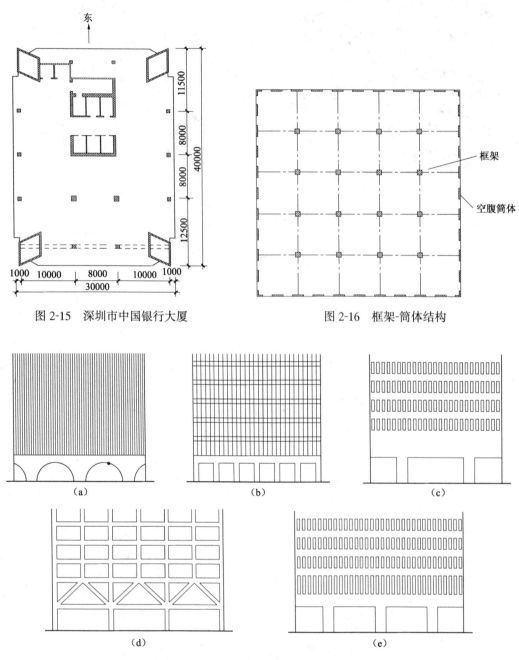

图 2-15 深圳市中国银行大厦　　　　　图 2-16　框架-筒体结构

图 2-17　框架-筒体结构底部进口的处理

14

2.筒中筒结构体系

将实腹筒置于建筑物的内部,空腹筒体作为建筑物的外框,利用楼板将两者连为一体,共同承受竖向荷载和水平荷载的结构承重体系称为筒中筒结构体系。筒中筒结构体系的水平位移曲线呈弯剪型,但抗侧刚度大于框架-筒体结构体系。若不断扩大外筒的立柱间距,减小窗裙梁的断面,则筒中筒结构体系演变为框架-核心筒结构体系。筒中筒结构体系的内、外筒之间空间较大,可以灵活地进行平面布置;通过设计各种不同平面的筒体,亦可获得较好的立面处理效果。另外,由于筒体结构具有很大的抗侧能力和抗扭能力,因此,筒中筒结构广泛应用于65层左右的公用建筑中。如美国休士顿贝壳广场大厦(52层,高215m)采用的就是筒中筒结构,香港中环广场采用的也是筒中筒结构(图2-18)。筒中筒结构房屋的底部若设立大开间的进口,亦可采用图2-17所示的处理方法。

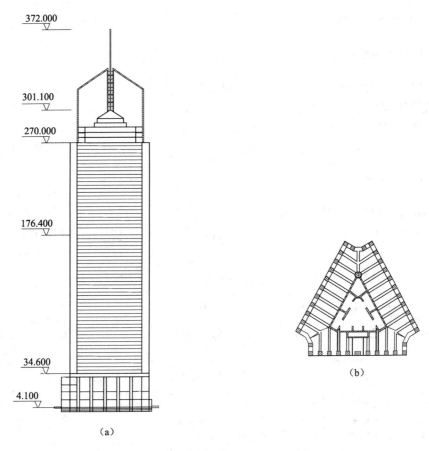

图2-18 香港中环广场(Central Plaza,78层,372m)
(a)立面图;(b)平面图

3.组合筒结构体系

将几个筒体组合成一个整体,共同承担竖向和水平荷载的结构承重体系称为组合筒体结构体系。组合筒体结构体系集中了多个筒体共同抵御外部荷载,因此它具有比筒中筒结构体系更大的抗侧能力,常用于75层左右的高层建筑中。奥地利维也纳的联合国办公大楼采用的就是图2-19所示的组合筒结构。美国俄亥俄哥伦巴斯市州立银行大厦(Ohio National Bank

Building,Columbus,Ohio)采用的也是组合筒体系(图 2-20)。

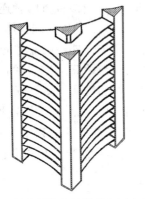

图 2-19 奥地利维也纳的联合国办公大楼

图 2-20 哥伦巴斯市州立银行大厦

2.2.5 板柱-剪力墙结构体系

板柱-剪力墙结构的板柱指无内部纵梁和横梁的无梁楼盖结构,在板柱框架结构体系中加入剪力墙或筒体,便组成了板柱-剪力墙结构体系。该体系中,主要由剪力墙构件承受侧向力,并提高体系侧向刚度。这种结构目前在高层建筑中有较多的应用,但其适用高度宜低于一般框架结构。震害表明,板柱结构的板、柱破坏较严重,包括板的冲切破坏和柱的压坏。

2.2.6 结构体系的比较

各竖向承重单体的不同组合,构成了不同的结构体系,且其受力和变形性能各不相同,特别是抗侧刚度差异极大,适用高度相差甚大。各种结构体系的基本性能和适用范围比较如表2-1 所示。

表 2-1 结构体系的比较

结构体系	抗侧刚度	适用层高	受 力 特 点	位移曲线	建筑特点
框架结构体系	侧移刚度小,位移大	6 层左右	框架承担竖向荷载和水平荷载	整体位移呈剪切型	平面布置灵活、空间大
剪力墙结构体系	侧移刚度较大	40 层左右	承受竖向荷载与水平作用的竖向构件全部是剪力墙	位移曲线呈弯曲型	小房间的住宅、旅馆
框架-剪力墙结构体系	介于框架体系与剪力墙体系之间	20 层左右	框架承担竖向荷载剪力墙承担水平荷载	框架剪力墙协同工作,位移曲线呈弯剪型	平面布置灵活、空间较大
框架-筒体结构体系	侧移刚度很大	50 层左右	框架、筒体共同承担竖向荷载,水平荷载由筒体承担	位移曲线呈弯剪型	平面布置灵活、空间较大适于公建
筒中筒结构体系	侧移刚度更大	65 层左右	外空腹筒和内实腹筒共同承担竖向和水平荷载	位移曲线呈弯剪型	同上
组合筒结构体系	侧移刚度极大	75 层左右	多筒共同承担竖向和水平荷载	位移曲线呈弯剪型	同上

16

2.3 结构体系的选择

高层建筑钢筋混凝土结构可采用框架、框架-剪力墙、剪力墙、筒体和板柱-剪力墙结构体系。设计时应根据房屋的用途、高度和高宽比、抗震设防类别、抗震设防烈度、场地类别、结构材料和施工技术条件等因素选择适宜的结构体系。

A 级高度钢筋混凝土乙类和丙类高层建筑的最大适用高度应符合表 2-2 的规定,框架-剪力墙、剪力墙和筒体结构高层建筑,其高度超过表 2-2 规定时为 B 级高度高层建筑。B 级高度钢筋混凝土乙类和丙类高层建筑的最大适用高度应符合表 2-3 的规定。

A 级高度钢筋混凝土高层建筑结构的高宽比不宜超过表 2-4 的数值;B 级高度钢筋混凝土高层建筑结构的高宽比不宜超过表 2-5 的数值。

表 2-2　A 级高度钢筋混凝土高层建筑的最大适用高度　　（m）

结 构 体 系		非抗震设计	抗 震 设 防 烈 度			
			6 度	7 度	8 度	9 度
框　架		70	60	55	45	25
框架-剪力墙		140	130	120	100	60
剪力墙	全部落地剪力墙	150	140	120	100	60
	部分框支剪力墙	130	120	100	80	不应采用
筒体	框架-核心筒	160	150	130	100	70
	筒中筒	200	180	150	120	80
板柱-剪力墙		70	40	35	30	不应采用

表 2-3　B 级高度钢筋混凝土高层建筑的最大适用高度　　（m）

结 构 体 系		非抗震设计	抗 震 设 防 烈 度		
			6 度	7 度	8 度
框架-剪力墙		170	160	140	120
剪力墙	全部落地剪力墙	180	170	150	130
	部分框支剪力墙	150	140	120	100
筒 体	框架-核心筒	220	210	180	140
	筒中筒	300	280	230	170

表 2-4　A 级高度钢筋混凝土高层建筑结构适用的最大高宽比

结 构 体 系	非抗震设计	抗 震 设 防 烈 度		
		6 度、7 度	8 度	9 度
框架、板柱-剪力墙	5	4	3	2
框架-剪力墙	5	5	4	3
剪力墙	6	6	5	4
框架-核心筒、筒中筒	6	6	5	4

表 2-5 B 级高度钢筋混凝土高层建筑结构适用的最大高宽比

非 抗 震 设 计	抗 震 设 防 烈 度	
	6 度、7 度	8 度
8	7	6

2.4 复杂高层建筑结构体系

复杂高层建筑结构包括：带转换层的结构、带加强层的结构、错层结构、连体结构和多塔楼结构，属于不规则结构，传力途径复杂，在地震作用下易形成敏感的薄弱部位。

2.4.1 带转换层的高层结构

在高层建筑结构的底部，当上部楼层部分竖向构件(剪力墙、框架柱)不能直接连续贯通落地时(图 2-21a)，必须设置安全可靠的转换构件。转换构件所在的层称为转换层，设有转换层的结构称为带转换层的结构。带转换层的结构属于竖向不规则结构，转换层是薄弱楼层。转换结构构件可采用梁、桁架、空腹桁架、箱形结构、斜撑等；非抗震设计和 6 度抗震设计时转换构件可采用厚板，7 度、8 度抗震设计的地下室的转换层构件可采用厚板。

2.4.2 带加强层的高层结构

加强层结构一般在框架-核心筒结构中采用。框架-核心筒结构的外围框架都为稀柱框架，当房屋较高时，结构的侧向刚度较弱，有时不满足设计要求，此时可沿建筑物的竖向利用建筑避难层、设备层空间，在核心筒与外围框架之间设置适宜刚度的水平外伸构件，必要时可在周边框架柱之间增设水平环带构件，以构成带加强层的结构(图 2-21b)。框架-核心筒结构设置加强层后，其稀柱框架的轴力可平衡较大一部分水平力产生倾覆力矩，从而减少内筒的弯曲变形，转换为外围框架柱的轴向变形，结构在水平力作用下的位移可明显减少。带加强层的结构属于竖向不规则结构，加强层的设置引起结构刚度和内力在加强层附近发生明显突变。在地震作用下，结构易在加强层附近形成薄弱层。

2.4.3 错层结构

房屋不同部位因功能不同而使楼层错层时，便形成了错层结构(图 2-21c)。错层结构属于竖向布置不规则结构；错层附近的竖向抗侧力结构受力复杂，难免会形成众多应力集中部位；错层结构的楼板有时会受到较大的削弱；剪力墙结构错层后会使部分剪力墙的洞口布置不规则，形成错洞剪力墙或叠合错洞剪力墙；框架结构错层则更为不利，往往形成许多短柱与长柱混合的不规则体系。抗震设计时，高层建筑宜避免错层。当因功能不同而使楼层错层时，宜采用防震缝划分为独立的结构单元。

2.4.4 连体结构

连体结构可分为两种形式。一种形式为架空的连廊，在两个建筑之间设置一个或多个连廊(图 2-21d)。震害表明，连体结构破坏严重，连接体本身塌落较多，同时使主体结构中与连接体相连的部分结构严重破坏，尤其当两个主体结构层数不等或体型、平面和刚度不同时，两建筑的地震反应差别很大,在地震中该连体结构会出现复杂的平扭耦联振动,扭转反应效应增大,连体结构破坏尤为严重。另一种形式为凯旋门式,这种形式的两个主体结构一般采用对称的平面形式,在两个主体结构的顶部若干层连接成整体楼层,连接体的宽度与主体结构的宽度相等或接近。

2.4.5 多塔楼结构

在多个高层建筑的底部有一个连成整体的大裙房,形成大底盘(图 2-21e);当一幢高层建筑的底部设有较大面积的裙房时,为带底盘的单塔结构,这种结构是多塔楼结构的一个特殊情况。对于多个塔楼仅通过地下室连为一体,地上无裙房或有局部小裙房但不连为一体的情况,一般不属于大底盘多塔结构。

带大底盘的高层建筑,结构在大底盘上一层突然收进,属于竖向不规则结构;大底盘上有两个或多个塔楼时,结构振型复杂,并产生复杂的扭转振动,使结构内力增大。

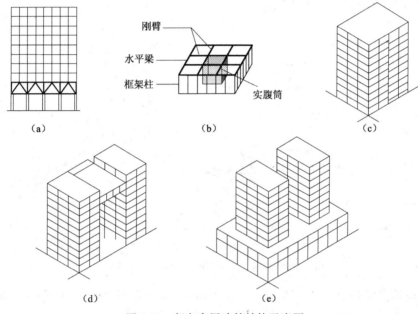

图 2-21 复杂高层建筑结构示意图
(a)桁架转换层;(b)加强层;(c)错层;(d)连体;(e)多塔

2.4.6 复杂高层建筑结构的适用范围

复杂高层建筑结构属不规则结构,传力途径复杂,在地震作用下易形成敏感的薄弱部位。因此,复杂结构在抗震区的适用范围受到限制:

(1)9 度抗震设计时不应采用带转换层的结构、带加强层的结构、错层结构、连体结构。

(2)7 度、8 度抗震设计的高层建筑不宜同时采用超过两种上述的复杂结构。

(3)7 度、8 度抗震设计时,错层剪力墙结构的高度分别不宜大于 80m 和 60m,错层框架-剪力墙结构的高度分别不应大于 80m 和 60m。

(4)抗震设计时,B 级高度高层建筑不宜采用连体结构。

(5)抗震设计时,B 级高度的底部带转换层的筒中筒结构,当外筒采用由剪力墙构成的壁式框架时,其最大适用高度应比表 2-3 规定的数值适当降低。

第3章 建筑体型

3.1 建筑体型设计的一般原则

3.1.1 建筑体型与震害

建筑体型的内涵泛指建筑物的外形、尺寸(图 3-1a)、非结构构件(图 3-1b 中的填充墙)和结构构件(图 3-1c)的性能、数量、位置。

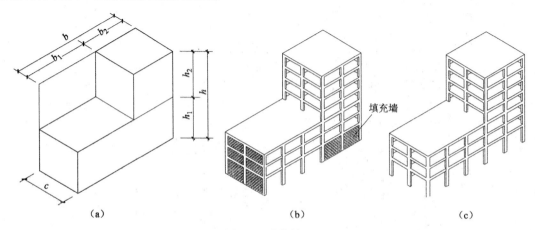

图 3-1 建筑体型
(a)建筑尺寸与形状;(b)非结构构件;(c)结构构件

建筑体型直接影响地震作用效应,不利的体型,震害明显加重。大量的宏观震害说明建筑物平面不对称,刚度不均匀,高低错层连接,屋顶局部突出或沿高度刚度、质量突变等,均容易造成严重震害。因此,在结构抗震设计中建筑体型优选与结构计算分析有着同等重要的地位。

建筑体型的规则性对抗震能力有重要影响的认识,始自若干现代建筑在强震中的震害。其中最为典型的是 1972 年 12 月 23 日南美洲的马那瓜(Managua)地震。马那瓜有两幢高层建筑,相隔不远(当地的地震烈度估计为 8 度),一幢是 15 层的中央银行大厦,另一幢是美洲银行大厦。前一幢的建筑结构严重不规则,地震时破坏严重,地震后拆除;后一幢建筑结构很规则,地震时只轻微损坏,地震后仅稍加修理便恢复使用。下面就该两幢建筑的体型特点和震害进行分析。

1.中央银行大厦

图 3-2 所示为马那瓜中央银行大厦平、立面图,其体型特点如下:

(1)平面不规则

如图 3-2a 所示,四个楼梯间,偏置塔楼西端,再加上西端有填充墙,地震时产生极大的扭转偏心效应。

4 层以上的楼板仅 50mm 厚,搁置在 14.4m 长的小梁上,小梁的全高仅为 450mm,这样的一个楼面体系是十分柔弱的,抗侧力的刚度很差,在水平地震力作用下产生很大的楼板水平变形和竖向变形。

(2)竖向不规则

塔楼 4 层楼面以上,北、东、西三面布置了密集的小柱子,共 64 根,支承在 4 层楼板水平处的过渡大梁上,大梁又支承在其下面的 10 根 1m×1.55m 的柱子上(柱子的间距达 9.4m),形成上下两部分严重不均匀、不连续的结构体系(图 3-2c)。

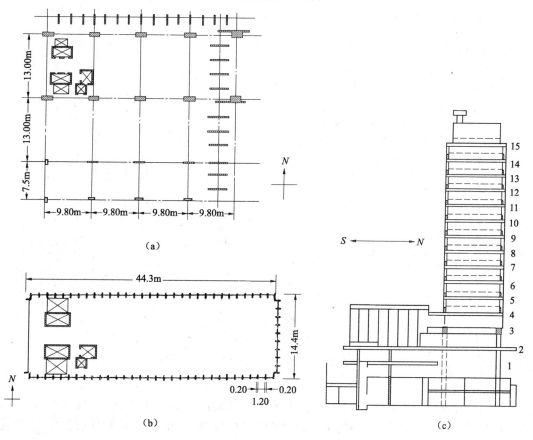

图 3-2　马那瓜中央银行大厦平、立面图
(a)平面图(1);(b)平面图(2);(c)立面图

由于建筑体型的不规则,该建筑在这次地震中主要遭受了以下破坏:

第 4 层和第 5 层之间(竖向刚度和承载力突变),周围柱子严重开裂,柱钢筋压屈;

横向裂缝贯穿 3 层以上的所有楼板(有的宽达 10mm),直至电梯井的东侧;

塔楼的西立面、其他立面的窗下和电梯井处的空心砖填充墙及其他非结构构件均严重破坏或倒塌。

美国加洲大学贝克莱分校对这幢建筑在地震后进行了计算分析,结果表明:①结构存在十分严重的扭转效应;②塔楼 3 层以上北面和南面的大多数柱子抗剪能力大大不足,率先破坏;③在水平地震作用下,柔而长的楼板产生可观的竖向运动等。

2．美洲银行大厦

图 3-3 所示为马那瓜美洲银行大厦平、立面图,其结构系统是均匀对称的,基本的抗侧力系统包括 4 个 L 形的筒体,对称地由连梁连接起来,这些连梁在地震时遭到剪切破坏,是整个结构观察到的主要破坏。

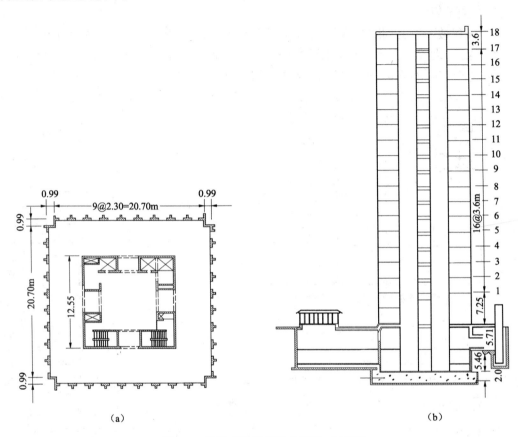

(a) (b)

图 3-3 马那瓜美洲银行大厦平、立面图
(a)平面图;(b)立面图

对整个建筑的分析表明:①对称的结构布置及相对刚强的联肢墙,有效限制了侧向位移,并防止了明显的扭转效应;②避免了长跨度楼板和砌体填充墙的非结构构件的损坏;③当连梁剪切破坏后,结构体系的位移虽有明显增加,但由于抗震墙提供了较大的侧向刚度,位移量得到控制。

3.1.2 建筑体型设计的一般原则

建筑体型设计应遵循如下原则:
(1)平面形状宜简单、对称、规则,尺寸应合理;
(2)结构平面布置均匀、对称,并具有较大的抗扭刚度;
(3)竖向体型规则、均匀,避免有过大的外挑和内收;
(4)竖向结构的刚度和承载力宜下大上小,逐渐均匀变化。

3.2 建筑体型设计

3.2.1 建筑体型平面设计

结构平面设计应力求平面形状简单、规则、对称,刚度、质量分布均匀,以尽量减少扭转和应力集中效应。

1. 结构的扭转效应

引起房屋扭转的因素有:①地震时地面运动含有旋转分量;②作用到较长建筑物上的地面平移运动分量存在着相位差;③建筑物质心与刚心的偏离。可见,即使是规则房屋,地震作用下也会产生扭转振动效应,由于前两项尚缺乏实用计算方法。目前,规范仅考虑第三因素引起的扭转振动效应。

(1)质心、刚心和偏心距

房屋的质量中心与其重心重合,楼层的重量总重心为该楼层的质量中心,简称质心。

在水平力作用下,建筑物的一个楼层作为一个刚体相对其下部楼层发生单位水平位移时,各抗侧力结构抗力的合力作用点,为该楼层的刚度中心,简称刚心。即建筑物楼层的刚度中心等于该楼层同方向抗侧结构抗侧移刚度中心。

以房屋左下角为 x、y 坐标系原点 O,以 m 和 c 分别表示质心和刚心,以 x_m 和 y_m 表示质心的坐标,以 x_c 和 y_c 表示刚心坐标(图 3-4),则有:

质心:

$$x_m = \frac{\sum_k W_k x_k}{\sum_k W_k} \tag{3-1}$$

$$y_m = \frac{\sum_k W_k y_k}{\sum_k W_k} \tag{3-2}$$

刚心:

$$x_c = \frac{\sum_j K_{yj} x_j}{\sum_j K_{yj}} \tag{3-3}$$

$$y_c = \frac{\sum_i K_{xi} y_i}{\sum_i K_{xi}} \tag{3-4}$$

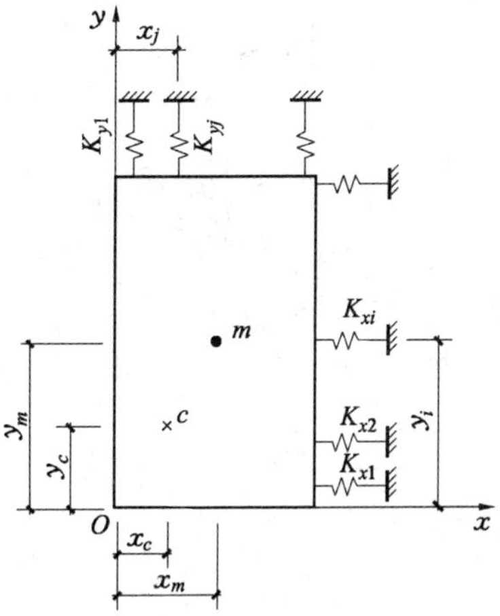

图 3-4 刚心和质心

偏心距: $\quad e_x = x_m - x_c, e_y = y_m - y_c \tag{3-5}$

式中 W_k——第 k 构件(屋盖、纵墙或横墙)的重量;

x_k、y_k——第 k 构件重心的坐标;

K_{xi}、K_{yj}——第 i 片(榀)横向抗侧结构(平行轴)或第 j 片(榀)纵向抗侧结构(平行轴)的侧移刚度;

x_j、y_i——坐标原点至第 j 片(榀)横向抗侧结构或第 i 片(榀)纵向抗侧结构的垂直距离。

由于地震作用是由地震加速度引起的惯性力,其作用在每一楼层的质量中心上(图 3-5a),当作用在楼层质心上的地震力不通过刚度中心 c 点时,除引起楼层相对平移外(图 3-5b),还引起楼层的转动(图 3-5c)。楼层扭转产生的位移与楼层平动位移相叠加,可能使抗侧力构件总的层间位移难以满足,为此,设计时应精心布置抗侧力构件,尽量减小偏心距,以减小扭转效应。

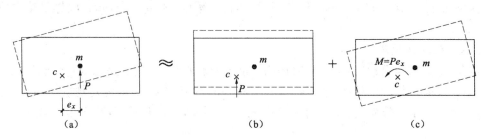

图 3-5　偏心结构的静力扭转
(a)刚心和质心不重合;(b)平移;(c)扭转效应

(2)抗扭设计的措施

1)刚心和质心尽量重合

造成建筑物刚心和质心不重合的主要原因:①横墙或纵墙的布置不对称(图 3-6a);②楼面荷载分布不均匀或房屋立面不对称(图 3-6c);③房屋平面形状不对称(图 3-6e);④偶然偏心或理论计算与实际情况有出入。因此,应针对这些因素,精心设计结构体型,使其具有较小的扭转效应和较大的扭转刚度(如图 3-6b、图 3-6d、图 3-6f 所示)。

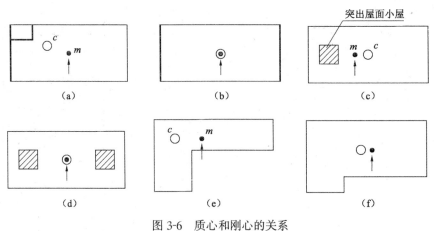

图 3-6　质心和刚心的关系
m 为质量中心;C 为刚度中心

2)控制平面侧移差

扭转使抗侧力构件的位移(内力)增大,可能导致不利位置结构构件的破坏或层间位移不满足要求。因此,控制楼层的最大弹性水平位移 δ_2(或层间位移)与该楼层两端弹性水平位移平均值 $\dfrac{\delta_1 + \delta_2}{2}$(或层间位移)之比值(图 3-7、表3-2),以避免产生较大的扭转效应。

3)增大抗扭刚度,减小扭转周期

抗扭刚度是指使屋盖沿水平面产生单位转角所需施加的力矩。增大抗扭刚度,可有效减小扭转效应。增大抗扭刚度的原则是周边、对称布置抗侧刚度大的构件(图3-8),即周边强的布置原则。

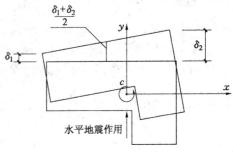

图 3-7　扭转不规则示意

限制结构的抗扭刚度不能太弱,关键是限制结构扭转为主的第一自振周期 T_{t1}(以扭转振动为主的振型,对应的最长扭转周期为第一扭转自振周期)与平动为主的第一自振周期 T_1(以平动为主的振型,对应的最长平动周期为第一平动自振周期)之比。当两者接近时,由于振动耦联的影响,结构的扭转效应明显增大。在抗震设计中应采取措施减小周期比 T_{t1}/T_1 值,使结构具有必要的抗扭刚度。如果周期比 T_{t1}/T_1 不满足表3-3规定的上限值时,应调整抗侧力结构的布置,增大结构的抗扭刚度。

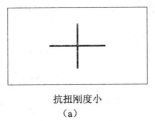
抗扭刚度小
(a)

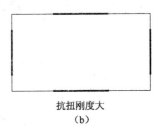
抗扭刚度大
(b)

图 3-8　抗侧力构件的布置

(a)不利布置;(b)有利布置

扭转耦联振动的振型性质,可通过计算振型方向因子来判断。在如图3-9两个平动和一个转动构成的三个方向因子中,当转动方向因子大于0.5时,则该振型可认为是扭转为主的振型,相应的周期即为扭转周期 $T_{tj}(j=1,2\cdots,n)$。转动方向因子 $\sum\limits_{i=1}^{n}J_i\varPhi_{ji}^2$ 与平动方向因子

$$\sum_{i=1}^{n}m_iX_{ji}^2 + \sum_{i=1}^{n}m_iY_{ji}^2$$ 之和等于1。

例如表3-1所示某高层建筑结构的平动与扭转周期, $T_{t1}/T_1 = 0.67/0.78 = 0.86 < 0.9$,符合抗扭刚度要求,但该结构扭转刚度较小。

表 3-1　某高层的平动与扭转周期

振型号	周　　期	转动方向因子	周期性质
1	0.78	0.03	T_1
2	0.67	0.70	T_{t1}
3	0.60	0.18	T_2

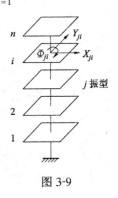

图 3-9

4)选择适宜的地震作用计算方法

根据建筑体型规则性的不同,可选择不同的地震作用计算方法。

2. 避免凹、凸角处应力集中

(1)震害及分析

平面不对称,产生的震害是很多的,如天津市人民印刷厂某车间,为6层高27m的现浇框架结构,采用L形平面布置。唐山地震后东北角柱在2～3层梁柱节点处混凝土酥裂,主筋压弯外露,东南角在三层有纵向裂缝并露筋,内外填充墙产生多条裂缝。其原因是凹、凸角两侧

25

结构同一方向的刚度不同,在地震作用下产生位移差,引起应力集中,使震害加重(图3-10)。

(2)避免凹、凸角处应力集中的措施

1)尺寸限制

平面长度不宜过长,外伸部分长度不宜过大(图3-11),《高层建筑混凝土结构技术规程》对 L/B、l/B_{max}、l/b 提出了要求(表3-2)。

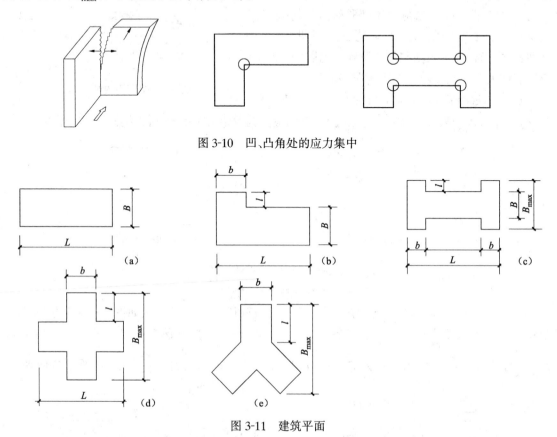

图3-10 凹、凸角处的应力集中

图3-11 建筑平面

2)避免采用对抗震不利的平面图形

不宜采用角部重叠和细腰形的平面图形(图3-12),如采用应在凹角和中央狭窄部位采取加大楼板厚度、增加板内配筋、设置集中配筋的边梁、配置45°斜向钢筋等方法予以加强。

3)设置抗震缝

解决平面凹角问题的方法之一,可在建筑物的凹角处设置抗震缝,将其分割开,形成规则体型,避免应力集中(图3-13)。

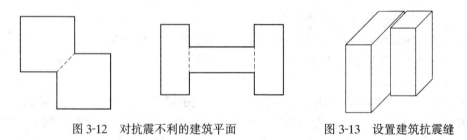

图3-12 对抗震不利的建筑平面　　　　图3-13 设置建筑抗震缝

4)增设聚集构件

解决平面凹角问题的另一种方法是在相交处设置聚集构件(梁或墙),将建筑更牢固地连接成一个整体(图3-14),设置的聚集构件能跨越相交面进行力的传递。

3．楼板局部不连续

(1)楼板局部不连续对结构的影响

刚度较大的楼板,在水平作用的传递过程中,楼板在平面内不产生变形,各抗侧力构件顶点位移相等,水平力按刚度分配,计算分析明确,整体刚度大(图3-15a)。

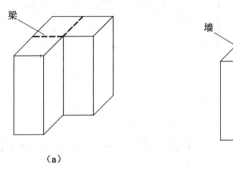

图3-14　聚集构件

(a)梁式聚集构件;(b)聚集墙体

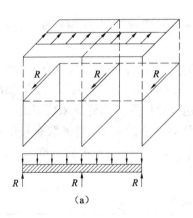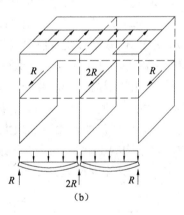

图3-15

(a)连续楼板;(b)局部不连续楼板

楼板局部不连续时,在水平作用力下,楼板在平面内产生变形,抗侧力构件顶点位移不相等,不能协同工作,计算分析困难,结构整体性差(图3-15b)。当开有大洞或有凹入时,连接部分薄弱,楼板易产生震害(图3-16)。

(2)加强楼板刚度的措施

1)选择整体性好的现浇楼盖结构体系;

2)限制剪力墙的间距;

3)对凹入和洞口尺寸加以限制(图3-17、表3-3);

4)对开洞较大的楼板,在结构内力分析时应采用弹性楼板假定。

4．防震缝、沉降缝和伸缩缝的布置

当房屋的平面较复杂,或有较大错层,或部分结构的刚度、荷载相差悬殊而又未采取有效措施时,应设防震缝。防震缝应沿房屋全高设置,基础可不设防震缝,但在防震缝处的基础应加强构造和连接。各结构单元之间或主楼和裙房之间不应采用牛腿托梁的做法设置防震缝。为防止地震时缝两侧结构的碰撞震害,防震缝的最小宽度应符合下列要求:

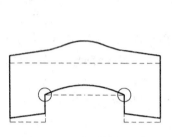

图 3-16　凹角处楼板震害

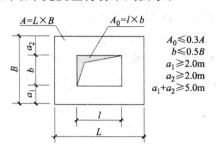

图 3-17　楼板开洞尺寸

(1)框架结构房屋,高度不超过 15m 的部分,可取 70mm;超过 15m 的部分,6 度、7 度、8 度和 9 度相应每增加高度 5m、4m、3m 和 2m,宜加宽 20mm;

(2)框架-剪力墙结构房屋可按第一项规定数值的 70% 采用,剪力墙结构房屋可按第一项规定数值的 50% 采用,但二者均不宜小于 70mm;

(3)防震缝两侧结构体系不同时,防震缝宽度应按不利的结构类型确定;防震缝两侧房屋高度不同时,防震缝宽度应按较低的房屋高度确定。

当相邻部分基础、埋深不一致、地基土层变化很大或房屋层数、荷载相差悬殊时,应设沉降缝将相邻部分分开,基础在沉降缝处应断开。

房屋的室内外温度不一致会导致房屋结构各构件的变形不均匀,从而在结构内部产生温度应力。另外,由于混凝土的收缩也会在结构内部产生收缩应力,且房屋越长,温度和混凝土收缩的影响越大。为此,当房屋的总长度超过一定数值时,要设置伸缩缝或采用其他一些计算和构造措施。高层建筑的伸缩缝的最大间距一般可采用表 3-2 的限值,当采取有效措施减小混凝土收缩对结构的影响时,可适当放宽伸缩缝的间距。有抗震设防要求的建筑,当必须设伸缩缝或沉降缝时,其宽度均应符合防震缝的最小宽度要求。

表 3-2　伸缩缝的最大间距

结 构 体 系	施 工 方 法	最 大 间 距 (m)
框架结构	现浇	55
剪力墙	现浇	45

3.2.2　建筑体型竖向设计

在立面设计中,应优先考虑几何形状和楼层刚度变化均匀的建筑形式。避免沿建筑物竖向结构刚度、承载力和质量突变,避免错层和夹层。

1. 避免刚度突变(软弱层)

(1)震害分析及软弱层的概念

如图 3-18a、图 3-18b 所示,由于楼层刚度的突然改变,出现了相对刚度较低的楼层,从而导致特大的非弹性变形在该层集中产生(图 3-18e、图 3-18f),引起建筑物在大震中的倒塌。沿高度不变或逐渐降低楼层刚度(图 3-18c、图 3-18d),可避免大震中的塑性变形集中(图 3-18g)。由于沿竖向刚度突变造成的震害例子很多,1972 年美国胜菲南多 8 度地震中,奥列弗医疗中心主楼的破坏就是典型例子。奥列弗医疗中心主楼是 6 层的钢筋混凝土结构,一、二层全部是钢筋混凝土柱,上面四层布置有钢筋混凝土墙,每层柱子的截面尺寸和配筋都不同。图3-19是该建筑的剖面图,房屋的上部刚度比下部约大 10 倍。地震时底层柱子严重酥裂,钢筋压屈,房屋虽未倒塌,但产生了很大的非弹性变形,柱子侧移达 600mm,上部结构平移。

  沿竖向刚度不均匀的建筑物中相对刚度较小、在地震中将集中发生特大非弹性变形,致使建筑物在大震中可能倒塌的楼层称为"软弱层"。

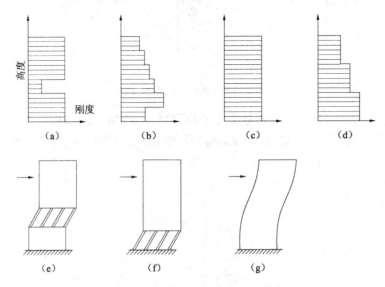

图 3-18 沿竖向刚度和变形的分布

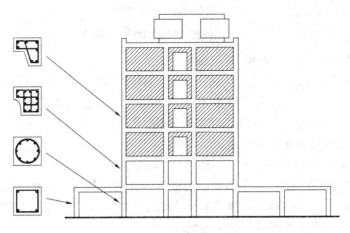

图 3-19 奥列弗医疗中心主楼剖面

(2)避免刚度突变的措施

1)控制楼层间刚度变化的比值

正常设计的高层建筑侧向刚度沿竖向变化是不可避免的,但应避免突变。为此,《高层建筑混凝土结构技术规程》对楼层刚度比值$\dfrac{K_i}{K_{i+1}}$及$\dfrac{K_i}{\dfrac{K_{i+1}+K_{i+2}+K_{i+3}}{3}}$提出了限值条件,如表3-3及图3-20所示。

2)局部收进尺寸限制

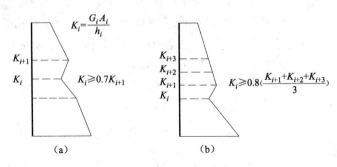

图3-20 沿竖向的侧向刚度变化

结构的竖向体型突变也是造成刚度突变的原因之一,高层建筑结构的外挑尺寸B/B_1、a和内收尺寸H_1/H、B_1/B(图3-21)应满足《高层建筑混凝土结构技术规程》要求,见表3-3。

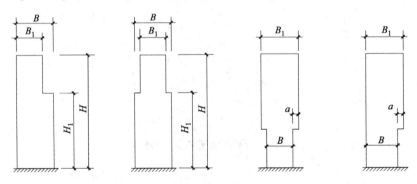

图3-21 结构竖向收进和外挑示意图

2. 避免竖向抗侧力构件不连接(转换层)

竖向抗侧力构件不连续的结构(图3-22),即竖向抗侧力构件(柱、抗震墙、抗震支撑)的内力由水平转换构件(梁、桁架等)向下传递,传力不明确,受力复杂,地震时,往往在转换楼层处产生严重震害。带转换层的高层结构属于复杂结构,设计时应根据《高层建筑混凝土结构技术规程》第十章的有关规定采取相应措施。

3. 避免承载力突变(薄弱层)

强度沿建筑物高度的突变,往往也会引起非常不利的结构反应。图3-23所示,竖向抗侧力结构屈服抗剪强度非均匀分布(有薄弱层),在地震作用下,该薄弱层首先破坏并发生较大的非弹性变形,使建筑物由于局部楼层破坏而倒塌。

沿高度不变或逐渐降低楼层强度,可避免大震中的塑性变形集中,防止建筑物倒塌。《高层建筑混凝土结构技术规程》对$\dfrac{Q_{y,i}}{Q_{y,i+1}}$规定了限值(表3-3)。

此外,在进行体型竖向设计时,还应考虑结构受力合理、传力明确,尽量减少由于构件布置或连接不当造成的附加震害。图3-24给出了一组不利的竖向布置形式和推荐的竖向布置形式。高柔建筑物(图 3-24a)最突出的问题是倾覆力矩大,一般需要很大的基础。图 3-24b 所示的结构形式,在地震作用下,顶部的质量集中处将产生很大的惯性力,同时在下部结构和基础中也将产生很大的内力。而采用图 3-24c、图 3-24d 所示的建筑立面要优越得多(质心降低)。

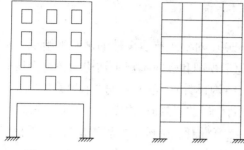

图 3-22　竖向抗侧力构件不连续示意图

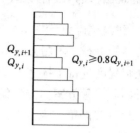

$Q_{y,i} \geqslant 0.8 Q_{y,i+1}$

图 3-23　竖向抗侧力结构屈服抗剪
强度不均匀(有薄弱层)

图 3-24e 所示建筑立面的突然变化,将在不连续楼层处及其附近的构件中产生应力集中,引起震害。在建筑立面设防震缝,将其分为两个简单而又规则的结构体系(图 3-24f),可避免该震害的发生。

图 3-24g 所示框架的中柱不贯通,重力荷载和水平荷载的传递路线中断,应避免这种不规则的框架体系,而应采用图 3-24h 所示的结构形式。

如图 3-24i 所示的两幢相邻,且相同的建筑物,对地面振动的反应可能不同。因此,需要相连的两幢相邻建筑物之间,必须采用非传递水平力的连接形式(图 3-24j),保证两结构之间的独立变形。

如图 3-24k 所示的楼板错层布置,柱子被楼板分割成短柱,地震作用下非常不利。设计时应避免错层和夹层,采用图 3-24l 所示的规则框架。

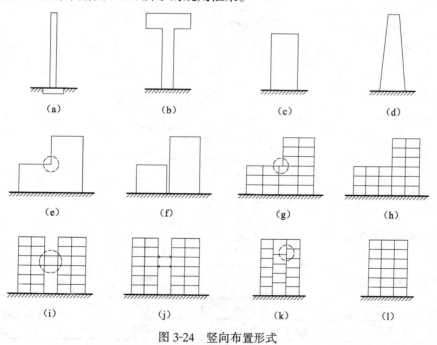

图 3-24　竖向布置形式

31

3.3　建筑结构的规则性和不规则程度

3.3.1　建筑结构的规则性及不规则程度

我国《建筑抗震设计规范》GB 50011—2001 对建筑抗震设计的规则性给予了极高的重视，对不规则结构进行了定量划分，给出了平面不规则和竖向不规则结构的类型和指标，并对建筑结构不规则程度进行了描述。要求在建筑结构设计过程中，区分"不规则"、"特别不规则"和"严重不规则"三种方案。建筑结构设计，不宜采用"不规则"方案，尽量避免采用"特别不规则"方案，不得采用"严重不规则"方案。《高层建筑混凝土结构技术规程》也做出了相应的规定，如表 3-3、表 3-4 所示。

表 3-3　建筑体型不规则性指标

项		目		要 求	注
平面不规则性指标	平面尺寸形状	6度、7度	$L/B>6.0$	不宜	符号意义见图 3-10
			$L/B_{max}>6.0$	不宜	
			$l/b>2$	不宜	
		8度、9度	$L/B>5.0$	不宜	
			$l/B_{max}>0.3$	不宜	
			$l/b>1.5$	不宜	
		角部重叠或细腰平面		不宜采用	见图 3-11
	扭转影响	$\delta_2\bigg/\dfrac{\delta_1+\delta_2}{2}>1.2$		不宜	见图 3-7
		A 级高层建筑	$\delta_2\bigg/\dfrac{\delta_1+\delta_2}{2}>1.5$	不应	
		B 级高层建筑	$\delta_2\bigg/\dfrac{\delta_1+\delta_2}{2}>1.4$		
		$\dfrac{T_{t1}}{T_1}$	A 级高层建筑	>0.9	不应	T_{t1}——扭转为主第一自振周期 T_1——平动为主第一自振周期
			B 级高层建筑	>0.85	不应	
	楼板凹入及开洞	$b>0.5B$		不宜	见图 3-16
		$A_0>0.3A$		不宜	
		$a_1+a_2<5m$		不宜	
		$a_1<5m$ 或 $a_2<5m$		不应	
竖向不规则性指标	刚度比	$\dfrac{K_i}{K_{i+1}}<0.7$ 或 $\dfrac{K_i}{\dfrac{K_{i+1}+K_{i+2}+K_{i+3}}{3}}<0.8$		不宜	见图 3-19
	受剪承载力比	A 级高层建筑	$\dfrac{Q_{y,i}}{Q_{y,i+1}}<0.8$	不宜	见图 3-22
			$\dfrac{Q_{y,i}}{Q_{y,i+1}}<0.65$	不应	
		B 级高层建筑	$\dfrac{Q_{y,i}}{Q_{y,i+1}}<0.75$	不应	
	外形尺寸	收进	$H_1/H>0.2$ 时，$B_1<0.75B$	不宜	见图 3-20
		外挑	$B<0.9B_1$，且 $a>4m$	不宜	

表 3-4　建筑体型不规则性程度

不 规 则 程 度	条　　　件	要　　　求
不　规　则	个别项目超过"不宜"	按有关规定采取措施
特别不规则	多项超过"不宜"	应尽量避免
严重不规则	多项超过"不宜",且超过较多;或者有一项超过"不应"	不应采用

注:表中 1～2 项为"个别"项目;大于等于 3 项者为多项。

3.3.2　不规则建筑结构应采取的措施

当建筑结构存在上述平面不规则类型或竖向不规则类型时,应按表 3-5 要求进行水平地震作用计算和内力调整,并应对薄弱部位采取有效的抗震构造措施。

表 3-5　不规则结构采取的措施

序号	规　则　类　型		计算模型	要　　　求
1	平面不规则	扭转不规则	空间结构模型,考虑扭转影响	控制楼板水平位移差及扭转周期与平动周期的比值
		凹凸不规则,楼板局部不连续时	空间结构模型;楼板按实际刚度考虑;考虑扭转影响	控制洞口位置
2	竖向不规则	竖向抗侧力构件不连续	空间结构模型;要进行弹塑性变形计算	薄弱层地震剪力应乘以 1.15 的增大系数;水平转换层构件地震内力应乘以 1.25～1.5 增大系数
		楼层承载力突变		薄弱层地震剪力应乘以 1.15 的增大系数;$Q_{yi} \geqslant 0.65 Q_{yi+1}$
3	平面、竖向不规则		同时符合上述 1、2 项要求	

第4章 结构上的作用

4.1 竖向荷载

竖向荷载包括结构自重、楼面和屋面活荷载、雪荷载、屋面积灰荷载和施工检修荷载等。这些荷载值可根据《建筑结构荷载规范》GB 50009—2001进行计算。有些荷载在规范中未作规定,可根据设计经验及有关资料确定,如电梯重量可根据电梯型号查阅电梯样本采用。

当建筑的顶部设置直升飞机停机坪时,直升飞机平台的活荷载应采用下列两款中使平台产生最大内力的荷载:

1．直升飞机总重量引起的局部荷载直升飞机总重量引起的局部荷载

按下式计算:

$$P = kG \tag{4-1}$$

式中　P——直升机的局部荷载,作用面积按表4-1取用;

　　　k——动力系数,对具有液压轮胎起落架的直升飞机,取1.4;

　　　G——按直升飞机的最大起重量决定的局部荷载标准值(表4-1)。

表 4-1　局部荷载标准值及其作用面积

直 升 机 类 型	局部荷载标准值(kN)	作用面积 (m²)
轻型	20.0	0.20×0.20
中型	40.0	0.25×0.25
重型	60.0	0.30×0.30

2．等效均布活荷载(5kN/m²)

高层建筑活荷载相对较小(仅占竖向荷载的10%左右),在计算竖向荷载作用下结构的内力时,一般不考虑活荷载的不利布置,可以按满布考虑。在活荷载较大的情况下,为考虑活荷载不利分布时可能使梁的弯矩大于按满布计算的数值,可以将框架按满布荷载计算的梁跨中弯矩乘以1.1～1.2的放大系数,活荷载较小时可取偏小值,活荷载较大时可取偏大值。

在施工中采用附墙塔、爬塔等对结构受力有影响的起重机械时,应验算施工机械产生的施工荷载。

4.2 风荷载

1．风荷载作用特点

风对高层建筑结构的作用有如下特点:

（1）风力作用与建筑物的外形直接相关，圆形与正多边形受到的风力较小，对抗风有利；平面凹凸多变的复杂建筑物受到的风力较大，而且容易产生风力扭转效应，对抗风不利。

（2）风力受建筑物环境影响较大，处于高层建筑群中的高层建筑，有时会出现受力更为不利的情况。例如，由于不对称遮挡而使风力偏心产生扭转；相邻建筑物之间的风力增大，使建筑物产生扭转等。

（3）风荷载为动荷载。

（4）风力在建筑物表面分布很不均匀，在角区和建筑物内收的局部区域，会产生较大的风力。

（5）与地震作用相比，风力作用持续时间较长，其作用更接近静力荷载，在建筑物使用期间出现较大风力的次数较多。

（6）对风力大小的估计比地震作用大小的估计较为可靠，抗风设计具有较大的可靠性。

2. 作用于高层建筑结构的风荷载计算

结构计算时，应分别计算风荷载对建筑物的总体效应及局部效应，总体风荷载使主体结构产生内力及位移，局部风荷载使某个局部构件产生内力和变形。

（1）总体风荷载

垂直于建筑物表面上的风荷载标准值应按下式计算，风荷载作用面积应取垂直于风向的最大投影面积。

$$w_k = \beta_z \mu_s \mu_z w_0 \tag{4-2}$$

式中　w_k——风荷载标准值（kN/m^2）；

　　　w_0——基本风压（kN/m^2），按《建筑结构荷载规范》GB 50009—2001 附录 D.4 采用。基本风压即为风荷载的基准压力，一般按当地空旷平坦地面上，10m 高度处，经统计得出 50 年一遇，10 分钟时距最大风速（v_0），再考虑相应的空气密度（ρ），根据式：$w_0 = \rho v_0^2 / 2$ 确定的风压。对于特别重要或对风荷载比较敏感的高层建筑，其基本风压按 100 年重现期的风压值采用。不同重现期的每年不超过基本风速的保证率可按图 4-1 求得。

　　　μ_s——风荷载体形系数，按《高层建筑混凝土结构技术规程》JGJ 3—2002 第 3.2.5 条采用；

　　　μ_z——风压高度变化系数，按表 4-2 采用；

　　　β_z——高度 z 处的风振系数，按下式计算：

$$\beta_z = 1 + \frac{\xi v \varphi_z}{\mu_z} \tag{4-3}$$

式中　φ_z——振型系数，可由结构动力计算确定，计算时可仅考虑受力方向基本振型的影响；对于质量和刚度沿高度分布比较均匀的弯剪型结构，也可近似采用振型计算点距室外地面高度 z 与房屋高度 H 的比值；

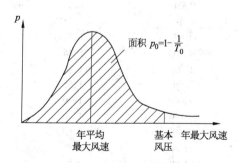

图 4-1　年最大风速概率密度分布
（p_0 为每年不超过基本风速的保证率；
T_0 为基本风速的重现期）

35

ξ——脉动增大系数,按表 4-3 确定;

υ——脉动影响系数,外形、质量沿高度比较均匀的结构可按表 4-4 采用。

表 4-2　风压高度变化系数

离地面或海平面高度 (m)	地 面 粗 糙 度 类 别			
	A	B	C	D
5	1.17	1.00	0.74	0.62
10	1.38	1.00	0.74	0.62
15	1.52	1.14	0.74	0.62
20	1.63	1.25	0.84	0.62
30	1.80	1.42	1.00	0.62
40	1.92	1.56	1.13	0.73
50	2.03	1.67	1.25	0.84
60	2.12	1.77	1.35	0.93
70	2.20	1.86	1.45	1.02
80	2.27	1.95	1.54	1.11
90	2.34	2.02	1.62	1.19
100	2.40	2.09	1.70	1.27
150	2.64	2.38	2.03	1.61
200	2.83	2.61	2.30	1.92
250	2.99	2.80	2.54	2.19
300	3.12	2.97	2.75	2.45
350	3.12	3.12	2.94	2.68
400	3.12	3.12	3.12	2.91
≥450	3.12	3.12	3.12	3.12

注:A 类指近海海面和海岛、海岸、湖岸及沙漠地区;B 类指田野、乡村、丛林、丘陵以及房屋比较稀疏的乡镇和城市郊区;C 类指有密集建筑群的城市市区;D 类指有密集建筑群且房屋较高的城市市区。

表 4-3　脉动增大系数 ξ

$w_0 T_1^2 (kNs^2/m^2)$	地 面 粗 糙 度 类 别			
	A 类	B 类	C 类	D 类
0.06	1.21	1.19	1.17	1.14
0.08	1.23	1.21	1.18	1.15
0.10	1.25	1.23	1.19	1.16
0.20	1.30	1.28	1.24	1.19
0.40	1.37	1.34	1.29	1.24
0.60	1.42	1.38	1.33	1.28
0.80	1.45	1.42	1.36	1.30
1.00	1.48	1.44	1.38	1.32
2.00	1.58	1.54	1.46	1.39
4.00	1.70	1.65	1.57	1.47
6.00	1.78	1.72	1.63	1.53
8.00	1.83	1.77	1.68	1.57
10.00	1.87	1.82	1.73	1.61
20.00	2.04	1.96	1.85	1.73
30.00	—	2.06	1.94	1.81

表中:w_0——基本风压;T_1——结构基本自振周期,框架结构 $T_1 = (0.08 \sim 0.1)n$;框架-剪力墙和框架-核心筒体结构 $T_1 = (0.06 \sim 0.08)n$;剪力墙结构和筒中筒结构 $T_1 = (0.05 \sim 0.06)n$,n 为结构层数。

表 4-4 高层建筑脉动影响系数 v

H/B	粗糙度类别	房屋总高度 H (m)							
		≤30	50	100	150	200	250	300	350
≤0.5	A	0.44	0.42	0.33	0.27	0.24	0.21	0.19	0.17
	B	0.42	0.41	0.33	0.28	0.25	0.22	0.20	0.18
	C	0.40	0.40	0.34	0.29	0.27	0.23	0.22	0.20
	D	0.36	0.37	0.34	0.30	0.37	0.25	0.27	0.22
1.0	A	0.48	0.47	0.41	0.35	0.31	0.27	0.26	0.24
	B	0.46	0.46	0.42	0.36	0.36	0.29	0.27	0.26
	C	0.43	0.44	0.42	0.37	0.34	0.31	0.29	0.28
	D	0.39	0.42	0.42	0.38	0.36	0.33	0.32	0.31
2.0	A	0.50	0.51	0.46	0.42	0.38	0.35	0.33	0.31
	B	0.48	0.50	0.47	0.42	0.40	0.36	0.35	0.33
	C	0.45	0.49	0.48	0.44	0.42	0.38	0.38	0.36
	D	0.41	0.46	0.48	0.46	0.44	0.42	0.42	0.39
3.0	A	0.53	0.51	0.49	0.45	0.42	0.38	0.38	0.36
	B	0.51	0.50	0.49	0.45	0.43	0.40	0.40	0.38
	C	0.48	0.49	0.49	0.48	0.46	0.43	0.43	0.41
	D	0.43	0.46	0.49	0.49	0.48	0.46	0.46	0.45
5.0	A	0.52	0.53	0.51	0.49	0.46	0.44	0.42	0.39
	B	0.50	0.53	0.52	0.50	0.48	0.45	0.44	0.42
	C	0.47	0.50	0.52	0.52	0.50	0.48	0.47	0.45
	D	0.43	0.48	0.52	0.53	0.53	0.52	0.51	0.50
8.0	A	0.53	0.54	0.53	0.51	0.48	0.46	0.43	0.42
	B	0.51	0.53	0.54	0.52	0.50	0.49	0.46	0.44
	C	0.48	0.51	0.54	0.53	0.52	0.52	0.50	0.48
	D	0.43	0.48	0.54	0.53	0.55	0.55	0.54	0.53

此外,当房屋的高度大于 200m 时宜进行风洞试验以确定其风荷载;当房屋的高度大于 150m,且体型较复杂时,宜用风洞试验来确定其风荷载。

计算高层建筑的风荷载时,应考虑相邻建筑间狭缝效应的影响,具体方法参见《高层建筑混凝土结构技术规程》JGJ 3—2002。

(2)局部风荷载

风压在建筑物表面上是不均匀的,计算总体风荷载时,取风压平均值;考虑风荷载的局部效应,计算局部构件(檐口、雨篷、遮阳板、阳台)上浮风荷载时,应采用局部增大的体型系数,风载体型系数 μ_s 不宜小于 2.0。

4.3 地震作用

4.3.1 动力计算模型

地震作用是间接动态作用,为计算方便,将间接动态作用简化为等效荷载(惯性力)作用在结构上,其值为质量与质点加速度乘积。质点加速度是动态作用下的效应,为计算该效应,须确定结构动力计算模型,不同模型,自由度数目不同,加速度的数目也不同。结构自由度越多,计算越复杂。本着既计算简单,又符合实际结构特点的简化原则,目前,工程设计计算程序中,常用的限制结构自由度的方法为集中质量法。把结构的全部质量假想地集结到若干离散的质点(一个自由度)、或刚片三个自由度、或质量块(六个自由度)上(图 4-2),并由无重量的杆件相连接,从而将建筑结构抽象为质点体系、或刚片体系、或质量块体系,建筑结构常用的地震作用计算模型主要有以下三种:

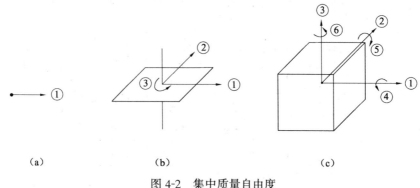

图 4-2　集中质量自由度
(a)质点;(b)刚片;(c)质量块

1.串联质点系振动模型

(1)基本假定

1)楼盖水平刚度很大,以质点表示,地震时各层楼盖只作整体平移;

2)串联质点系的竖杆,在纵、横方向的侧移刚度等于该层沿该方向的构件侧移刚度之和;

3)各层房屋的重量按各楼层上下各半层高度划分计算,分别集中于各层楼盖处(质点上)。即把结构的全部质量假想地集结到若干个离散的质点上,杆件本身则看成是无重量的,从而使结构抽象为串联质点体系(图 4-3a)。进行结构动力分析时仅需确定各离散质点的位移和加速度,每个质点只有一个自由度,n 个质点有 n 个自由度。该体系的动力特性有 n 个主振型及相应 n 个自振周期。

(2)适用条件

现浇钢筋混凝土楼盖不考虑扭转的结构振动分析。

2.串联刚片系振动模型

(1)基本假定

1)楼盖水平刚度很大,以刚片表示,地震时各层楼盖只作整体平移和整体扭转;

2)串联刚片系的竖杆,在纵、横方向的侧移刚度等于该层沿该方向的构件侧移刚度之和,竖杆的扭转刚度等于该层各构件的抗扭刚度之和;

3)各层房屋的重量按各楼层上下各半层高度划分计算,分别集中于各层楼盖处(刚片上)。即把结构的全部质量假想地集结到若干个离散的刚片上,杆件本身则看成是无重量的,从而使结构抽象为多层刚片体系(图 4-3b),动力分析时需确定各刚片的平动和转动位移及加速度,每一刚片有两个正交的水平位移和一个转角共 3 个自由度。n 个刚片有 $3n$ 个自由度。该体系的动力特性有 $3n$ 个主振型及相应 $3n$ 个自振周期。以平动为主的振型,对应的周期为平动周期,最长的平动周期为第一平动自振周期 T_1;以扭转振动为主的振型,所对应的最长扭转周期为第一扭转自振周期 T_{t1}。为限制结构的扭转效应,我国《高层建筑混凝土结构技术规程》JGJ 3—2002,对结构扭转为主的第一自振周期 T_{t1} 与平动为主的第一自振周期 T_1 之比的上限值作了规定(见表3-3)。为了确定高层建筑是否满足该项要求,一般均应采用串联刚片系振动模型。

(2)适用条件

楼盖水平刚度较大,考虑扭转的结构振动分析。

3. 多竖杆多质点并串联系振动模型(立体多质点系振动模型)

(1)基本假定

1)楼板为弹性的;

2)各层房屋的重量按各楼层上下各半层高度划分计算,分别集中在节点处。即把结构的全部质量假想地集中到若干个离散的质点上,杆件本身则看成是无重量的,从而使结构抽象为多层多跨的空间质点系(图4-3c)。一般情况下,每个质点有六个自由度,结构总自由度数为 $3 \cdot N \cdot L \cdot n$。其主振型及自振周期与自由度数相同。

(2)适用条件

所有结构、楼板开大洞结构、厚板转换层结构、板柱-剪力墙体系。

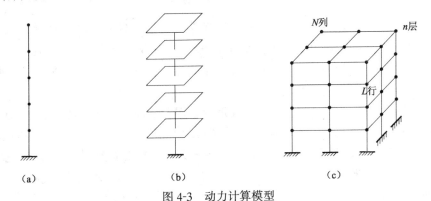

图4-3 动力计算模型

(a)串联质点系模型;(b)串联刚片系模型;(c)多竖杆多质点系模型

4.3.2 高层建筑结构地震作用计算方法

目前,在设计中应用的地震作用计算方法有:底部剪力法、振型分解反应谱法和时程分析法。高层建筑结构应根据不同情况,采用相应的计算方法。

1. 估算方法——底部剪力法

高度不超过40m,以剪切变形为主且质量和刚度沿高度分布比较均匀的高层建筑结构,可采用串联质点系振动模型,用底部剪力法,初步估算地震作用,但应考虑偶然偏心的不利影响。具体计算方法略。

2. 一般高层建筑地震作用计算方法——刚性楼板结构平扭耦联振动分析方法

一般高层建筑结构均应进行扭转耦联计算。如第三章所述,即使是规则房屋,地震作用下也会产生扭转振动效应。目前,关于房屋地震扭转效应的计算方法有:①静力偏心距法;②动力偏心距法;③平扭耦联振动分析法。

静力偏心距法是一种考虑扭转效应的近似方法。它采用串联刚片系振动模型,将刚性屋盖房屋的平移—扭转耦联振动分解为平动振动和静力矩扭转两种状态的叠加,如图4-4所示。显然,该方法是将结构的振动问题当作静力问题来对待,与结构受力情况有较大误差,但此方法计算简单。

静力偏心距法是一种近似计算扭转影响的方法,其将刚性屋盖房屋的平移—扭转耦联振动,用平动振动和静力扭转效应之和来表达扭转的影响,而忽略了扭转的动力效应,其分析结果偏于不安全。为此,应直接利用平扭耦联振动分析,可得较精确的结果。作为近似计算,为了计算方便,采用增大静力偏心距的方法来考虑扭转的动力效应。增大后的偏心距称为动力偏心距。

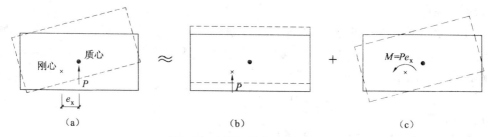

图 4-4 平移-扭转耦联振动分解

静力偏心距法、动力偏心距法是国内外工程界常用的求扭转效应的近似计算方法。该方法计算简单,配合底部剪力法,可以很快地计算出偏心结构扭转振动效应的近似值。但一般由于计算精度低,仅适用于比较简单或不太重要房屋的分析。对高层建筑宜采用平扭耦联振动分析方法。

如第五章所述,根据楼盖刚度的大小以及是否在楼盖平面内产生变形,将楼盖分为刚性楼盖和弹性楼盖。平扭耦联振动分析中对不同的楼盖刚度采用不同的计算模型。对刚性楼盖采用"串联刚片系振动模型",对弹性楼盖采用"多竖杆多质点系振动模型"。下面讨论刚性楼盖房屋的平扭耦联振动分析方法。

(1)单向地震作用

适用条件:一般情况下,对质量与刚度分布均匀的高层建筑,可沿结构两个主轴方向分别考虑水平地震作用;有斜交抗侧力构件的结构,当相交角度大于15°时,应分别计算各抗侧力构件方向的水平地震作用。但应考虑偶然偏心的影响。

偶然偏心的计算:每层质心沿垂直于地震作用方向的偶然偏移值可按下式采用:

$$e_i = \pm 0.05 L_i \qquad (4\text{-}4)$$

式中 e_i——第 i 层质心偏移值(m)(图 4-5),各楼层质心偏移方向相同;

L_i——第 i 层垂直于地震作用方向的建筑物总长(m)。

偶然偏心的含义指的是:由偶然因素引起的结构质量分布的变化,会导致结构固有振动特性的变化,因而结构在相同地震作用下的反应也将发生变化。考虑偶然偏心也就是考虑由偶然偏心引起的可能的最不利的地震作用,即分别选取 X 方向地震作用三种工况的最不利的内力,及 Y 方向地震作用三种工况的最不利的内力计算。

考虑偶然偏心的单向扭转耦联振型分析方法:由于刚心偏离质心,即使在单向水平地震作用下,在结构发生平移振动的同时,还会发生扭转振动。目前,计算程序采用串联刚片系振动模型,考虑偶然偏心单向扭转耦联振型分解法计算地震作用的基本思路是:①计算未偏心的初始结构地震作用,如图 4-6a 所示工况Ⅰ;②将未偏心的初始结构的各振型的地震力的作用点,按照指定方式偏移 5% 后,重新作用于结构上,此时结构产生的位移就是一个近似的偏心振型

(图 4-6b);③根据新的主振型和原自振周期计算新地震作用和效应,即为考虑该工况偶然偏心的地震作用和效应。该方法有一定的近似性,但计算效率较高,其计算精度能满足工程要求。

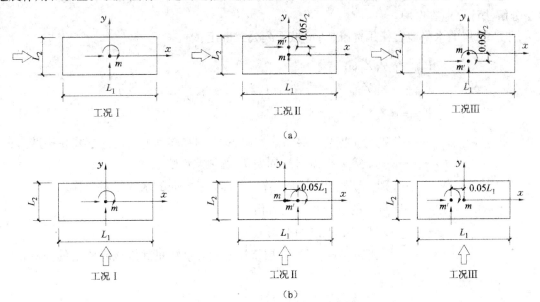

图 4-5　偶然偏心示意图

(a)x 方向地震作用的三种工况;(b)y 方向地震作用的三种工况

(m 为质心,m' 为考虑偶然偏心后的质心)

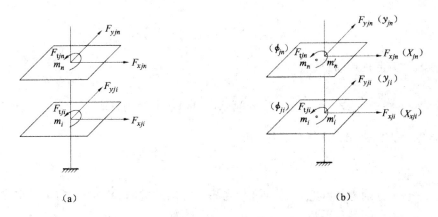

图 4-6　考虑偶然偏心的单向扭转耦联振型分析

(a)工况Ⅰ无偶然偏心的地震作用(j 振型);(b)近似计算 j 振型的主振型

(2)双向地震作用

质量与刚度分布明显不对称、不均匀的结构(当不考虑偶然偏心,$\delta_1 > 1.4(\delta_1 + \delta_2)/2$ 时),应考虑双向地震作用,并采用串联刚片系振动模型,按双向扭转耦联振型分解法计算地震作用。

根据强震观测记录的统计分析,两个水平方向地震加速度的最大值不相等,两者之比约为 1:0.85;而且两个方向的最大值不一定发生在同一时刻。因此,采用平方和开方计算,近似确定两个方向地震作用效应的组合。

(3)地震作用计算

考虑扭转影响的结构,各楼层可取两个正交的水平位移和一个转角共三个自由度,按下列振型分解法计算地震作用。

j 振型 i 层的水平地震作用标准值,应按下列公式确定:

$$\left. \begin{array}{l} F_{xji} = \alpha_j \gamma_{tj} X_{ji} G_i \\ F_{yji} = \alpha_j \gamma_{tj} Y_{ji} G_i \\ F_{tji} = \alpha_j \gamma_{tj} r_i^2 \varphi_{ji} G_i \end{array} \right\} \quad (i = 1, 2, \cdots, n; j = 1, 2, \cdots, m) \tag{4-5}$$

式中　F_{xji}、F_{yji}、F_{tji}——分别为 j 振型 i 层的 x 方向、y 方向和转角方向的地震作用标准值;

α_j——相应于第 j 振型自振周期 T_j 的地震影响系数;

X_{ji}、Y_{ji}——分别为 j 振型 i 层质心在 x 方向、y 方向的水平相对位移;

G_i——质点 i 的重力荷载代表值;

φ_{ji}——j 振型 i 层的相对扭转角;

r_i——i 层扭转半径,可取 i 层绕质心的转动惯量除以该层质量的商的正二次方根;

n——结构计算总质点数;

m——结构计算振型数,一般情况下可取 $9 \sim 15$;

γ_{tj}——考虑扭转的 j 振型参与系数,可按式(4-6)和式(4-8)计算。

当仅考虑 x 方向地震时:

$$\gamma_{tj} = \sum_{i=1}^{n} X_{ji} G_i \Big/ \sum_{i=1}^{n} (X_{ji}^2 + Y_{ji}^2 + \phi_{ji}^2 r_i^2) G_i \tag{4-6}$$

当仅考虑 y 方向地震时:

$$\gamma_{tj} = \sum_{i=1}^{n} Y_{ji} G_i \Big/ \sum_{i=1}^{n} (X_{ji}^2 + Y_{ji}^2 + \phi_{ji}^2 r_i^2) G_i \tag{4-7}$$

当考虑与 x 方向夹角为 θ 的地震作用时:

$$\gamma_{tj} = \gamma_{xj} \cos\theta + \gamma_{yj} \sin\theta \tag{4-8}$$

式中　γ_{xj}、γ_{yj}——分别为仅考虑 x 方向和仅考虑 y 方向地震时,相应按式(4-6)和式(4-7)求得的参与系数。

(4)地震作用效应计算

1)单向水平地震作用下,考虑扭转的地震作用效应,应按下式确定:

$$S = \sqrt{\sum_{j=1}^{m} \sum_{k=1}^{m} \rho_{jk} S_j S_k} \tag{4-9}$$

$$\rho_{jk} = \frac{8 \zeta_j \zeta_k (1 + \lambda_T) \lambda_T^{1.5}}{(1 - \lambda_T^2)^2 + 4 \zeta_j \zeta_k (1 + \lambda_T)^2 \lambda_T} \tag{4-10}$$

式中　S——考虑扭转的地震作用标准值的效应;

S_j、S_k——分别为 j、k 振型地震作用标准值的效应;

ρ_{jk}——j 振型与 k 振型的耦联系数；

λ_T——j 振型与 k 振型的自振周期比；

ζ_j、ζ_k——分别为 j、k 振型的阻尼比。

2)考虑双向水平地震作用下的扭转地震作用效应,应按下列公式中较大值确定:

$$S = \sqrt{S_x^2 + (0.85S_y)^2} \tag{4-11}$$

或 $$S = \sqrt{S_y^2 + (0.85S_x)^2} \tag{4-12}$$

式中 S——考虑双向水平地震作用下的扭转地震作用效应;

S_x、S_y——分别为仅考虑 X、Y 方向水平地震作用时的地震作用效应。系指两个正交方向地震作用在每个构件的同一局部坐标方向的地震作用效应,如 X 方向地震作用下在局部坐标 x_i 向的弯矩 M_{xx} 和 Y 方向地震作用下在局部坐标 x_i 方向的弯矩 M_{xy}。

按不利情况考虑时,则取上述组合的最大弯矩与对应的剪力,或上述组合的最大剪力与对应的弯矩,或上述组合的最大轴力与对应的弯矩等。

例如考虑双向地震作用时,某框架柱地震作用效应计算。如 X 方向地震作用为主方向,整体坐标为 $OXYZ$,局部坐标为 $oxyz$(图 4-7),柱的内力为:

$$\left.\begin{aligned}
M_X &= \sqrt{M_{xX}^2 + (0.85M_{xY})^2} \\
M_Y &= \sqrt{M_{yX}^2 + (0.85M_{yY})^2} \\
N &= \sqrt{N_X^2 + (0.85N_Y)^2} \\
V &= \sqrt{V_{xX}^2 + (0.85V_{xY})^2}
\end{aligned}\right\} \tag{4-13}$$

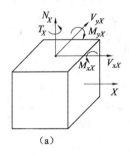 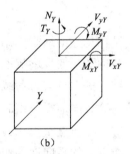

图 4-7　地震作用效应

(a)X 向地震作用;(b)Y 向地震作用

3．弹性楼板结构地震作用计算

弹性楼板结构,为确定结构的周期、振型和楼板的位移差,先假定楼板为无限刚体,按串联刚片系模型进行分析。所得结构周期、振型和楼板的位移差参数仅用于结构某些性能参数的分析与比较,例如扭转周期与平动周期之比、楼板位移差是否满足要求等。但弹性楼板结构应按多质点多竖杆并串联模型计算地震作用和地震效应。

4．时程分析补充计算

7~9 度抗震设防的高层建筑,下列情况应采用弹性时程分析法进行多遇地震下的补充计算:

——甲类高层建筑结构；

——表 4-5 所列的乙、丙类高层建筑结构；

——竖向不规则的高层建筑结构；

——复杂高层建筑结构；

——质量沿竖向分布特别不均匀的高层建筑结构。

表 4-5　采用时程分析法的高层建筑

设防烈度、场地类别	建筑高度范围	设防烈度、场地类别	建筑高度范围
8 度Ⅰ、Ⅱ类场地和 7 度	>100m	9 度	>60m
8 度Ⅲ、Ⅳ类场地	>80		

4.3.3　竖向地震作用

1. 结构竖向地震作用

9 度抗震设计时，高层建筑结构应计算竖向地震作用，结构竖向地震作用标准值可按下列规定计算(图 4-8)：

(1)结构总竖向地震作用标准值可按下列公式计算：

$$F_{Evk} = \alpha_{vmax} G_{eq} \tag{4-14}$$

$$G_{eq} = 0.75 G_E \tag{4-15}$$

$$\alpha_{vmax} = 0.65 \alpha_{max} \tag{4-16}$$

(2)结构质点 i 的竖向地震作用标准值可按下列公式计算：

$$F_{vi} = \frac{G_i H_i}{\sum\limits_{j=1}^{n} G_j H_j} F_{Evk} \tag{4-17}$$

式中　F_{Evk}——结构总竖向地震作用标准值；

　　　α_{vmax}——结构竖向地震影响系数的最大值；

　　　G_{eq}——结构等效总重力荷载代表值；

　　　G_E——计算竖向地震作用时，结构总重力荷载代表值，
　　　　　　应取各质点重力荷载代表值之和；

　　　F_{vi}——质点 i 的竖向地震作用标准值；

　　G_i, G_j——分别为集中于质点 i、j 的重力荷载代表值；

　　H_i, H_j——分别为质点 i、j 的计算高度。

(3)楼层各构件的竖向地震作用效应可按各构件承受的重力荷载代表值比例分配，并宜乘以增大系数 1.5。

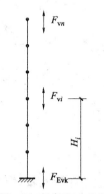

图 4-8　结构竖向地震
作用计算示意图

2. 构件的竖向地震作用

水平长悬臂构件、大跨度结构以及结构上部外挑部分考虑竖向地震作用时，竖向地震作用的标准值在 8 度和 9 度设防时，可分别取该结构或构件承受的重力荷载代表值的 10％和 20％。

44

第5章 结构分析

5.1 结构计算的基本假定

一个高层建筑结构是由竖向结构体系和楼板组成的三维空间结构体系,要进行内力和位移计算,必须引入不同程度的计算假定进行计算模型的简化。简化的程度视所采用的计算工具,按必要和合理的原则决定。下面介绍一些结构整体分析中常采用的几点假定。

5.1.1 风荷载与地震作用的方向

风荷载与地震作用的方向是任意不定的,但在结构分析中,为简化计算,仅对结构平面内有限的几个轴线方向进行分析。一般情况下,应允许在建筑结构的两个主轴方向分别计算水平作用;有斜交抗侧力构件的结构,当相交角度大于15°时,应分别计算各抗侧力构件方向的水平作用。

5.1.2 结构材料工作状态假定

1. 线弹性假定建筑结构的内力和位移分析,可假定结构与构件处于弹性工作状态,采用弹性理论分析方法,但框架梁及连梁等构件,可考虑局部塑性变形引起的内力重分布。

2. 建筑结构在罕遇地震作用下薄弱层变形计算,可采用弹塑性分析方法。

5.1.3 结构分析模型

高层建筑是非常复杂的三维空间结构,而且构件种类多样,无论何种计算方法,都要对计算图形作一些简化,但简化的程度因设计深度及所采用的计算工具而异,原则是计算简单、符合实际、满足工程要求。

5.1.3.1 楼板刚度假定

高层建筑进行内力与位移计算时,一般情况下可假定楼板在自身平面内为无限刚性,平面外刚度很小,可以忽略不计,如果假定为刚性楼板,设计时应采取必要措施,保证楼板平面内的整体刚度。

当结构无扭转时,刚性楼板只产生平移(图5-1a);有扭转时,楼板还作刚体转动(图5-1b)。

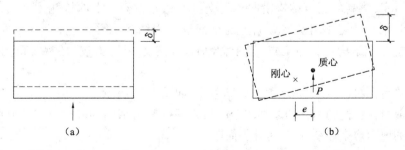

图5-1 楼板位移

(a)无扭转;(b)有扭转

当楼板有凹入或开大洞时,平面内产生明显变形,计算时应考虑楼板变形对结构的影响。表 5-1 为楼板的几种不同假定。

表 5-1　楼板的不同假定

楼板刚性假定	平面内刚度	平面外刚度	适用范围
刚性板	∞	0	大多数工程
弹性板	膜剪切刚度	0	楼板开大洞
	∞	板弯曲刚度	厚板转换层结构、板柱体系
	膜剪切刚度	板弯曲刚度	所有结构、板柱体系

5.1.3.2　结构分析模型

1．平面模型

(1)平面结构模型

1)计算单元:水平作用的计算单元取轴线间为计算单元,如图 5-2a 所示。

2)计算模型:取一榀抗侧力结构为分析模型,如图 5-2b 所示。

3)适用条件:一般适用于非常规则的简单结构(框架结构体系、剪力墙结构体系),各片抗侧力体系大体相似。

该模型的内力和位移计算结果可作为方案设计估算的依据。高层建筑结构的内力和位移计算不宜采用平面结构模型。

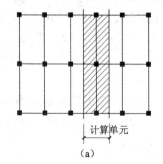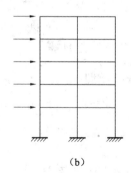

图 5-2　平面结构模型
(a)计算单元;(b)计算模型

(2)平面结构平面协同分析模型

1)基本假定:将高层建筑结构沿两个正交主轴划分为若干平面抗侧力结构,每一个方向上的风荷载和水平地震作用由该方向上的平面抗侧力结构承受,垂直于风荷载和水平地震作用方向的抗侧力结构不参加工作;楼板为刚性,不考虑扭转影响,各榀抗侧力结构水平位移相等。

2)计算单元:取抗震缝之间区段为计算单元,如图 5-3a 所示。

3)层间剪力在各抗侧力结构之间的分配与各榀抗侧力结构的刚度有关,刚度愈大的结构单元分配到的剪力愈多。图 5-3b 为计算简图。

4)适用条件:平面规则,且同一方向各轴线构件形式和受力不同、刚性楼盖,但质量和侧向刚度基本对称分布的结构。

（3）平面结构空间协同分析模型

1）基本假定：空间协同分析模型与平面协同分析模型大致相同,各榀抗侧力结构仍然按平面结构考虑,它们由刚性楼面相互连接,在任一方向的风荷载和地震作用下,所有正交和斜交抗侧力结构均参加工作,将结构看作一个整体,楼板既发生平移,也产生刚体转动。水平作用在各抗侧力结构之间按空间位移协调条件进行分配。

2）计算单元：取抗震缝之间区段为计算单元。

3）层间剪力在各抗侧力结构之间的分配：依各榀抗侧力结构的侧移量和刚度计算其剪力值,即按各榀抗侧力结构的空间位移协调条件分配层间剪力(图 5-4)。

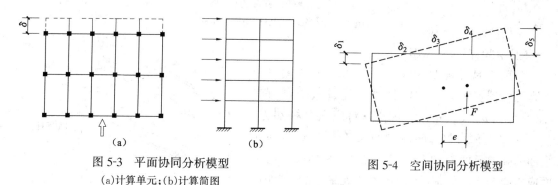

图 5-3　平面协同分析模型
(a)计算单元;(b)计算简图

图 5-4　空间协同分析模型

4）适用条件：同一方向各轴线构件形式和受力不同、质量和侧向刚度非对称分布,楼、屋盖为刚性,应考虑扭转耦连的结构。

2.空间三维结构分析模型

由于计算机的普及,目前,常用的多层和高层建筑结构分析程序均采用了空间三维模型,根据剪力墙模型的不同,大致有两类空间分析模型。

（1）空间杆-薄壁杆系模型

高层建筑结构三维空间分析方法将高层建筑视为空间杆-薄壁杆系系统,梁、柱为一般空间杆件,每端有六个自由度(图 5-5a)：u_x, u_y, w, θ_x, θ_y, θ_z;对应 6 个杆端力：V_x, V_y, N_z, M_x, M_y, M_z。剪力墙为薄壁空间杆件,除了上述 6 个位移外,还有翘曲变形 θ'',对应的内力为双力矩 B_w(图 5-5b)。图 5-6 为空间杆-薄壁杆系空间分析模型,由矩阵位移法求解其内力,首先形成各杆件刚度矩阵,组成位移法方程(5-1),求出节点位移,再按式(5-2)确定杆端力。

$$K_f\Delta = P \qquad (5\text{-}1)$$

式中　K_f——刚度;

　　　Δ——节点位移列向量;

　　　P——节点上外荷载向量。

$$K_s U_s = P_s \qquad (5\text{-}2)$$

式中　U_s——杆端位移;

　　　P_s——杆端力;

　　　K_s——杆件单元刚度矩阵。

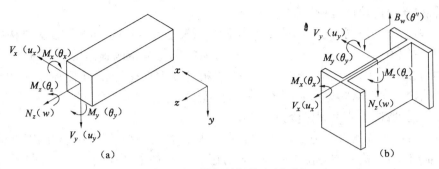

图 5-5　三维杆件杆端力(位移)

(a)空间杆件(梁、柱);(b)薄壁空间杆

(2)空间杆-墙元模型

空间杆-墙元模型,以空间杆件单元模拟梁、柱;以墙元模拟剪力墙。空间杆件每端有六个自由度(图 5-5a):u_x,u_y,w,θ_x,θ_y,θ_z;对应六个杆端力:V_x,V_y,N_z,M_x,M_y,M_z。墙元是在四节点等参元平面薄壳单元的基础上凝聚而成的,这种薄壳为平面应力膜与板的叠加,平面应力膜元采用的是"四边形膜元"(图 5-7a);板采用的是"四节点等参元"(图 5-7b)。壳元的每个节点有六个自由度,其中三个为膜自由度(u,v,θ_z),三个为板弯曲自由度(w,θ_x,θ_y)。

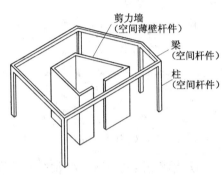

图 5-6　杆件—薄壁杆件空间分析模型

计算时程序自动对墙元进行细分,形成若干小墙元,然后计算每个小墙元的刚度矩阵并叠加,最后将其刚度凝聚到边界点上,计算程序如图 5-8 所示。

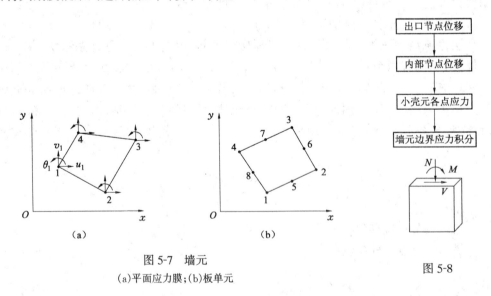

图 5-7　墙元

(a)平面应力膜;(b)板单元

图 5-8

5.1.3.3　平面与空间分析的比较

如上所述,在高层建筑结构内力分析时,根据结构实际受力情况,可采用平面分析模型与空间分析模型,平面分析模型概念清楚、计算简单,计算工作量相对较小;空间分析模型虽计算

48

工作量较大,但更能反应结构的实际受力状况,下面就此问题举例说明。

1.杆件内力

平面与空间分析所得构件内力数量不同,如图5-9所示。平面杆端为三个力,空间分析时杆端为六个杆端力。

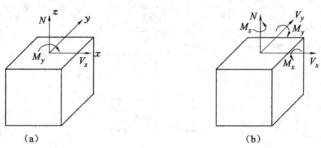

图5-9 杆件内力

(a)平面分析内力;(b)空间分析内力

2.次梁端部弯矩

平面分析模型中次梁视为作用在主梁上的荷载,且在荷载计算时,次梁按简支考虑,忽略了次梁端部的负弯矩;按空间模型分析,次梁的计算结果与实际情况相符合(图5-10)。

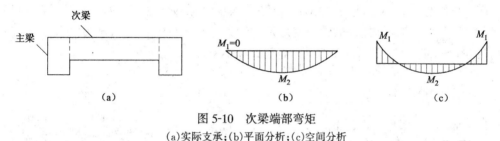

图5-10 次梁端部弯矩

(a)实际支承;(b)平面分析;(c)空间分析

3.梁受扭

平面分析模型无法计算如图5-11所示的各种扭矩,而空间分析模型可以计算出符合实际的扭矩。

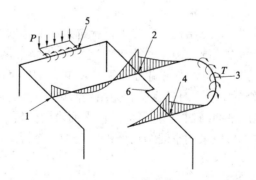

图5-11 梁扭矩

1—次梁端弯矩产生的扭矩;2—次梁端弯矩差产生的扭矩;3—弧梁扭矩;

4—悬臂梁产生的扭矩;5—挑板产生的扭矩;6—折线梁产生的扭矩

4.荷载传力途径

平面分析模型强调传力途径,而在考虑其传递过程中,必要的简化可能会使计算结果与实际结果情况不相符合(图 5-12);而空间分析模型无需强调荷载的传递过程,只需按结构和荷载如实计算构件的内力和变形,更加符合实际受力情况。

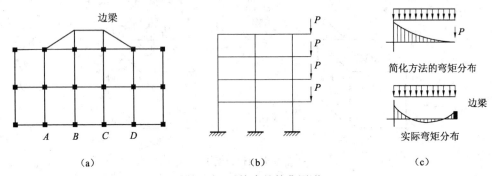

图 5-12 不恰当的简化图形

(a)结构平面;(b)平面简化方法 B、C 框架的计算简图;(c)外挑梁的内力

5.墙柱轴力

平面分析模型轴力按荷载面积分配,没有考虑梁刚度和墙、柱轴向变形差别引起的轴力差异。平面分析结果(图 5-13a、图 5-13b):$N_1 = N_2$,$N_3 = N_4$,$N_1 = 2N_3$,$N_2 = 2N_4$。按空间模型分析时,考虑了剪力墙与框架柱的轴向变形差对轴力的影响(图 5-13c),轴力的分配发生变化(图 5-13a、图 5-13b),$N_1 < N_2$,$N_3 < N_4$,$N_1 < 2N_3$,$N_2 < 2N_4$。

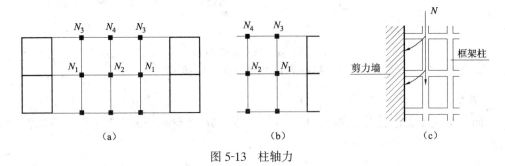

图 5-13 柱轴力

高层建筑结构分析模型应根据结构实际受力情况选定。所选取的分析模型应能较准确地反映结构中各构件的实际受力状况。由于计算机的应用,一般可选空间三维分析模型。对于体型复杂、结构布置复杂的高层建筑,应采用至少两个不同力学模型的结构分析软件进行整体计算,并对计算结果进行分析比较。对各榀抗侧力结构刚度接近,且屋盖可视为刚性横隔板的结构,在初步设计时,可采用平面结构模型(平面结构平面协同分析模型、平面结构空间协同分析模型)进行分析。其他情况,应采用空间结构分析模型进行分析。

5.2 重力二阶效应与结构稳定

高层混凝土结构的高度和高宽比的增加,以及建筑内部空间的扩大,使结构重量增加而刚度相对减弱,因此,高层混凝土结构的重力二阶效应与结构稳定问题更加突出,在设计中必须予以考虑。

5.2.1 基本概念

所谓重力二阶效应，一般包括两部分：一是由于构件自身挠曲引起的附加重力效应，即挠曲重力二阶效应 $P\text{-}\delta$ 效应，二阶内力与构件挠曲形态有关，一般中部大，端部为零（图 5-14）；二是结构在水平风荷载或地震作用下产生水平位移后，重力荷载由于该侧移而引起附加弯矩 $P\Delta$（图 5-15），即侧移重力二阶 $P\text{-}\Delta$ 效应。

对于一般高层建筑结构而言，由于构件的长细比不大，其 $P\text{-}\delta$ 二阶效应的影响相对较小，结构仅在竖向荷载作用下产生整体失稳的可能性很小；由结构的水平侧移和重力引起的 $P\text{-}\Delta$ 效应相对较明显，可使结构的位移和内力增加很多，甚至导致结构整体失稳倒塌。因此，高层建筑混凝土结构的稳定设计，主要是控制和验算结构在风或地震作用下，重力荷载产生的 $P\text{-}\Delta$ 效应对结构性能降低的影响，以及由此引起的结构失稳。

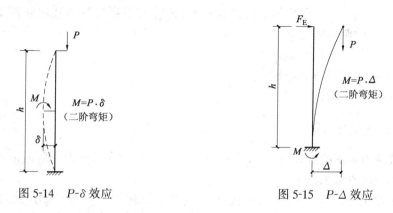

图 5-14 $P\text{-}\delta$ 效应　　　　　图 5-15 $P\text{-}\Delta$ 效应

5.2.2 重力 $P\text{-}\Delta$ 效应的影响参数及控制

高层建筑结构只要有水平侧移，就会引起重力荷载作用下的 $P\text{-}\Delta$ 效应，因此，结构的侧向刚度和重力荷载是影响结构稳定和重力 $P\text{-}\Delta$ 效应的主要因素。侧向刚度与重力荷载的比值称之为结构的刚重比，结构的刚重比是影响重力 $P\text{-}\Delta$ 效应的主要参数。可通过控制结构的刚重比，来减小重力二阶效应，保证结构的整体稳定性。

1. 在水平荷载作用下，当高层建筑结构满足下列规定时，重力二阶效应较小，可以忽略不计。

（1）框架结构

$$\frac{D_i}{\sum_{j=i}^{n} G_j / h_i} \geqslant 20 \quad (i = 1, 2 \cdots, n) \tag{5-3}$$

（2）对剪力墙结构、框架-剪力墙结构、筒体结构

$$\frac{EJ_d}{H^2 \sum_{i=1}^{n} G_i} \geqslant 2.7 \tag{5-4}$$

2. 为保证高层建筑结构的稳定应符合下列规定：

(1)框架结构

$$\frac{D_i}{\displaystyle\sum_{j=i}^{n} G_j/h_i} \geqslant 10 \qquad (i=1,2\cdots,n) \tag{5-5}$$

(2)对剪力墙结构、框架-剪力墙结构、筒体结构

$$\frac{EJ_d}{H^2 \displaystyle\sum_{i=1}^{n} G_i} \geqslant 1.4 \tag{5-6}$$

式中　G_i、G_j——分别为第 i、j 楼层重力荷载设计值；

　　　　D_i——第 i 楼层的弹性等效侧向刚度，可取该层剪力与层间位移的比值；

　　　　EJ_d——结构一个主轴方向的弹性等效侧向刚度，可按倒三角形分布荷载作用下结构顶点位移相等的原则，将结构的侧向刚度折算为竖向悬臂受弯构件的等效侧向刚度；

　　　　h_i——第 i 楼层层高；

　　　　n——结构计算总层数；

　　　　H——房屋高度。

5.2.3　重力 P-Δ 效应计算

高层建筑结构如不满足式(5-3)或式(5-4)的规定时，应考虑重力二阶效应对水平力作用下结构内力和位移的不利影响。

重力二阶效应的计算方法很多，《高层建筑混凝土结构技术规程》采用的增大系数法是一种简单可行的计算方法。即采用对未考虑重力二阶效应的计算结果乘以增大系数的方法，近似考虑重力二阶效应的不利影响。

结构位移增大系数 F_1、F_{1i} 以及结构构件弯矩和剪力增大系数 F_2、F_{2i} 可分别按下列规定近似计算，但位移限制条件不变。

1. 对框架结构，可按下列公式计算：

$$F_{1i} = \frac{1}{1 - \displaystyle\sum_{j=i}^{n} G_j/(D_i h_i)} \qquad (i=1,2\cdots,n) \tag{5-7}$$

$$F_{2i} = \frac{1}{1 - 2\displaystyle\sum_{j=i}^{n} G_j/(D_i h_i)} \qquad (i=1,2\cdots,n) \tag{5-8}$$

2. 对剪力墙结构、框架-剪力墙结构、筒体结构，可按下列公式计算：

$$F_1 = \frac{1}{1 - 0.14H^2 \displaystyle\sum_{i=1}^{n} G_i/(EJ_d)} \tag{5-9}$$

$$F_2 = \frac{1}{1 - 0.28H^2 \displaystyle\sum_{i=1}^{n} G_i/(EJ_d)} \tag{5-10}$$

式中　F_{1i}、F_{2i}——分别为框架结构 i 层的位移增大系数和 i 层结构构件的弯矩和剪力增大系数；

F_1、F_2——分别为剪力墙结构、框架-剪力墙结构、筒体结构的位移增大系数和相应结构构件的弯矩和剪力增大系数。

5.2.4　构件挠曲效应的考虑

如前所述，重力二阶效应以侧移重力二阶效应（P-Δ 效应）为主，构件挠曲二阶效应（P-δ 效应）的影响比较小，一般可以忽略。

长细比（构件计算长度与构件截面回转半径之比）大于 17.5 的偏心受压构件，计算其偏心受压承载力时，应按照《混凝土结构设计规范》GB 50010 的规定考虑偏心距增大系数 η。

5.3　结构水平位移控制

5.3.1　抗震设防目标——三水准两阶段设计

《建筑抗震设计规范》GB 50011—2001 规定采用"三水准"设防目标，即"小震不坏"，设防烈度可修，"大震不倒"。该设防目标通过两阶段设计来实现。

第一阶段设计是通过小震作用下结构承载力及弹性变形验算，保证"小震不坏"；通过概念设计和抗震构造措施，使结构具有足够的延性，以满足第二水准的设防目标。

第二阶段设计是防倒塌的弹塑性变形验算和提高变形能力的构造措施。对规范规定的结构，通过控制其大震（罕遇地震）下的薄弱层弹塑性变形，以防止倒塌，实现第三水准的设防目标。

因此，结构抗震变形验算包括两部分内容，一是"小震"作用下结构处于弹性状态的变形验算；二是"大震"作用下结构的弹塑性变形验算。

5.3.2　风荷载及"小震"作用下的水平位移控制

风荷载及"小震"作用下的水平位移验算，实质是正常使用条件下的水平层位移验算。高层建筑层数多、高度大，为保证其结构具有必要的刚度，应对其在正常使用条件下的层位移加以控制。限制其层间位移的主要目的有两点：①保证主结构基本处于弹性受力状态（避免钢筋混凝土墙或柱出现裂缝；将混凝土梁等楼面构件的裂缝数量、宽度限制在规范允许范围之内）；②保证填充墙、隔墙和幕墙等非结构构件的完好，避免产生明显损伤。

正常使用条件下的结构水平位移按弹性方法计算，地震按小震考虑，风荷载按 50 年一遇的风压标准值考虑。楼层层间最大位移与层高之比（$\Delta u/h$）的限值因高度（H）不同而异：

（1）$H \leqslant 150\mathrm{m}$ 时，按表 5-2 采用；

表 5-2　楼层层间最大位移与层高之比的限值

结　构　类　型	$\Delta u/h$　限　值
框架	1/550
框架-剪力墙、框架-核心筒、板柱-剪力墙	1/800
筒中筒、剪力墙	1/1000
框支层	1/1000

53

(2)$H \geqslant 250m$ 时, $\Delta u / h$ 不宜大于 $1/500$;

(3)H 介于 $150 \sim 250m$ 之间时,按(1)、(2)限值线性插入取用。

5.3.3 "大震"作用下薄弱层弹塑性变形验算

结构在"大震"作用下变形验算的基本问题是:分析结构本身的变形能力和估计结构薄弱楼层(部位)的弹塑性最大位移反应,通过改善结构均匀性和采用改善薄弱楼层的变形能力的抗震构造措施等,使结构的层间弹塑性位移控制在允许范围内。

1. 影响非弹性变形集中的因素

多层框架结构弹塑性地震反应分析研究结果表明,弹塑性变形集中具有如下规律:

(1)等强度结构

图 5-16 为各楼层屈服强度系数 ξ_y(为按构件实际配筋和材料强度标准值计算的楼层受剪承载力与按罕遇地震作用计算的楼层弹性地震剪力的比值)基本相等的多层结构,延性系数沿结构高度的分布图。从图中可以看出,地震作用下的等强度多层结构,延性系数竖向分布曲线接近一条竖向直线,各楼层延性系数大致相等,但随着地震强度的增加,结构降低到 0.5 以下后,各楼层的延性系数出现差异。特别是底层,它相对于刚性基础而言是薄弱层,其延性系数比其他楼层增大 1 倍以上。

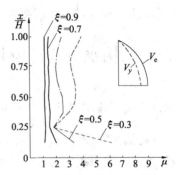

图 5-16 等强度结构的延性系数沿高度的分布曲线

(2)有薄弱层的结构

当结构的底部、中部或上部分别有薄弱层,薄弱层的屈服强度系数 ξ_y 值,相应比其他楼层的 0.9、0.7、0.5 减小较多时(如减小 20% 以上)时,延性系数沿高度分布不均匀(图 5-17),薄弱层的延性系数比其他楼层大得多。有薄弱层的结构,其薄弱层处显著存在非弹性变形集中现象,其他楼层的延性系数基本不受影响。

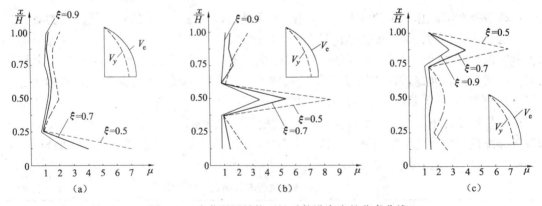

图 5-17 有薄弱层结构延性系数沿高度的分布曲线

(a)底层有薄弱层;(b)中部有薄弱层;(c)上部分别有薄弱层

在多层结构中,当某一楼层屈服强度系数 ξ_y 小于其他楼层的屈服强度系数的 80% 时,就构成为薄弱层,不管该薄弱层位于结构高度的哪一楼层,薄弱层都会发生变形集中。

(3)有加强层的结构

图 5-18a 为当底层设置加强楼层时,其最大延性系数的竖向分布曲线图。图 5-18b 为顶层的下一层设置加强层时,其最大延性系数的竖向分布曲线图。从图中可以看出,在有加强层的多层结构中,加强层的变形减小,但加强层的上一层,变形却显著增大,出现了变形集中现象。而且更上两层也受到一定程度的影响。此外,顶层的下一层设置加强层时(图 5-18b),当结构的屈服强度系数等于 0.5 时,在结构的底部,也出现了与等强度结构同样的变形集中现象。

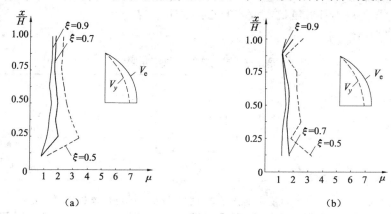

图 5-18 带加强层多层结构的延性系数竖向分布曲线
(a)底层为加强层;(b)顶层的下一层设置加强层

从图 5-16 和图 5-17 可以看出变形集中与屈服强度系数具有如下关系:①薄弱层的变形集中程度,随结构屈服强度系数的减小而增大,当 $\xi_y = 0.5$ 时,薄弱层的最大延性系数大约等于 $\xi_y = 0.9$ 时的 3 倍;②当结构屈服强度系数 $\xi_y \leqslant 0.5$ 时,即使是等强度结构,也会在结构底层产生塑性变形集中现象(图 5-16);③楼层屈服强度系数沿楼层高度的分布是影响层间弹塑性最大位移的主要因素(图 5-17)。

2. 弹塑性变形的控制

为了防止结构在罕遇的强烈地震中倒塌,必须使结构薄弱层的地震变形限制在一定的容许范围内。为此,在高层建筑设计时,应注意:

(1)避免出现薄弱层;

(2)当必须设置加强层时,应考虑它对其上面楼层变形的影响;

(3)对于屈服强度系数 $\xi_y \leqslant 0.5$ 的结构,应提高底层的强度,以减少底层的变形集中效应;

(4)对需进行弹塑性变形验算的高层建筑结构,其结构薄弱层(部位)层间弹塑性位移应符合下式要求:

$$\Delta u_p \leqslant [\theta_p]h \qquad (5-11)$$

式中　Δu_p——层间弹塑性位移;

　　$[\theta_p]$——层间弹塑性位移角限值,按表 5-3 采用;对框架结构,当轴压比小于 0.40 时,可提高 10%;当柱子全高的箍筋构造采用比《高层建筑混凝土结构技术规程》中框架柱箍筋最小配箍特征值大 30% 时,可提高 20%,但累计不超过 25%;

　　h——层高。

1)应进行弹塑性变形验算的高层建筑结构：

①7~9度时楼层屈服强度系数小于0.5的框架结构；

②甲类建筑和9度抗震设防的乙类建筑结构；

③采用隔震和消能减震技术的建筑结构。

2)宜进行弹塑性变形验算的高层建筑结构：

①表5-4所列高度范围且竖向不规则的高层建筑结构；

②7度Ⅲ、Ⅳ类场地和8度抗震设防的乙类建筑结构；

③板柱-剪力墙结构。

表 5-3　层间弹塑性位移角限值

结　构　类　型	θ_p
框架	1/50
框架-剪力墙、框架-核心筒、板柱-剪力墙	1/100
筒中筒、剪力墙	1/120
框支层	1/120

表 5-4　可能需要进行弹塑性变形验算的高层建筑结构

设防烈度、场地类别	建筑高度范围	设防烈度、场地类别	建筑高度范围
8度Ⅰ、Ⅱ类场地土和7度	>100m	9度	>60m
8度Ⅲ、Ⅳ类场地土	>80m		

3. 弹塑性变形简化计算方法

目前,考虑弹塑性变形的计算方法大致有两种:①按规定的地震作用下的弹性变形乘以某一增大系数计算(简化计算方法),该方法对沿高度比较规则的结构有一定实用性,应用较多;②按静力弹塑性或动力弹塑性时程分析程序计算(弹塑性分析方法),该方法理论上较精确,计算复杂,高层建筑结构宜采用该方法。

(1)简化方法的适用范围

研究表明,多、高层建筑结构存在塑性变形集中现象,对楼层屈服强度系数 ξ_y 分布均匀的结构多发生在底层,对屈取强度系数 ξ_y 分布不均匀的结构多发生在 ξ_y 相对较小的楼层(部位);剪切型变形的框架结构薄弱层弹塑性变形与结构弹性变形有比较稳定的相似关系。因此,对于多层剪切型框架结构,其弹塑性变形可近似采用罕遇地震下的弹性变形乘以弹塑性变形增大系数 η_p 进行估算。

(2)计算公式

《建筑抗震设计规范》GB 50011—2001规定,不超过12层且层侧向刚度无突变的框架结构可采用下列计算公式计算其弹塑性位移:

$$\Delta u_p = \eta_p \Delta u_e \tag{5-12}$$

或

$$\Delta u_p = \mu \Delta u_y = \frac{\eta_p}{\xi_y} \Delta u_y \tag{5-13}$$

式中　Δu_p——层间弹塑性位移；

　　　Δu_y——层间屈服位移；

μ——楼层延性系数；

Δu_e——罕遇地震作用下按弹性分析的层间位移；

η_p——弹塑性位移增大系数，当薄弱层(部位)的屈服强度系数不小于相邻层(部位)该系数平均值的 0.8 时，可按表 5-5 采用；当不大于该平均值的 0.5 时，可按表内相应数值的 1.5 倍采用；其他情况可采用内插法取值；

ξ_y——楼层屈服强度系数。

表 5-5 8～12 层结构的弹塑性位移增大系数

ξ_y	0.5	0.4	0.3
η_p	1.8	2.0	2.2

4. 薄弱层(部位)位置的确定

(1)楼层屈服强度系数沿高度分布均匀的结构，可取底层；

(2)楼层屈服强度系数沿高度分布不均匀的结构，可取该系数最小的楼层(部位)及相对较小的楼层，一般不超过 2～3 处。

5.4 高层建筑混凝土房屋结构设计主要内容

一幢高层建筑物从设计到落成，需要建筑师、结构工程师、设备工程师和施工工程师共同合作才能完成。建筑物的结构设计由结构工程师负责，结构设计与建筑设计、设备设计、施工等方面的工作相互联系。高层建筑混凝土房屋结构设计主要内容和步骤如图 5-19 所示。

结构工程师应尽可能在初步设计阶段就参与初步方案的讨论，并着手考虑结构体系和结构选择问题，提出初步设想。进入设计阶段后，经分析比较，加以确定。

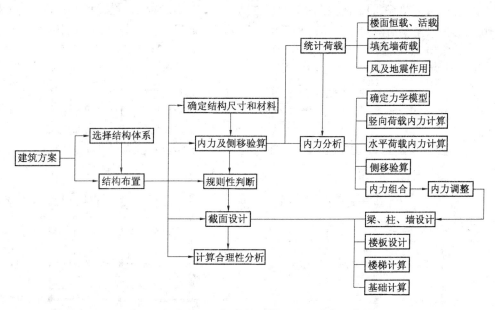

图 5-19 高层混凝土结构设计的主要内容和步骤

第6章 框架结构

6.1 结构布置

框架结构的布置既要满足建筑功能的要求,又要使结构体形规则、受力合理、施工方便。框架结构布置包括平面布置、竖向布置和构件选型。

6.1.1 平面布置

1.柱网布置

结构平面的长边方向称为纵向,短边方向称为横向。平面布置首先是确定柱网。所谓柱网,就是柱在平面图上的位置,因经常布置成矩形网格而得名。柱网尺寸(开间、进深)主要由使用要求决定。民用建筑的开间常为 3.3~7.2m,进深为 4.5~7.0m。

2.承重框架的布置

一般情况下,柱在纵、横两个方向均应有梁拉结,这样就构成沿纵向的纵向框架和沿横向的横向框架,两者共同构成空间受力体系。该体系中承受绝大部分竖向荷载的框架称为承重框架。楼盖形式不同,竖向荷载的传递途径不同,可以有不同的承重框架布置方案,即横向框架承重、纵向框架承重和纵、横向框架混合承重方案。纵、横向梁柱连接除个别部位外,不应采用铰接。

(1)横向框架承重方案。在横向布置主梁、楼板平行于长轴布置、在纵向布置连系梁构成横向框架承重方案,如图 6-1a 所示。横向框架往往跨数少,主梁沿横向布置有利于提高结构的横向抗侧刚度。另外,主梁沿横向布置还有利于室内的采光与通风,对预制楼板而言,传力明确。

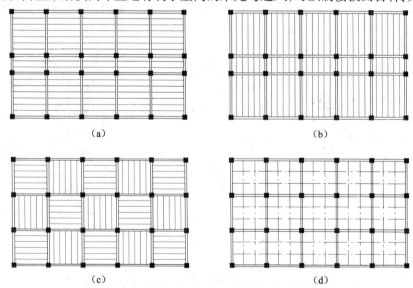

图 6-1 承重框架的布置方案

(a)横向承重;(b)纵向承重;(c)纵、横向承重(预制板);(d)纵、横向承重(现浇楼盖)

58

(2)纵向框架承重方案。在纵向布置主梁、楼板平行于短轴布置、在横向布置连系梁构成纵向框架承重方案(图 6-1b),横向框架梁与柱必须形成刚接。该方案楼面荷载由纵向梁传至柱子,所以横向梁的高度较小,有利于设备管线的穿行。当在房屋纵向需要较大空间时,纵向框架承重方案可获得较高的室内净高。利用纵向框架的刚度还可调整该方向的不均匀沉降。此外,该承重方案还具有传力明确的优点。纵向框架承重方案的缺点是房屋的横向刚度较小。

(3)纵、横向框架混合承重方案。在纵、横两个方向上均布置主梁以承受楼面荷载就构成纵、横向框架混合承重方案,如图 6-1c(采用预制板楼盖)和图 6-1d(采用现浇楼盖)所示。纵、横向框架混合承重方案具有较好的整体工作性能。

6.1.2 竖向布置

房屋的层高应满足建筑功能要求,一般为 2.8~4.2m,通常以 300mm 为模数。在满足建筑功能要求的同时,应尽可能使结构规则、简单、刚度、质量变化均匀。从有利于结构受力角度考虑,沿竖向框架柱宜上下连续贯通,结构的侧向刚度宜下大上小。

6.1.3 构件选型

构件选型包括确定构件的形式和尺寸。框架一般是高次超静定结构,因此,必须确定构件的截面形式和几何尺寸后才能进行受力分析。框架梁的截面一般为矩形。当楼盖为现浇板时,楼板的一部分可作为梁的翼缘,则梁的截面就成为 T 形或 L 形。当采用预制板楼盖时,为减小楼盖结构高度和增加建筑净空,梁的截面常取为十字形(图 6-2a)或花篮形(图 6-2b);也可采用如图 6-2c 所示的叠合梁,其中预制梁做成 T 形截面,在预制梁和预制板安装就位后,再现浇部分混凝土,使后浇混凝土与预制梁形成整体。

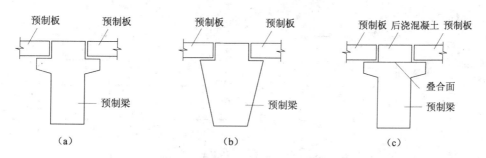

图 6-2 预制梁和叠合梁的截面形式

框架柱的截面形式常为矩形或正方形。有时由于建筑上的需要,也可设计成圆形、八角形、T 形、L 形、十字形等,其中 T 形、L 形、十字形也称异形柱。

构件的尺寸一般凭经验确定。如果选取不恰当,就无法满足承载力或变形限值的要求,造成返工。确定构件尺寸时,首先要满足构造要求,并参照过去的经验初步选定尺寸,然后再进行承载力的估算,并验算有关尺寸限值。楼盖部分构件的尺寸可按后面梁板结构的方法确定;柱的截面尺寸可先根据其所受的轴力按轴压比公式估算出,再乘以适当的放大系数(1.2~1.5)以考虑弯矩的影响。

6.2 框架结构内力和位移计算

目前,有很多计算机程序可用于框架结构的计算分析,如 TAT、SATWE、TBSA 等。但在进行方案设计或对计算机计算结果进行合理性判断时,也可采用近似计算方法,初估内力和位移值。本节主要介绍近似计算方法。

6.2.1 框架结构的计算简图

1.计算单元的确定

实际结构是一个空间结构(图 6-3a),应采用空间框架的分析方法进行结构计算。当框架较规则时,为了计算简便,可把纵向和横向框架分别按平面结构进行计算(图 6-3c、图 6-3d)。

框架结构在竖向荷载作用下,一般采用平面结构分析模型,取一榀框架作为计算单元,平面框架的竖向荷载则需按楼盖结构的布置方案确定,如图 6-3b 所示阴影部分为竖向荷载计算范围。

水平力作用下的受力分析,采用平面协同分析模型,取变形缝之间的区段为计算单元(图 6-3b 所示房屋的整个区段),水平作用时层间剪力按柱的抗侧刚度分配。

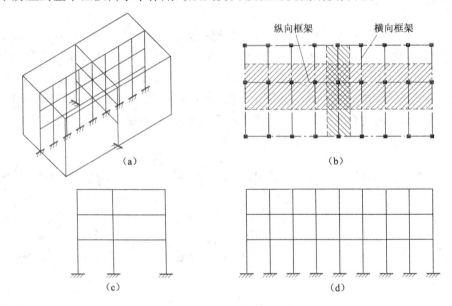

图 6-3 框架结构计算单元的选取

2.节点的模型化

钢筋混凝土高层框架主体结构除个别部位外,不应采用铰接。因此,高层框架结构纵、横向框架梁与柱连接及柱及基础连接均为刚接。

3.跨度与层高的确定

在确定框架的计算简图时,梁的跨度取柱轴线之间的距离,每层柱的高度则取层高。底层的层高是从基础顶面算起到第一层板顶的距离,其余各层的层高取相邻两楼盖板顶至板顶间的距离。

4.构件截面的惯性矩计算

在计算框架梁截面惯性矩 I 时应考虑楼板的影响。对现浇楼盖的梁,中框架取 $I = 2I_0$,

边框架取 $I = 1.5I_0$;对装配整体式楼盖的梁,中框架取 $I = 1.5I_0$,边框架取 $I = 1.2I_0$;对装配式楼盖的梁,则取 $I = I_0$,I_0 为不考虑楼板影响时梁矩形截面的惯性矩。

5. 结构上的作用

高层框架结构上的作用包括水平风荷载和地震作用及竖向荷载,由于房屋较高,水平作用起控制作用,竖向荷载相对较小。水平风荷载和地震作用一般均简化成作用于节点处的水平集中力。

6.2.2 竖向荷载作用下框架内力近似计算——分层计算法

1. 计算假定

在竖向荷载作用下,多层框架结构的内力分析可用力法、位移法等结构力学方法计算。规则多层多跨框架的侧移很小,可近似认为侧移为零。这时可方便地用弯矩分配法或迭代法进行计算。在作初步设计时,如采用手算,可用更为简化的分层法计算。

力法和位移法的计算结果表明,规则框架在较均匀的竖向荷载作用下,框架的侧移一般很小,侧移对内力的影响亦很小,在计算中不考虑侧移的影响;另外,框架某层梁上的竖向荷载只对本楼层的梁以及与本层梁相连的框架柱的弯矩和剪力影响较大,而对其他楼层的框架梁和隔层的框架柱的弯矩和剪力影响较小。为此,对竖向荷载作用下框架结构的内力分析作如下假定:

(1)框架在竖向荷载作用下的侧移为零;

(2)框架每层梁上的竖向荷载只对本层的梁以及与本层梁相连的框架柱产生弯矩和剪力,而对其他楼层的框架梁和隔层的框架柱都不产生弯矩和剪力。

2. 计算要点

在上述假定下,可把一个 n 层框架分解为 n 个单层敞口框架,其中第 i 个框架仅包含第 i 层的梁以及与该梁相连接的柱,且这些柱的远端假定为固接(图 6-4)。每一单层敞口框架可很容易地用力矩分配法计算其内力,而原框架的弯矩和剪力即为这 n 个敞口框架的弯矩和剪力的叠加。

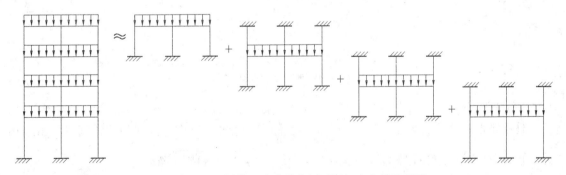

图 6-4 分层法计算竖向荷载作用下框架内力的示意图

实际上各层柱的远端除底层外并非如图 6-4 所示的固定端,而是介于铰支和固定之间的弹性约束状态。为反映这种情况,当采用力矩分配法计算敞口框架内力时:①除底层外,其余各层柱的线刚度均乘 0.9 的折减系数;②除底层柱外,其余各层柱的弯矩传递系数取 1/3(底层柱为 1/2)。

用力矩分配法计算各敞口框架的杆端弯矩,其梁端弯矩即为梁的最后弯矩。因每一层柱属于上、下两层,所以每一层柱的最终弯矩应为上下两层计算所得的弯矩值之和。上、下层柱的弯矩叠加后,在节点处会出现弯矩不平衡。为提高精度,可把不平衡弯矩再分配一次(只分配,不传递)。

6.2.3 水平荷载作用下框架内力近似计算

水平荷载(风荷载或地震作用)一般都可简化为作用于框架节点上的水平力。规则框架在节点水平力作用下的典型弯矩图如图 6-5b 所示,其中弯矩为零的点为反弯点。显然,只要能确定各柱的剪力和反弯点的位置,就可求得各柱的弯矩,进而由节点平衡条件求得梁端弯矩及整个框架的其他内力。可见,水平荷载作用下框架结构近似计算的关键是:①确定各柱间的剪力分配;②确定反弯点的高度。

1. 反弯点法

(1)基本假定

为了方便求得各柱的剪力和反弯点的位置,根据框架结构的受力特点,作如下假定:

1)梁柱线刚度比为无穷大,各柱上下两端均不发生角位移;

2)不考虑框架梁的轴向变形,同一层各节点水平位移相等(图 6-5a);

3)底层柱的反弯点在距柱底 2/3 柱高处;其余各层柱的反弯点均在 1/2 柱高处(图 6-5b)。

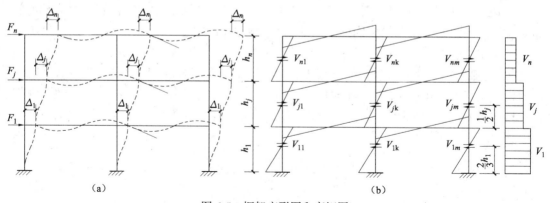

图 6-5 框架变形图和弯矩图

(a)框架变形图;(b)框架弯矩图

(2)柱侧移刚度

柱上下两端产生相对单位水平位移时,柱中所产生的剪力称为该柱的侧移刚度。由结构力学可知,两端固接的柱侧移刚度为 $d = \dfrac{12 i_c}{h^2}$(i_c 为柱的线刚度,h 为层高。);一端固接一端铰接柱的侧移刚度为 $d = \dfrac{3 i_c}{h^2}$。可见,柱的侧移刚度除与它自身的材料、截面特征和长度有关外,还与其两端的支承约束情况有关。根据上述第一条假定,可把框架柱视为两端固接柱,其侧移刚度为 $d = \dfrac{12 i_c}{h^2}$(图 6-6)。

图 6-6 柱侧移刚度示意图

(3)同层各柱的剪力分配

如图 6-5b 所示的框架,假设为 n 层,每层有 m 根柱子的框架。沿第 j 层各柱的反弯点处切开,由平衡条件可知,第 j 层的总剪力 V_j 等于第 j 层以上所有水平力之和。设第 j 层各柱的剪力分别为 V_{j1},V_{j2},$\cdots$,V_{jm}。由层间水平力平衡条件得:

$$\sum_{k=1}^{m} V_{jk} = V_j \tag{6-1}$$

设第 j 层的层间水平位移为 Δ_j,由第二条假定可知,第 j 层各柱的水平位移均为 Δ_j,根据柱侧移刚度的定义有:

$$V_{jk} = d_{jk}\Delta_j \tag{6-2}$$

把式(6-2)代入式(6-1),整理得:

$$\Delta_j = \frac{V_j}{\sum_{k=1}^{m} d_{jk}} \tag{6-3}$$

把上式代入式(6-2)得第 j 层第 k 柱的剪力为:

$$V_{jk} = \frac{d_{jk}}{\sum_{k=1}^{m} d_{jk}} V_j \tag{6-4}$$

(4)框架梁、柱内力

根据求得的各柱的剪力和柱的反弯点高度,可求出各柱的弯矩(图 6-7):

底层柱($j=1$)上端弯矩和下端弯矩分别为:

$$\left.\begin{aligned} M_{1k}^u &= V_{1k} \cdot h_1/3 \\ M_{1k}^d &= V_{1k} \cdot 2h_1/3 \end{aligned}\right\} \tag{6-5}$$

中间层柱,上下端弯矩相等:

$$M_{jk}^u = M_{jk}^d = V_{jk} \cdot h_j/2 \tag{6-6}$$

式中　M_{jk}^d,M_{jk}^u——分别为第 j 层第 k 根柱的下端弯矩和上端弯矩。

求出所有柱的弯矩后,考虑各节点的力矩平衡,对每个节点,由梁端弯矩之和等于柱端弯矩之和,可求出梁端弯矩之和。节点左右梁端弯矩大小按其线刚度比例分配,由图 6-8 可得:

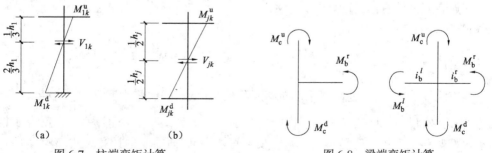

图 6-7　柱端弯矩计算　　　　　　图 6-8　梁端弯矩计算

(a)底层;(b)一般层

$$M_b^l = (M_c^u + M_c^d) \frac{i_b^l}{i_b^l + i_b^r} \tag{6-7}$$

$$M_b^r = (M_c^u + M_c^d) \frac{i_b^r}{i_b^l + i_b^r} \tag{6-8}$$

式中　M_c^u, M_c^d——分别表示节点上、下两端柱的弯矩,由式(6-5)和式(6-6)确定;

　　　M_b^l, M_b^r——分别表示节点左右两端梁的弯矩;

　　　i_b^l, i_b^r——分别表示节点左右两端梁的线刚度。

梁端剪力可根据梁的平衡条件求得(图6-9):

$$V_b^l = V_b^r = \frac{M_b^l + M_b^r}{l} \tag{6-9}$$

式中　V_b^l, V_b^r——分别表示梁左、右两端剪力;

　　　l——梁的跨度。

柱的轴力等于节点左右梁端剪力之和,当求得梁端剪力后,便可进一步求出柱的轴力(图6-10)。

$$N_{jk} = \sum_{j=1}^{n} (V_{jk}^l - V_{jk}^r) \tag{6-10}$$

式中　N_{jk}——第j层第k根柱子的轴力;

　　V_{jb}^l, V_{jb}^r——分别为第j层第k根柱两侧梁端传来的剪力。

图6-9　梁端剪力计算　　　　　图6-10　柱轴力计算

2.D值法(修正反弯点法)

由结构力学可知,一独立柱的侧移刚度除与柱的截面和材料有关外,还与柱两端的支承约束情况有关。一般情况下,框架柱的侧移刚度与梁的线刚度有关。柱的反弯点高度也与梁柱线刚度比、上下层梁的线刚度比、上下层的层高变化等因素有关。反弯点法中的梁刚度为无穷大的假定,使反弯点法的应用受到限制。在反弯点法的基础上,考虑上述因素,对柱的抗侧刚度和反弯点高度进行修正,就得到D值法。

(1)修正后的柱抗侧刚度D

反弯点法假定各柱上下两端均不发生角位移,柱的侧移刚度为$d = \frac{12i_c}{h^2}$;D值法假定框架的节点均有相同的转角,柱的侧移刚度应有所降低,降低后的侧移刚度表示为$D = \alpha \frac{12i_c}{h^2}$。所谓D值法正是因此而得名。$\alpha$是考虑柱上、下端节点弹性约束的修正系数,它反应了框架节点转动对柱侧移刚度的降低影响。下面以某中间柱为例,推导α的计算公式。

从一多层多跨规则框架结构(图6-11a)中取第j层中的k柱AB来进行分析。为简化计算,假定：

1）柱 AB 及与其上下相邻的柱的高度均为 h_j、线刚度均为 i_c，且这些柱的层间位移均为 Δu_j；

2）柱 AB 两端节点及与其上下左右相邻的各个节点的转角均为 θ；

3）与 AB 柱相交的横梁（EB、BF、GA、AH）的线刚度分别为 i_1、i_2、i_3、i_4。

此时，框架结构受力后，柱 AB 及相邻各构件的变形如图 6-11b 所示。

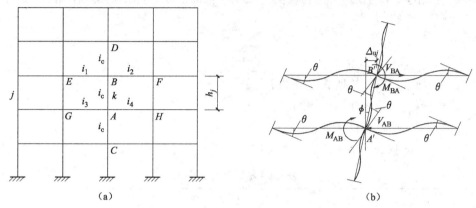

图 6-11　D 值计算单元

由节点 A 和节点 B 的力矩平衡条件，分别可得：

$$4(i_3 + i_4 + i_c + i_c)\theta + 2(i_3 + i_4 + i_c + i_c)\theta - 6(i_c\phi + i_c\phi) = 0 \tag{6-11}$$

$$4(i_1 + i_2 + i_c + i_c)\theta + 2(i_1 + i_2 + i_c + i_c)\theta - 6(i_c\phi + i_c\phi) = 0 \tag{6-12}$$

将以上两式相加，化简后得：

$$\theta = \frac{2}{2 + \dfrac{\sum i}{2i_c}}\phi = \frac{2}{2 + K}\phi \tag{6-13}$$

式中　　$\sum i = i_1 + i_2 + i_3 + i_4$

$$K = \frac{\sum i}{2i_c} \tag{6-14}$$

柱 AB 所受到的剪力　$V_{jk} = \dfrac{12i_c}{h_j}(\phi - \theta)$ \qquad (6-15)

将式（6-11）代入式（6-13）得：

$$V_{jk} = \frac{K}{2 + K}\frac{12i_c}{h_j}\phi = \frac{K}{2 + K}\frac{12i_c}{h_j^2}\Delta u_j$$

令　　　　$$\alpha = \frac{K}{2 + K} \tag{6-16}$$

则　　　　$$V_{jk} = \alpha\frac{12i_c}{h_j^2}\Delta u_j \tag{6-17}$$

由此可得第 j 层第 k 柱的抗侧刚度

$$D_{jk} = \frac{V_{jk}}{\Delta u_j} = \alpha \frac{12 i_c}{h_j^2} \qquad (6\text{-}18)$$

底层柱的侧移刚度修正系数 α 可同理导得。表 6-1 列出了各种情况下的 α 值及相应的 K 值的计算公式。

求得柱抗侧刚度 D 值后,可按与反弯点法相类似的推导,得出第 j 层第 k 柱的剪力:

$$V_{jk} = \frac{D_{jk}}{\sum\limits_{k=1}^{n} D_{jk}} V_j \qquad (6\text{-}19)$$

式中　　V_{jk}——第 j 层第 k 柱所分配到的剪力;

　　　　D_{jk}——第 j 层第 k 柱的抗侧刚度;

　　　　n——第 j 层框架柱子数;

　　　　V_j——外荷载在框架第 j 层所产生的总剪力。

表 6-1　α 计算公式表

楼　层	边　柱	中　柱	K	α
一般层柱	i_2 上 i_c 下 i_4	$i_1\ i_2$ 上 i_c 下 $i_3\ i_4$	$K = \dfrac{i_1 + i_2 + i_3 + i_4}{2i_c}$	$\alpha = \dfrac{K}{2+K}$
底层柱	i_2 上 i_c	$i_1\ i_2$ 上 i_c	$K = \dfrac{i_1 + i_2}{i_c}$	$\alpha = \dfrac{0.5 + K}{2+K}$

注:①$i_1 \sim i_4$ 为梁的线刚度 $i_b = \dfrac{E_b I_b}{l}$,l 为梁跨度;i_c 为柱的线刚度 $i_c = \dfrac{E_c I_c}{h}$,h 为层高。

　　②边柱情况下,式中 i_1,i_3 值取 0。

(2)修正后的柱反弯点高度

各柱的反弯点位置取决于该柱上下端的转角的比值。如果柱上下端转角相同,反弯点就在中点;如果上下端转角不同,则反弯点偏向转角较大的一端,即偏向约束刚度较小的一端。影响柱两端转角大小的主要因素有:①侧向外荷载的形式;②梁柱线刚度比;③结构总层数及该柱所在的层次;④柱上下横梁线刚度比;⑤上层层高的变化、下层层高的变化。

为分析各因素对反弯点的影响,可假定框架在节点水平力作用下,同层各节点的转角相等,即假定同层各横梁的反弯点均在各横梁跨度的中点而该点又无竖向位移。从而,多层多跨框架可简化成图 6-12 所示的计算简图。让上述因素逐一发生变化,可分别求得柱底端至反弯点的距离(即反弯点高度),并制成相应的表格,设计时直接查用,如表 6-2~表 6-5 所示。

1)梁柱线刚度比及层数、层次对反弯点高度的影响

假定框架横梁的线刚度、柱的线刚度和层高 h 沿框架高度保持不变,则按图 6-12a 可求

出相应的各层柱的反弯点高度 $y_0 h$，其中 y_0 称为标准反弯点高度比，其值与结构总层数 m、该柱所在的层次 j、框架梁柱线刚度比 K 及侧向荷载的形式等因素有关，可由表 6-2、表 6-3 查得。

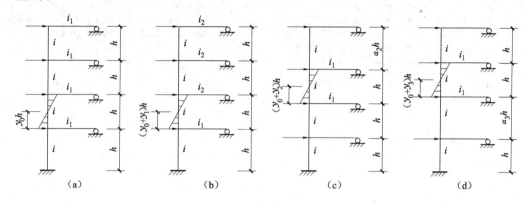

图 6-12 柱的反弯点高度

2）上、下横梁线刚度比对反弯点的影响

若上、下横梁的线刚度不同，则反弯点将向横梁线刚度较小的一端偏移，因此须对标准反弯点 y_0 进行修正，修正值就是反弯点高度的偏移值 $y_1 h$（图 6-12b）。y_1 可根据上下横梁的线刚度比 α_1 和 K 由表 6-4 查得。对于底层柱，不考虑修正值 y_1，即取 $y_1 = 0$。

3）层高变化对反弯点的影响

若某柱所在层的层高与相邻上层或下层的层高不同，则该柱的反弯点位置就不同于标准反弯点位置而需修正。当上、下层层高发生变化时，反弯点高度的上移增量分别为 $y_2 h$，$y_3 h$（图 6-12c、图 6-12d），其中 y_2 和 y_3 可根据上下层高的比值 α_2、α_3 和 K 由表 6-5 查得。对于顶层柱，不考虑修正值 y_2，即取 $y_2 = 0$；对于底层柱，不考虑修正值 y_3，即取 $y_3 = 0$。

综上所述，经过各项修正后，柱底至反弯点的高度 yh 可由下式求出：

$$yh = (y_0 + y_1 + y_2 + y_3)h \tag{6-20}$$

至此，已求得各柱的剪力和反弯点高度，从而，可求出各柱的弯矩。然后，可用与反弯点法相同的方法求出各梁的弯矩。

表 6-2 均布水平荷载下各层柱标准反弯点高比 y_0

m	n \ K	0.1	0.2	0.3	0.4	0.5	0.6	0.7	0.8	0.9	1.0	2.0	3.0	4.0	5.0
1	1	0.80	0.75	0.70	0.65	0.65	0.60	0.60	0.60	0.60	0.55	0.55	0.55	0.55	0.55
2	2	0.45	0.40	0.35	0.35	0.35	0.35	0.40	0.40	0.40	0.40	0.45	0.45	0.45	0.45
	1	0.95	0.80	0.75	0.70	0.65	0.65	0.65	0.60	0.60	0.60	0.55	0.55	0.55	0.50
3	3	0.15	0.20	0.20	0.25	0.30	0.30	0.30	0.35	0.35	0.35	0.40	0.45	0.45	0.45
	2	0.55	0.50	0.45	0.45	0.45	0.45	0.45	0.45	0.45	0.45	0.45	0.50	0.50	0.50
	1	1.00	0.85	0.80	0.75	0.70	0.70	0.65	0.65	0.65	0.60	0.55	0.55	0.55	0.55
4	4	−0.05	0.05	0.15	0.20	0.25	0.30	0.30	0.35	0.35	0.35	0.40	0.45	0.45	0.45
	3	0.25	0.30	0.30	0.35	0.35	0.40	0.40	0.40	0.40	0.45	0.45	0.50	0.50	0.50
	2	0.65	0.55	0.50	0.50	0.45	0.45	0.45	0.45	0.45	0.45	0.50	0.50	0.50	0.50
	1	1.10	0.90	0.80	0.75	0.70	0.70	0.55	0.65	0.65	0.60	0.55	0.55	0.55	0.55

m	n\\K	0.1	0.2	0.3	0.4	0.5	0.6	0.7	0.8	0.9	1.0	2.0	3.0	4.0	5.0
5	5	−0.20	0.00	0.15	0.20	0.25	0.30	0.30	0.30	0.35	0.35	0.40	0.45	0.45	0.45
	4	0.10	0.20	0.25	0.30	0.35	0.35	0.40	0.40	0.40	0.40	0.45	0.45	0.50	0.50
	3	0.40	0.40	0.40	0.40	0.40	0.45	0.45	0.45	0.45	0.45	0.50	0.50	0.50	0.50
	2	0.65	0.55	0.50	0.50	0.50	0.50	0.50	0.50	0.50	0.50	0.50	0.50	0.50	0.50
	1	1.20	0.95	0.80	0.75	0.75	0.70	0.70	0.65	0.65	0.65	0.55	0.55	0.55	0.55
6	6	−0.30	0.00	0.10	0.20	0.25	0.25	0.30	0.30	0.35	0.35	0.40	0.45	0.45	0.45
	5	0.00	0.20	0.25	0.30	0.35	0.35	0.40	0.40	0.40	0.40	0.45	0.45	0.50	0.50
	4	0.20	0.30	0.35	0.35	0.40	0.40	0.40	0.45	0.45	0.45	0.45	0.50	0.50	0.50
	3	0.40	0.40	0.40	0.45	0.45	0.45	0.45	0.45	0.45	0.45	0.50	0.50	0.50	0.50
	2	0.70	0.60	0.55	0.50	0.50	0.50	0.50	0.50	0.50	0.50	0.50	0.50	0.50	0.50
	1	1.20	0.95	0.85	0.80	0.75	0.70	0.70	0.65	0.65	0.65	0.55	0.55	0.55	0.55
7	7	−0.35	−0.05	0.10	0.20	0.20	0.25	0.30	0.30	0.35	0.35	0.40	0.45	0.45	0.45
	6	−0.10	0.15	0.25	0.30	0.35	0.35	0.35	0.40	0.40	0.40	0.45	0.45	0.50	0.50
	5	0.10	0.25	0.30	0.35	0.40	0.40	0.40	0.45	0.45	0.45	0.50	0.50	0.50	0.50
	4	0.30	0.35	0.40	0.40	0.40	0.45	0.45	0.45	0.45	0.45	0.50	0.50	0.50	0.50
	3	0.50	0.45	0.45	0.45	0.45	0.45	0.45	0.45	0.45	0.45	0.50	0.50	0.50	0.50
	2	0.75	0.60	0.55	0.50	0.50	0.50	0.50	0.50	0.50	0.50	0.50	0.50	0.50	0.50
	1	1.20	0.95	0.85	0.80	0.75	0.70	0.70	0.65	0.65	0.65	0.55	0.55	0.55	0.55
8	8	−0.35	−0.15	0.10	0.10	0.25	0.25	0.30	0.30	0.35	0.35	0.40	0.45	0.45	0.45
	7	−0.10	0.15	0.25	0.30	0.35	0.35	0.40	0.40	0.40	0.40	0.45	0.50	0.50	0.50
	6	0.05	0.25	0.30	0.35	0.40	0.40	0.40	0.45	0.45	0.45	0.45	0.50	0.50	0.50
	5	0.20	0.30	0.35	0.40	0.40	0.45	0.45	0.45	0.45	0.45	0.50	0.50	0.50	0.50
	4	0.35	0.40	0.40	0.45	0.45	0.45	0.45	0.45	0.45	0.45	0.50	0.50	0.50	0.50
	3	0.50	0.45	0.45	0.45	0.45	0.45	0.45	0.45	0.50	0.50	0.50	0.50	0.50	0.50
	2	0.75	0.60	0.55	0.55	0.50	0.50	0.50	0.50	0.50	0.50	0.50	0.50	0.50	0.50
	1	1.20	1.00	0.85	0.80	0.75	0.70	0.70	0.65	0.65	0.65	0.55	0.55	0.55	0.55
9	9	−0.40	−0.05	0.10	0.20	0.25	0.25	0.30	0.30	0.35	0.35	0.45	0.45	0.45	0.45
	8	−0.15	0.15	0.25	0.30	0.35	0.35	0.35	0.40	0.40	0.40	0.45	0.45	0.50	0.50
	7	0.05	0.25	0.30	0.35	0.40	0.40	0.40	0.45	0.45	0.45	0.45	0.50	0.50	0.50
	6	0.15	0.30	0.35	0.40	0.40	0.45	0.45	0.45	0.45	0.45	0.50	0.50	0.50	0.50
	5	0.25	0.35	0.40	0.40	0.45	0.45	0.45	0.45	0.45	0.45	0.50	0.50	0.50	0.50
	4	0.40	0.40	0.40	0.45	0.45	0.45	0.45	0.45	0.45	0.45	0.50	0.50	0.50	0.50
	3	0.55	0.45	0.45	0.45	0.45	0.45	0.45	0.45	0.50	0.50	0.50	0.50	0.50	0.50
	2	0.80	0.65	0.55	0.55	0.50	0.50	0.50	0.50	0.50	0.50	0.50	0.50	0.50	0.50
	1	1.20	1.00	0.85	0.80	0.75	0.70	0.70	0.65	0.65	0.65	0.55	0.55	0.55	0.55
10	10	−0.40	−0.05	0.10	0.20	0.25	0.30	0.30	0.30	0.30	0.35	0.40	0.45	0.45	0.45
	9	−0.15	0.15	0.25	0.30	0.35	0.35	0.40	0.40	0.40	0.40	0.45	0.45	0.50	0.50
	8	0.00	0.25	0.30	0.35	0.40	0.40	0.40	0.45	0.45	0.45	0.45	0.50	0.50	0.50
	7	0.10	0.30	0.35	0.40	0.40	0.40	0.45	0.45	0.45	0.45	0.50	0.50	0.50	0.50
	6	0.20	0.35	0.40	0.40	0.45	0.45	0.45	0.45	0.45	0.45	0.50	0.50	0.50	0.50
	5	0.30	0.40	0.45	0.45	0.45	0.45	0.45	0.45	0.45	0.50	0.50	0.50	0.50	0.50
	4	0.40	0.40	0.45	0.45	0.45	0.45	0.45	0.45	0.45	0.50	0.50	0.50	0.50	0.50
	3	0.55	0.50	0.45	0.45	0.45	0.50	0.50	0.50	0.50	0.50	0.50	0.50	0.50	0.50
	2	0.80	0.65	0.55	0.55	0.55	0.50	0.50	0.50	0.50	0.50	0.50	0.50	0.50	0.50
	1	1.30	1.00	0.85	0.80	0.75	0.70	0.70	0.65	0.65	0.65	0.60	0.55	0.55	0.55
11	11	−0.40	0.05	0.10	0.20	0.25	0.30	0.30	0.30	0.35	0.35	0.40	0.45	0.45	0.45
	10	−0.15	0.15	0.25	0.30	0.35	0.35	0.40	0.40	0.40	0.40	0.45	0.45	0.50	0.50
	9	0.00	0.25	0.30	0.35	0.40	0.40	0.40	0.45	0.45	0.45	0.45	0.50	0.50	0.50

m	n\K	0.1	0.2	0.3	0.4	0.5	0.6	0.7	0.8	0.9	1.0	2.0	3.0	4.0	5.0
11	8	0.10	0.30	0.35	0.40	0.40	0.45	0.45	0.45	0.45	0.45	0.50	0.50	0.50	0.50
	7	0.20	0.35	0.40	0.45	0.45	0.45	0.45	0.45	0.45	0.45	0.50	0.50	0.50	0.50
	6	0.25	0.35	0.40	0.45	0.45	0.45	0.45	0.45	0.45	0.45	0.50	0.50	0.50	0.50
	5	0.35	0.40	0.40	0.45	0.45	0.45	0.45	0.45	0.45	0.50	0.50	0.50	0.50	0.50
	4	0.40	0.45	0.45	0.45	0.45	0.45	0.45	0.50	0.50	0.50	0.50	0.50	0.50	0.50
	3	0.55	0.50	0.50	0.50	0.50	0.50	0.50	0.50	0.50	0.50	0.50	0.50	0.50	0.50
	2	0.80	0.65	0.60	0.55	0.55	0.50	0.50	0.50	0.50	0.50	0.50	0.50	0.50	0.50
	1	1.30	1.00	0.85	0.80	0.75	0.70	0.70	0.65	0.65	0.65	0.60	0.55	0.55	0.55
12以上	自上1	−0.40	−0.05	0.10	0.20	0.25	0.30	0.30	0.30	0.35	0.35	0.40	0.45	0.45	0.45
	2	−0.15	0.15	0.25	0.30	0.35	0.35	0.40	0.40	0.40	0.40	0.45	0.45	0.50	0.50
	3	0.00	0.25	0.30	0.35	0.40	0.40	0.40	0.45	0.45	0.45	0.50	0.50	0.50	0.50
	4	0.10	0.30	0.35	0.40	0.40	0.45	0.45	0.45	0.45	0.45	0.50	0.50	0.50	0.50
	5	0.20	0.35	0.40	0.40	0.45	0.45	0.45	0.45	0.45	0.45	0.50	0.50	0.50	0.50
	6	0.25	0.35	0.40	0.45	0.45	0.45	0.45	0.45	0.45	0.45	0.50	0.50	0.50	0.50
	7	0.30	0.40	0.40	0.45	0.45	0.45	0.45	0.45	0.50	0.50	0.50	0.50	0.50	0.50
	8	0.35	0.40	0.45	0.45	0.45	0.45	0.45	0.50	0.50	0.50	0.50	0.50	0.50	0.50
	中间	0.40	0.40	0.45	0.45	0.45	0.45	0.50	0.50	0.50	0.50	0.50	0.50	0.50	0.50
	4	0.45	0.45	0.45	0.45	0.50	0.50	0.50	0.50	0.50	0.50	0.50	0.50	0.50	0.50
	3	0.60	0.50	0.50	0.50	0.50	0.50	0.50	0.50	0.50	0.50	0.50	0.50	0.50	0.50
	2	0.80	0.65	0.60	0.55	0.55	0.50	0.50	0.50	0.50	0.50	0.50	0.50	0.50	0.50
	自下1	1.30	1.00	0.85	0.80	0.75	0.70	0.70	0.65	0.65	0.55	0.55	0.55	0.55	0.55

表 6-3　倒三角形荷载下各层柱标准反弯点高比 y_0

m	n\K	0.1	0.2	0.3	0.4	0.5	0.6	0.7	0.8	0.9	1.0	2.0	3.0	4.0	5.0
1	1	0.80	0.75	0.70	0.65	0.65	0.60	0.60	0.60	0.60	0.55	0.55	0.55	0.55	0.55
2	2	0.50	0.45	0.40	0.40	0.40	0.40	0.40	0.40	0.40	0.45	0.45	0.45	0.45	0.50
	1	1.00	0.85	0.75	0.70	0.70	0.65	0.65	0.65	0.60	0.60	0.55	0.55	0.55	0.55
3	3	0.25	0.25	0.25	0.30	0.30	0.35	0.35	0.35	0.40	0.40	0.45	0.45	0.45	0.50
	2	0.60	0.50	0.50	0.50	0.50	0.45	0.45	0.45	0.45	0.45	0.50	0.50	0.50	0.50
	1	1.15	0.90	0.80	0.75	0.75	0.70	0.70	0.65	0.65	0.65	0.60	0.55	0.55	0.55
4	4	0.10	0.15	0.20	0.25	0.30	0.30	0.35	0.35	0.35	0.40	0.45	0.45	0.45	0.45
	3	0.35	0.35	0.35	0.40	0.40	0.40	0.40	0.45	0.45	0.45	0.45	0.50	0.50	0.50
	2	0.70	0.60	0.55	0.50	0.50	0.50	0.50	0.50	0.50	0.50	0.50	0.50	0.50	0.50
	1	1.20	0.95	0.85	0.80	0.75	0.70	0.70	0.70	0.65	0.65	0.55	0.55	0.55	0.50
5	5	0.05	0.10	0.20	0.25	0.30	0.30	0.35	0.35	0.35	0.35	0.40	0.45	0.45	0.45
	4	0.20	0.25	0.35	0.35	0.40	0.40	0.40	0.40	0.45	0.45	0.45	0.50	0.50	0.50
	3	0.45	0.40	0.45	0.45	0.45	0.45	0.45	0.45	0.45	0.45	0.50	0.50	0.50	0.50
	2	0.75	0.60	0.55	0.55	0.50	0.50	0.50	0.60	0.50	0.50	0.50	0.50	0.50	0.50
	1	1.30	1.00	0.85	0.80	0.75	0.70	0.70	0.65	0.65	0.65	0.65	0.55	0.55	0.55
6	6	−0.15	0.05	0.15	0.20	0.25	0.30	0.30	0.35	0.35	0.35	0.40	0.45	0.45	0.45
	5	0.10	0.25	0.30	0.35	0.35	0.40	0.40	0.40	0.45	0.45	0.45	0.50	0.50	0.50
	4	0.30	0.35	0.40	0.40	0.45	0.45	0.45	0.45	0.45	0.45	0.50	0.50	0.50	0.50
	3	0.50	0.45	0.45	0.45	0.45	0.45	0.45	0.45	0.50	0.50	0.50	0.50	0.50	0.50
	2	0.80	0.65	0.55	0.55	0.55	0.55	0.50	0.50	0.50	0.50	0.50	0.50	0.50	0.50
	1	1.30	1.00	0.85	0.80	0.75	0.70	0.70	0.65	0.65	0.65	0.60	0.55	0.55	0.55
7	7	−0.20	0.05	0.15	0.20	0.25	0.30	0.30	0.35	0.35	0.35	0.45	0.45	0.45	0.45
	6	0.05	0.20	0.30	0.35	0.35	0.40	0.40	0.40	0.40	0.45	0.45	0.50	0.50	0.50

m	n \ K	0.1	0.2	0.3	0.4	0.5	0.6	0.7	0.8	0.9	1.0	2.0	3.0	4.0	5.0
7	5	0.20	0.30	0.35	0.40	0.40	0.45	0.45	0.45	0.45	0.45	0.50	0.50	0.50	0.50
	4	0.35	0.40	0.40	0.45	0.45	0.45	0.45	0.45	0.45	0.45	0.50	0.50	0.50	0.50
	3	0.55	0.50	0.50	0.50	0.50	0.50	0.50	0.50	0.50	0.50	0.50	0.50	0.50	0.50
	2	0.80	0.65	0.60	0.55	0.55	0.55	0.50	0.50	0.50	0.50	0.50	0.50	0.50	0.50
	1	1.30	1.00	0.90	0.80	0.75	0.70	0.70	0.70	0.65	0.65	0.60	0.55	0.55	0.55
8	8	-0.20	0.05	0.15	0.20	0.25	0.30	0.30	0.35	0.35	0.35	0.45	0.45	0.45	0.45
	7	0.00	0.20	0.30	0.35	0.35	0.40	0.40	0.40	0.40	0.45	0.45	0.50	0.50	0.50
	6	0.15	0.30	0.35	0.40	0.40	0.45	0.45	0.45	0.45	0.45	0.50	0.50	0.50	0.50
	5	0.30	0.45	0.40	0.45	0.45	0.45	0.45	0.45	0.45	0.45	0.50	0.50	0.50	0.50
	4	0.40	0.45	0.45	0.45	0.45	0.45	0.45	0.50	0.50	0.50	0.50	0.50	0.50	0.50
	3	0.60	0.50	0.50	0.50	0.50	0.50	0.50	0.50	0.50	0.50	0.50	0.50	0.50	0.50
	2	0.85	0.65	0.60	0.55	0.55	0.55	0.50	0.50	0.50	0.50	0.50	0.50	0.50	0.50
	1	1.30	1.00	0.90	0.80	0.75	0.70	0.70	0.70	0.65	0.65	0.60	0.55	0.55	0.55
9	9	-0.25	0.00	0.15	0.20	0.25	0.30	0.30	0.35	0.35	0.40	0.45	0.45	0.45	0.45
	8	0.00	0.20	0.30	0.35	0.35	0.40	0.40	0.40	0.40	0.45	0.45	0.50	0.50	0.50
	7	0.15	0.30	0.35	0.40	0.40	0.45	0.45	0.45	0.45	0.45	0.50	0.50	0.50	0.50
	6	0.25	0.35	0.40	0.40	0.45	0.45	0.45	0.45	0.45	0.50	0.50	0.50	0.50	0.50
	5	0.35	0.40	0.45	0.45	0.45	0.45	0.45	0.45	0.50	0.50	0.50	0.50	0.50	0.50
	4	0.45	0.45	0.05	0.45	0.45	0.50	0.50	0.50	0.50	0.50	0.50	0.50	0.50	0.50
	3	0.65	0.50	0.50	0.50	0.50	0.50	0.50	0.50	0.50	0.50	0.50	0.50	0.50	0.50
	2	0.80	0.65	0.65	0.55	0.55	0.55	0.55	0.50	0.50	0.50	0.50	0.50	0.50	0.50
	1	1.35	1.00	1.00	0.80	0.75	0.75	0.70	0.70	0.65	0.65	0.60	0.55	0.55	0.55
10	10	-0.25	0.00	0.15	0.20	0.25	0.30	0.30	0.35	0.35	0.40	0.45	0.45	0.45	0.45
	9	-0.05	0.20	0.30	0.35	0.35	0.40	0.40	0.40	0.40	0.45	0.45	0.50	0.50	0.50
	8	0.10	0.30	0.35	0.40	0.40	0.40	0.45	0.45	0.45	0.45	0.50	0.50	0.50	0.50
	7	0.20	0.35	0.40	0.40	0.45	0.45	0.45	0.45	0.45	0.50	0.50	0.50	0.50	0.50
	6	0.30	0.40	0.40	0.45	0.45	0.45	0.45	0.45	0.45	0.50	0.50	0.50	0.50	0.50
	5	0.40	0.45	0.45	0.45	0.45	0.45	0.45	0.50	0.50	0.50	0.50	0.50	0.50	0.50
	4	0.50	0.45	0.45	0.45	0.50	0.50	0.50	0.50	0.50	0.50	0.50	0.50	0.50	0.50
	3	0.60	0.55	0.50	0.50	0.50	0.50	0.50	0.50	0.50	0.50	0.50	0.50	0.50	0.50
	2	0.85	0.65	0.60	0.55	0.55	0.55	0.55	0.50	0.50	0.50	0.50	0.50	0.50	0.50
	1	1.35	1.00	0.90	0.80	0.75	0.75	0.70	0.70	0.65	0.65	0.60	0.55	0.55	0.55
11	11	-0.25	0.00	0.15	0.20	0.25	0.30	0.30	0.30	0.35	0.35	0.45	0.45	0.45	0.45
	10	-0.05	0.20	0.25	0.30	0.35	0.40	0.40	0.40	0.40	0.45	0.45	0.50	0.50	0.50
	9	0.10	0.30	0.35	0.40	0.40	0.40	0.45	0.45	0.45	0.45	0.50	0.50	0.50	0.50
	8	0.20	0.35	0.40	0.40	0.45	0.45	0.45	0.45	0.45	0.45	0.50	0.50	0.50	0.50
	7	0.25	0.40	0.40	0.45	0.45	0.45	0.45	0.45	0.45	0.50	0.50	0.50	0.50	0.50
	6	0.35	0.40	0.45	0.45	0.45	0.45	0.45	0.50	0.50	0.50	0.50	0.50	0.50	0.50
	5	0.40	0.44	0.45	0.45	0.45	0.50	0.50	0.50	0.50	0.50	0.50	0.50	0.50	0.50
	4	0.50	0.50	0.50	0.50	0.50	0.50	0.50	0.50	0.50	0.50	0.50	0.50	0.50	0.50
	3	0.65	0.55	0.50	0.50	0.50	0.50	0.50	0.50	0.50	0.50	0.50	0.50	0.50	0.50
	2	0.85	0.65	0.60	0.55	0.55	0.55	0.55	0.50	0.50	0.50	0.50	0.50	0.50	0.50
	1	1.35	1.50	0.90	0.80	0.75	0.75	0.70	0.70	0.65	0.65	0.60	0.55	0.55	0.55
12 以上	自上 1	-0.30	0.00	0.15	0.20	0.25	0.30	0.30	0.30	0.35	0.35	0.40	0.45	0.45	0.45
	2	-0.10	0.20	0.25	0.30	0.35	0.40	0.40	0.40	0.40	0.40	0.45	0.45	0.45	0.50
	3	0.05	0.25	0.35	0.40	0.40	0.40	0.45	0.45	0.45	0.45	0.45	0.50	0.50	0.50
	4	0.15	0.30	0.40	0.40	0.45	0.45	0.45	0.45	0.45	0.45	0.50	0.50	0.50	0.50
	5	0.25	0.30	0.40	0.45	0.45	0.45	0.45	0.45	0.45	0.45	0.50	0.50	0.50	0.50

m	n＼K	0.1	0.2	0.3	0.4	0.5	0.6	0.7	0.8	0.9	1.0	2.0	3.0	4.0	5.0
12以上	6	0.30	0.40	0.40	0.45	0.45	0.45	0.45	0.50	0.50	0.50	0.50	0.50	0.50	0.50
	7	0.35	0.40	0.40	0.45	0.45	0.45	0.50	0.50	0.50	0.50	0.50	0.50	0.50	0.50
	8	0.35	0.45	0.45	0.45	0.50	0.50	0.50	0.50	0.50	0.50	0.50	0.50	0.50	0.50
	中间	0.45	0.45	0.50	0.45	0.50	0.50	0.50	0.50	0.50	0.50	0.50	0.50	0.50	0.50
	4	0.55	0.50	0.50	0.50	0.50	0.50	0.50	0.50	0.50	0.50	0.50	0.50	0.50	0.50
	3	0.65	0.55	0.50	0.50	0.50	0.50	0.50	0.50	0.50	0.50	0.50	0.50	0.50	0.50
	2	0.70	0.70	0.60	0.55	0.55	0.55	0.55	0.50	0.50	0.50	0.50	0.50	0.50	0.50
	自下1	1.35	1.05	0.70	0.80	0.75	0.70	0.70	0.70	0.65	0.65	0.60	0.55	0.55	0.55

表 6-4　上下梁相对刚度变化时修正值 y_1

α_1＼K	0.1	0.2	0.3	0.4	0.5	0.6	0.7	0.8	0.9	1.0	2.0	3.0	4.0	5.0
0.4	0.55	0.40	0.30	0.25	0.20	0.20	0.20	0.15	0.15	0.15	0.05	0.05	0.05	0.05
0.5	0.45	0.30	0.20	0.20	0.15	0.15	0.15	0.10	0.10	0.10	0.05	0.05	0.05	0.05
0.6	0.30	0.20	0.15	0.15	0.10	0.10	0.10	0.10	0.05	0.05	0.05	0.05	0.00	0.00
0.7	0.20	0.15	0.10	0.10	0.10	0.05	0.05	0.05	0.05	0.05	0.05	0.00	0.00	0.00
0.8	0.15	0.10	0.05	0.05	0.05	0.05	0.05	0.05	0.00	0.00	0.00	0.00	0.00	0.00
0.9	0.05	0.05	0.05	0.05	0.00	0.00	0.00	0.00	0.00	0.00	0.00	0.00	0.00	0.00

注：表中 $\alpha_1=(i_1+i_2)/(i_3+i_4)$ 为柱上下端横梁线刚度比，当 α_1 大于 1 时，按其倒数查表，但 y_1 取负值。对于底层柱不考虑 α_1 值，不作此项修正。

$$\begin{array}{c|c} i_1 & i_2 \\ \hline & i \\ i_3 & i_4 \end{array}$$

表 6-5　上下层柱高度变化时的修正值 y_2 和 y_3

α_2	α_3＼K	0.1	0.2	0.3	0.4	0.5	0.6	0.7	0.8	0.9	1.0	2.0	3.0	4.0	5.0
2.0		0.25	0.15	0.15	0.10	0.10	0.10	0.10	0.10	0.05	0.05	0.05	0.05	0.00	0.00
1.8		0.20	0.15	0.10	0.10	0.10	0.05	0.05	0.05	0.05	0.05	0.05	0.00	0.00	0.00
1.6	0.40	0.15	0.10	0.10	0.05	0.05	0.05	0.05	0.05	0.05	0.05	0.00	0.00	0.00	0.00
1.4	0.60	0.10	0.05	0.05	0.05	0.05	0.05	0.05	0.05	0.05	0.00	0.00	0.00	0.00	0.00
1.2	0.80	0.05	0.05	0.05	0.00	0.00	0.00	0.00	0.00	0.00	0.00	0.00	0.00	0.00	0.00
1	1.00	0.00	0.00	0.00	0.00	0.00	0.00	0.00	0.00	0.00	0.00	0.00	0.00	0.00	0.00
0.8	1.20	−0.05	−0.05	−0.05	0.00	0.00	0.00	0.00	0.00	0.00	0.00	0.00	0.00	0.00	0.00
0.6	1.40	−0.10	−0.05	−0.05	−0.05	−0.05	−0.05	−0.05	−0.05	−0.05	0.05	0.00	0.00	0.00	0.00
0.4	1.60	−0.15	−0.10	−0.10	−0.05	−0.05	−0.05	−0.05	−0.05	−0.05	−0.05	0.00	0.00	0.00	0.00
	1.80	−0.20	−0.15	−0.10	−0.10	−0.10	−0.05	−0.05	−0.05	−0.05	−0.05	−0.05	0.00	0.00	0.00
	2.00	−0.25	−0.15	−0.15	−0.10	−0.10	−0.10	−0.10	−0.05	−0.05	−0.05	−0.05	−0.05	0.00	0.00

注：y_2——按 α_2 查表求得，上层较高时为正值。但对于最上层，不考虑 y_2 修正值。

y_3——按 α_3 查表求得，对于最下层，不考虑 y_3 修正值。

6.2.4　框架结构侧移近似计算

在水平荷载的作用下，框架结构的变形由两部分组成：总体剪切变形和总体弯曲变形。总体剪切变形是由梁、柱弯曲变形引起，其侧移曲线与悬臂梁的剪切变形曲线相一致（图 6-13a）。总体弯曲变形是由框架柱的轴向变形所引起，其侧移曲线与悬臂梁的弯曲变形相一致（图 6-13b）。当结构的高宽比增大时，总体弯曲变形的成分将增大。当总高度 $H>50\mathrm{m}$ 或高宽比

71

$H/B>4$ 时,一般就必须考虑由柱的轴向变形引起的侧移。对通常的框架结构,其侧移曲线是以总体剪切变形为主,故只需考虑由梁柱弯曲变形所引起的侧移。

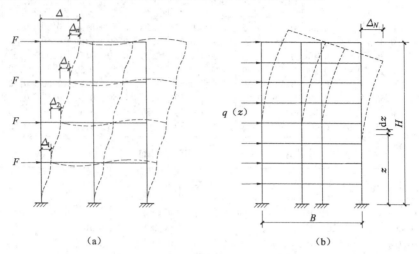

图 6-13　框架的侧移

(a)梁柱弯曲变形引起的侧移;(b)柱轴向变形引起的侧移

1. 侧移的近似计算

(1)由梁、柱弯曲变形引起的侧移(总体剪切变形)

可按 D 值法的原理计算。根据前面求出的柱的抗侧刚度 D_{jk},可以求出框架第 j 层的抗侧刚度 $\sum D_{jk}$,根据柱抗侧刚度的物理意义: $\sum D_{jk}$ 为层间产生单位侧移时所需施加的层间剪力,当已知框架结构第 j 层所有柱的抗侧刚度 $\sum D_{jk}$ 及层间剪力 V_j 后,则该层的层间相对位移为:

$$\Delta_{jM} = \frac{V_j}{\sum D_{jk}} \tag{6-21}$$

式中　Δ_{jM}——梁、柱弯曲变形引起的第 j 层层间侧移;

　　　V_j——第 j 层层间剪力。

(2)由柱轴向变形引起的侧移(总体弯曲变形)

框架的整体弯曲变形如图 6-13b 所示。显然,这种变形是由柱子的轴力产生的。对常见的旅馆、办公楼和住宅楼框架,其横向柱网布置如图 6-3b 所示。内柱接近房屋中部,受力较小,于是可假定内柱的轴力为零。因此,外柱的轴力 N 可近似表示为:

$$N = \pm \frac{M}{B} \tag{6-22}$$

式中　M——上部水平荷载在所考虑的高度处引起的弯矩;

　　　B——外柱轴线间的距离(图 6-13b)。

用单位荷载法,可求得框架柱轴向变形引起的任意层标高处的水平位移为:

$$\Delta_N = 2\int_0^z \frac{\overline{N} \cdot N}{EA} \mathrm{d}z \tag{6-23}$$

式中 $\overline{N}$——单位水平力作用于框架顶点时,在边柱中引起的轴力;

N——外荷载 $q(Z)$ 在边柱中引起的轴力(图 6-13b);

E,A——分别为边柱的弹性模量和截面积。

由柱轴向变形引起的第 j 层层间侧移为楼层的水平位移差,记为 Δ_{jN}。

(3)框架结构的层间侧移 Δu

当总高度 $H>50\text{m}$ 或高宽比 $H/B>4$ 时,$\Delta u=\Delta_{jM}+\Delta_{jN}$

对通常的框架结构,剪切变形是框架结构的主要成分,弯曲变形占的比例较小,在近似计算中,可只计算杆件的弯曲变形,$\Delta u=\Delta_{jM}$

2. 弹性侧移的限值

框架结构楼层层间最大位移与层高之比 Δu 应满足下式要求:

$$\frac{\Delta u}{h}\leqslant\left[\frac{\Delta u}{h}\right] \tag{6-24}$$

式中 Δu——按弹性方法计算的最大层间位移;

h——层高;

$\left[\dfrac{\Delta u}{h}\right]$——最大层间位移的限值,按表 5-1 采用。

6.2.5 例题

【例 6-1】 某学生公寓楼为七层钢筋混凝土框架结构(图 6-14)。AB、CD 跨梁截面尺寸为 $300\text{mm}\times650\text{mm}$,$BC$ 跨梁截面尺寸为 $300\text{mm}\times400\text{mm}$,底层柱截面尺寸为 $650\text{mm}\times650\text{mm}$,标准层和顶层柱截面尺寸为 $600\text{mm}\times600\text{mm}$。现浇梁、柱和楼板混凝土强度等级为 C30。顶层 AB、CD 跨梁承受均布荷载 13.6kN/m,BC 跨梁承受均布荷载 2.6kN/m,标准层及底层 AB、CD 跨梁承受均布荷载 19.2kN/m,BC 跨梁承受均布荷载 3.6kN/m。试用分层法计算该框架在竖向荷载作用下的弯矩值,并绘出弯矩图。

解:

1. 计算简图

采用分层法计算如图 6-14 所示的七层框架在竖向荷载作用下的弯矩,首先将原框架分解为如图 6-15 所示的单层敞口框架,注意到图 6-15b 六层、二至五层及首层柱线刚度不同。假定各单层敞口框架无侧移,分别用力矩分配法计算其弯矩。

2. 梁、柱线刚度计算

(1)梁的线刚度。考虑现浇楼板的作用,计算中间榀框架时现浇梁刚度乘以增大系数 2.0。C30 混凝土,弹性模量 $E=3.0\times10^4\text{N/mm}^2$。

边跨梁:$i_b=E_bJ_b/l=3.0\times10^4\times300\times650^3/(12\times7200)\times2.0\times10^{-6}=57.21\times10^3\text{kN·m}$

中跨梁:$i_b=E_bJ_b/l=3.0\times10^4\times300\times400^3/(12\times2700)\times2.0\times10^{-6}=35.56\times10^3\text{kN·m}$

(2)柱的线刚度。除首层外各层柱的线刚度应乘以 0.9 的折减系数。

首层柱:$i_c=E_cJ_c/h=3.0\times10^4\times650\times650^3/(12\times5300)\times10^{-6}=84.20\times10^3\text{kN·m}$

标准层柱:$i_c=E_cJ_c/h=3.0\times10^4\times600\times600^3/(12\times3300)\times0.9\times10^{-6}=88.36\times10^3\text{kN·m}$

顶层柱:$i_c=E_cJ_c/h=3.0\times10^4\times600\times600^3/(12\times3500)\times0.9\times10^{-6}=83.31\times10^3\text{kN·m}$

3．计算框架弯矩值

（1）七层

分配系数计算：$\mu_{EA} = 83.31 \times 10^3/(83.31 \times 10^3 + 57.21 \times 10^3) = 0.593$

$\mu_{EF} = 57.21 \times 10^3/(83.31 \times 10^3 + 57.21 \times 10^3) = 0.407$

其余分配系数可类似算得，用力矩分配法计算第七层敞口框架弯矩值过程列于表6-6。

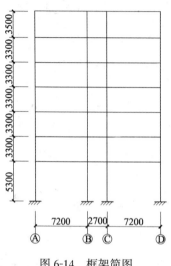

图6-14　框架简图

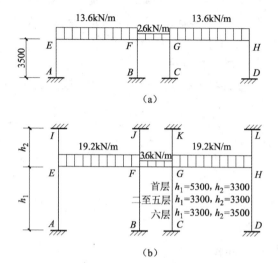

图6-15　分解后的框架计算简图

(a)七层；(b)六层、二至五层、首层

表6-6　第七层敞口框架力矩分配法计算表

杆　端	EA	EF	FE	FG	FB	GF	GH	GC	HG	HD
分配系数	0.593	0.407	0.325	0.202	0.473	0.202	0.325	0.473	0.407	0.593
传递系数	1/3	1/2	1/2	1/2	1/3	1/2	1/2	1/3	1/2	1/3
固端弯矩		−58.8	58.8	−1.6		1.6	−58.8		58.8	
E、G 一次 分配传递	34.9	23.9	12.0	5.8		11.6	18.6	27.0	9.3	
F、H 一次 分配传递		−12.2	−24.4	−15.1	−35.5	−7.6	−13.9		−27.7	−40.4
E、G 二次 分配传递	7.2	5.0	2.5	2.2		4.3	7.0	10.2	3.5	
F、H 二次 分配传递		−0.8	−1.5	−1.0	−2.2	−0.5	−0.7		−1.4	−2.1
E、G 三次 分配传递	0.5	0.3	0.2	0.1		0.2	0.4	0.6	0.2	
F、H 三次 分配			−0.1	−0.1	−0.1				−0.1	−0.1
最终弯矩	42.6	−42.6	47.5	−9.7	−37.8	9.6	−47.4	37.8	42.6	−42.6

（2）六层

计算第六层敞口框架弯矩值过程列于表6-7。

表 6-7 第六层敞口框架力矩分配法计算表

杆端	EA	EF	EI	FB	FE	FG	FJ	GC	GF	GH	GK	HL	HG	HD
分配系数	0.386	0.250	0.364	0.334	0.216	0.135	0.315	0.334	0.135	0.216	0.315	0.364	0.250	0.386
传递系数	1/3	1/2	1/3	1/3	1/2	1/2	1/3	1/3	1/2	1/2	1/3	1/3	1/2	1/3
固端弯矩		−82.9			82.9	−2.2			2.2	−82.9			82.9	
E、G 一次分配传递	32.0	20.7	30.2		10.4	5.5		27.0	10.9	17.4	25.4		8.7	
F、H 一次分配传递		−10.5		−32.3	−20.9	−13.0	−30.4		−6.5	−11.5		−33.3	−22.9	−35.4
E、G 二次分配传递	4.1	2.6	3.8		1.3	1.2		6.0	2.4	3.9	5.7		2.0	
F、H 二次分配传递		−0.3		−0.8	−0.6	−0.3	−0.8		−0.2	−0.3		−0.7	−0.5	−0.8
E、G 三次分配	0.1	0.1	0.1					0.2	0	0.1	0.2			
最终弯矩	36.2	−70.3	34.1	−33.1	73.1	−8.8	−31.2	33.2	8.8	−73.3	31.3	−34.0	70.2	−36.2

（3）二至五层

计算第二至五层敞口框架弯矩值过程列于表 6-8。

表 6-8 第二至五层敞口框架力矩分配法计算表

杆端	EA	EF	EI	FB	FE	FG	FJ	GC	GF	GH	GK	HL	HG	HD
分配系数	0.378	0.244	0.378	0.328	0.212	0.132	0.328	0.328	0.132	0.212	0.328	0.378	0.244	0.378
传递系数	1/3	1/2	1/3	1/3	1/2	1/2	1/3	1/3	1/2	1/2	1/3	1/3	1/2	1/3
固端弯矩		−82.9			82.9	−2.2			2.2	−82.9			82.9	
E、G 一次分配传递	31.3	20.2	31.4		10.1	5.3		26.5	10.6	17.1	26.5		8.6	
F、H 一次分配传递		−10.2		−31.5	−20.4	−12.7	−31.5		−6.4	−11.2		−34.6	−22.3	−34.6
E、G 二次分配传递	3.9	2.5	3.8		1.3	1.2		5.8	2.3	3.7	5.8		1.9	
F、H 二次分配传递		−0.3		−0.8	−0.6	−0.3	−0.8		−0.2	−0.3		−0.7	−0.5	−0.7
E、G 三次分配	0.1	0.1	0.1					0.2	0	0.1	0.2			
最终弯矩	35.3	−70.6	35.3	−32.3	73.3	−8.7	−32.3	32.5	8.5	−73.5	32.5	−35.3	70.6	−35.3

（4）首层

计算首层敞口框架弯矩值过程列于表 6-9。

表 6-9 首层敞口框架力矩分配法计算表

杆端	EA	EF	EI	FB	FE	FG	FJ	GC	GF	GH	GK	HL	HG	HD
分配系数	0.366	0.249	0.385	0.317	0.216	0.134	0.333	0.317	0.134	0.216	0.333	0.385	0.249	0.366
传递系数	1/2	1/2	1/3	1/2	1/2	1/2	1/3	1/2	1/2	1/2	1/3	1/3	1/2	1/2

杆端	EA	EF	EI	FB	FE	FG	FJ	GC	GF	GH	GK	HL	HG	HD
固端弯矩		−82.9			82.9	−2.2			2.2	−82.9			82.9	
E、G一次分配传递	30.3	20.7	31.9					25.6	10.8	17.4	26.9			
					10.4	5.4							8.7	
F、H一次分配传递				−30.6	−20.9	−12.9	−32.1					−35.3	−22.8	−33.5
		−10.5							−6.5	−11.4				
E、G二次分配传递	3.8	2.6	4.1					5.7	2.4	3.9	5.9			
					1.3	1.2							2.0	
F、H二次分配传递				−0.8	−0.6	−0.3	−0.8					−0.8	−0.5	−0.7
		−0.3							−0.2	−0.3				
E、G三次分配	0.1	0.1	0.1					0.2	0	0.1	0.2			
最终弯矩	34.2	−70.3	36.1	−31.4	73.1	−8.8	−32.9	31.5	8.7	−73.2	33.0	−36.1	70.3	−34.2

4. 绘制框架弯矩图

将各敞口框架组合成整体框架,梁端最终弯矩即为相应敞口框架计算得的弯矩,而各柱端最终弯矩为上下层柱端弯矩之和,并对由此引起的节点处不平衡弯矩进行再分配,得到如图6-16所示的框架的弯矩图。

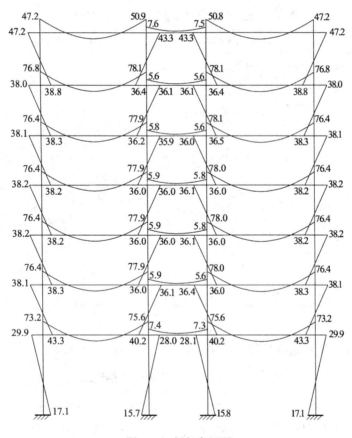

图6-16 框架弯矩图

【例 6-2】 某学生公寓楼为七层钢筋混凝土框架结构。各层重力荷载代表值分别为 $G_1 = 9728\mathrm{kN}, G_2 = G_3 = G_4 = G_5 = 10018\mathrm{kN}, G_6 = 10185\mathrm{kN}, G_7 = 9857\mathrm{kN}$。$AB$、$CD$ 跨梁的截面尺寸为 $300\mathrm{mm} \times 650\mathrm{mm}$，$BC$ 跨梁的截面尺寸为 $300\mathrm{mm} \times 400\mathrm{mm}$。首层柱截面尺寸为 $650\mathrm{mm} \times 650\mathrm{mm}$，标准层和顶层柱截面尺寸为 $600\mathrm{mm} \times 600\mathrm{mm}$。现浇柱、梁和楼板，混凝土强度等级为 C30，建造在Ⅱ类场地上。抗震设防烈度为 7 度，设计基本地震加速度为 0.10g，设计地震分组为第一组。结构平面及剖面简图如图 6-17 所示。要求：①计算结构的横向水平地震作用标准值；②验算框架在横向水平地震作用下层间弹性位移；③计算框架在横向水平地震作用标准值下的内力标准值，并绘制框架弯矩图。

解:

1. 楼层重力荷载代表值

$G_1 = 9728\mathrm{kN}, G_2 = G_3 = G_4 = G_5 = 10018\mathrm{kN}, G_6 = 10185\mathrm{kN}, G_7 = 9857\mathrm{kN}, \sum G = 69842\mathrm{kN}$

2. 梁、柱线刚度计算

(1)梁的线刚度

因边框架设有外挑楼板，为简化计算，在考虑现浇楼板对框架梁的作用时，中框架梁和边框架梁的截面惯性矩均乘以 2.0 的增大系数。C30 混凝土，弹性模量 $E = 3.0 \times 10^4 \mathrm{N/mm}^2$。

边跨梁：$i_\mathrm{b} = E_\mathrm{b}I_\mathrm{b}/l = 3.0 \times 10^4 \times 300 \times 650^3/(12 \times 7200) \times 2.0 \times 10^{-6} = 57.21 \times 10^3 \mathrm{kN \cdot m}$

中跨梁：$i_\mathrm{b} = E_\mathrm{b}I_\mathrm{b}/l = 3.0 \times 10^4 \times 300 \times 400^3/(12 \times 2700) \times 2.0 \times 10^{-6} = 35.56 \times 10^3 \mathrm{kN \cdot m}$

(2)柱的线刚度

首层柱：$i_\mathrm{c} = E_\mathrm{c}I_\mathrm{c}/h = 3.0 \times 10^4 \times 650 \times 650^3/(12 \times 5300) \times 10^{-6} = 84.20 \times 10^3 \mathrm{kN \cdot m}$

标准层柱：$i_\mathrm{c} = E_\mathrm{c}I_\mathrm{c}/h = 3.0 \times 10^4 \times 600 \times 600^3/(12 \times 3300) \times 10^{-6} = 98.18 \times 10^3 \mathrm{kN \cdot m}$

顶层柱：$i_\mathrm{c} = E_\mathrm{c}I_\mathrm{c}/h = 3.0 \times 10^4 \times 600 \times 600^3/(12 \times 3500) \times 10^{-6} = 92.57 \times 10^3 \mathrm{kN \cdot m}$

(3)柱的侧移刚度 D

根据表 6-1 计算柱的侧移刚度修正系数 α，底层柱 $\alpha = (0.5 + K)/(2 + K)$，$K = (i_1 + i_2)/i_\mathrm{c}$；其他层柱 $\alpha = K/(2 + K)$，$K = (i_1 + i_2 + i_3 + i_4)/2i_\mathrm{c}$；$D = \alpha \cdot 12i_\mathrm{c}/h^2$，18 根柱，$\sum D = 18D$，侧移刚度计算过程见表 6-10。

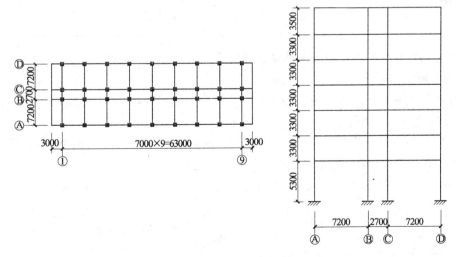

图 6-17　结构平面、剖面简图

表 6-10　D 值计算

		K	α	D(kN/m)	$\sum D$ (kN/m)
首层	中柱	1.102	0.516	18561	618984
	边柱	0.679	0.440	15827	
标准层	中柱	0.945	0.321	34728	1065204
	边柱	0.583	0.226	24450	
顶层	中柱	1.002	0.334	30287	930384
	边柱	0.618	0.236	21401	

3. 框架结构自振周期的计算

$$T_1 = 2\psi_{\mathrm{T}}\sqrt{\frac{\sum G_i u_i^2}{\sum G_i u_i}} = 2 \times 0.6 \times \sqrt{\frac{4198.8}{16459.0}} = 0.606\mathrm{s}, \text{取 } \psi_{\mathrm{T}} = 0.6, G_i u_i 、 G_i u_i^2 \text{ 计算如表}$$

6-11 所示。

表 6-11　$G_i u_i 、 G_i u_i^2$ 计算

层号	G_i(kN)	$\sum D_1$ (kN/m)	$\sum G_1$ (kN)	$\Delta u_i = \dfrac{\sum G_i}{\sum D_i}$ (m)	$u_i = \sum_1^i \Delta u_i$ (m)	$G_i u_i$ (kN·m)	$G_i u_i^2$ (kN·m²)
7	9857	930384	9857	0.0106	0.3114	3069.5	955.8
6	10185	1065204	20042	0.0188	0.3008	3063.6	921.5
5	10018	1065204	30060	0.0282	0.2820	2825.1	796.7
4	10018	1065204	40078	0.0376	0.2538	2542.6	645.3
3	10018	1065204	50096	0.0470	0.2162	2165.9	468.3
2	10018	1065204	60114	0.0564	0.1692	1695.0	286.8
1	9728	618984	69842	0.1128	0.1128	1097.3	123.8
$\sum$						16459.0	4198.2

4. 水平地震作用标准值和层间弹性位移验算

(1)水平地震作用计算

本例题房屋高度小于 40m,且质量和刚度沿高度分布比较均匀,故可采用底部剪力法计算多遇水平地震作用标准值。

查得多遇地震,设防烈度 7 度,设计地震加速度为 0.10g 时,$\alpha_{\max} = 0.08$,Ⅱ类场地,设计地震分组为第一组,$T_{\mathrm{g}} = 0.35\mathrm{s}$。

$T_{\mathrm{g}} = 0.35\mathrm{s}$, $T_1 = 0.606\mathrm{s}$, $T_{\mathrm{g}} < T_1 < 5T_{\mathrm{g}}$,所以

$$\alpha_1 = \left(\frac{T_{\mathrm{g}}}{T_1}\right)^{0.9} \alpha_{\max} = \left(\frac{0.35}{0.606}\right)^{0.9} \times 0.08 = 0.0488$$

$$G_{\mathrm{eq}} = 0.85 \sum G_i = 0.85 \times 69842 = 59366\mathrm{kN}$$

又因 $T_1 > 1.4T_g = 0.45s$，需考虑顶部附加水平地震作用，$\delta_n = 0.08T_1 + 0.07 = 0.08 \times 0.606 + 0.07 = 0.1185$。

结构总水平地震作用标准值 $F_{EK} = \alpha_1 G_{eq} = 0.0488 \times 59366 = 2897.1kN$

$\Delta F_n = \delta_n F_{Ek} = 2897.1 \times 0.1185 = 343.3kN，(1 - \delta_n)F_{Ek} = (1 - 0.1185) \times 2897.1 = 2553.8kN$

各层地震剪力标准值计算如表 6-12 所示。

表 6-12 各层地震作用及剪力标准值的计算

层号	G_i(kN)	$\sum G_i$ (kN)	H_i(m)	$G_i H_i$(kN·m)	$\eta = \dfrac{G_i H_i}{\sum G_i H_i}$	$F_i = \eta \times F_{Ek}(1 - \delta_n)$	V_i(kN)	$\lambda \sum G_i$ (kN)
7	9857	9857	25.3	249382	0.2340	597.6	940.9	157.7
6	10185	20042	21.8	222033	0.2083	532.0	1472.9	320.7
5	10018	30060	18.5	185333	0.1739	444.1	1917.0	481.0
4	10018	40078	15.2	152274	0.1428	364.7	2281.7	641.2
3	10018	50096	11.9	119214	0.1118	285.5	2567.2	801.5
2	10018	60114	8.6	86155	0.0808	206.3	2773.5	961.8
1	9728	69842	5.3	51558	0.0484	123.6	2897.1	1117.5
$\sum$	69842			1065949	1.0000	2553.8		

根据 GB 50011—2001 第 5.2.5 条规定，楼层剪力计算值应满足 $V_i < \lambda \sum G_i$，本算例满足要求，楼层剪力不作调整。

(2)层间弹性位移的验算

层间弹性位移计算值及允许值如表 6-13 所示，层间弹性位移满足规范要求。

表 6-13 层间弹性位移计算值及允许值

层号	$\sum D_i$ (kN/m)	V_i(kN)	$\Delta_{ei} = V_i/\sum D_i$ (m)	h_i(m)	$[\theta_e]$(m)	$[\Delta_{ei}] = [\theta_e]h_i$ (m)
7	930384	940.9	0.00101	3.5	1/550	0.0064
6	1065204	1472.9	0.00138	3.3	1/550	0.0060
5	1065204	1917.0	0.00180	3.3	1/550	0.0060
4	1065204	2281.7	0.00214	3.3	1/550	0.0060
3	1065204	2567.2	0.00241	3.3	1/550	0.0060
2	1065204	2773.5	0.00260	3.3	1/550	0.0060
1	618984	2897.1	0.00468	5.3	1/550	0.0096

5. 框架地震内力计算

框架柱剪力和柱端弯矩的计算过程见表 6-14，梁端剪力及柱轴力见表 6-15，图 6-18 为地震作用下框架的弯矩图。

79

表 6-14　水平地震作用下框架柱剪力和柱端弯矩标准值

	层号	H (m)	V_i (kN)	$\sum D$ (kN/m)	D (kN/m)	$\dfrac{D}{\sum D}$	V_{ik}(kN)	$\overline{K}$	y_0	y_2	y_3	$M_\text{下}$	$M_\text{上}$
边柱	7	3.5	940.9	930384	21401	0.02300	21.6	0.618	0.30	0	0	22.7	52.9
	6	3.3	1472.9	1065204	24450	0.02295	33.8	0.583	0.40	0	0	44.6	66.9
	5	3.3	1917.0	1065204	24450	0.02295	44.0	0.583	0.45	0	0	65.3	79.9
	4	3.3	2281.7	1065204	24450	0.02295	52.4	0.583	0.45	0	0	77.8	95.1
	3	3.3	2567.2	1065204	24450	0.02295	58.9	0.583	0.50	0	0	97.2	97.2
	2	3.3	2773.5	1065204	24450	0.02295	63.7	0.583	0.55	0	-0.05	105.1	105.1
	1	5.3	2897.1	618984	15827	0.02557	74.1	0.679	0.70	-0.05	0	255.3	137.5
中柱	7	3.5	940.9	930384	30287	0.03255	30.6	1.002	0.35	0	0	37.5	69.6
	6	3.3	1472.9	1065204	34728	0.03260	48.0	0.945	0.42	0	0	66.5	91.9
	5	3.3	1917.0	1065204	34728	0.03260	62.5	0.945	0.45	0	0	92.8	113.4
	4	3.3	2281.7	1065204	34728	0.03260	74.4	0.945	0.45	0	0	110.5	135.0
	3	3.3	2567.2	1065204	34728	0.03260	83.7	0.945	0.50	0	0	138.1	138.1
	2	3.3	2773.5	1065204	34728	0.03260	90.4	0.945	0.50	0	-0.05	134.2	164.1
	1	5.3	2897.1	618984	18561	0.03000	86.7	1.102	0.65	-0.05	0	275.7	183.8

注：$V_{ik} = V_i \times D/\sum D$，柱下端弯矩 $M_\text{下} = V_{ik}(y_0 + y_2 + y_3)h$，柱上端弯矩 $M_\text{上} = V_{ik}(1 - y_0 - y_2 - y_3)h$。

表 6-15　水平地震作用下梁端剪力及柱轴力标准值

	AB 跨				BC 跨				轴力	
层	l(m)	M_b^l (kN·m)	M_b^r (kN·m)	$V = \dfrac{M_b^l + M_b^r}{l}$ (kN)	l(m)	M_b^l (kN·m)	M_b^r (kN·m)	$V = \dfrac{M_b^l + M_b^r}{l}$ (kN)	边柱 N_E (kN)	中柱 N_E (kN)
7	7.2	52.9	42.9	13.3	2.7	26.7	26.7	19.8	-13.3	-6.5
6	7.2	89.6	79.8	23.5	2.7	49.6	49.6	36.7	-23.5	-13.2
5	7.2	124.5	111.0	32.7	2.7	68.9	68.9	51.0	-32.7	-18.3
4	7.2	160.4	140.6	41.8	2.7	87.2	87.2	64.6	-41.8	-22.8
3	7.2	175.0	153.4	45.6	2.7	95.2	95.2	70.5	-45.6	-24.9
2	7.2	202.3	186.5	54.0	2.7	115.7	115.7	85.7	-54.0	-31.7
1	7.2	242.6	196.2	60.9	2.7	121.8	121.8	90.2	-60.9	-29.3

注：柱子轴力受压为正，受拉为负。

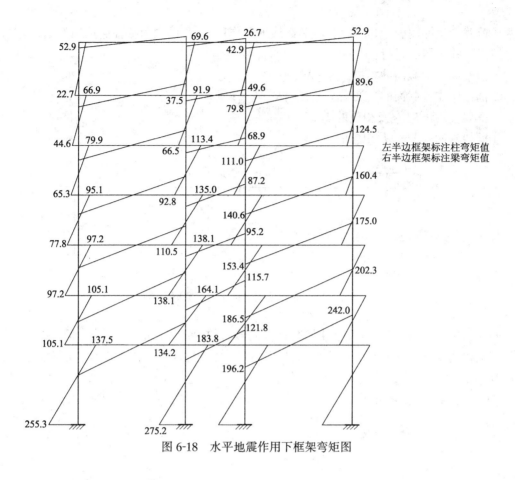

左半边框架标注柱弯矩值
右半边框架标注梁弯矩值

图 6-18　水平地震作用下框架弯矩图

6.3　框架结构内力组合

6.3.1　控制截面和内力组合

在进行构件截面设计时,必须先求出构件控制截面上的最不利内力作为构件的设计依据。一般情况下梁柱的不同截面内力是不一样的,所谓控制截面,是指那些对配筋起控制作用的截面。在框架弯矩图中,习惯上将梁的弯矩分为正弯矩和负弯矩。梁的正弯矩和负弯矩分别指使梁截面下部纤维和上部纤维产生拉应力的弯矩,弯矩图形分别绘制在梁轴线的下部和上部。在竖向荷载作用下,梁端产生负弯矩,跨中一般产生正弯矩,在变向水平荷载作用下,梁端弯矩也变号(图 6-19),对于框架梁,它的控制截面与荷载作用形式、相对大小及其分布有关,严格确定梁的控制截面位置比较复杂,计算机程序计算时,将梁截面划分若干等分(图 6-20),分别对各等分点进行最大内力计算,选取各等分点中内力最大者作为控制截面。手算时跨中控制截面可采用解析法或图解法确定,有时为了进一步简化,选取梁端截面和跨中截面作为梁控制截面。

对于框架柱,轴力和剪力在同一层内变化微小,而柱上下两端的弯矩最大,因此一般将框架的上、下两端截面作为控制截面。一般而言,并不是各种荷载同时作用在结构上,控制截面才产生最大内力,而往往只是在某些荷载作用下控制截面产生最大内力,因此需要对控制截面进行内力最不利组合,作为截面配筋设计的依据。高层建筑竖向活荷载产生的内力一般远小

于永久荷载产生的内力,水平作用(风荷载或地震作用)产生的内力往往起控制作用,其内力组合可按以下几种情况进行:

①框架梁跨中截面的 $+M_{max}$、$-M_{max}$;

②框架梁支座截面的 $-M_{max}$、$+M_{max}$ 和 V_{max};

③框架柱的 $+M_{max}$ 及相应的 N、V;

④框架柱的 $-M_{max}$ 及相应的 N、V。

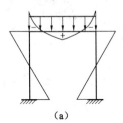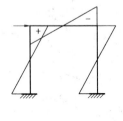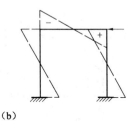

（a）   （b）

图 6-19　竖向作用和水平作用下梁弯矩图

对于杆端而言,规定使杆端产生顺时针方向转角的弯矩为正值,反之为负值。结构受力分析所得的内力对于梁是轴线处的内力。破坏截面不会发生在轴线处的截面,而是发生在如图 6-21 所示的梁端,内力组合时应将各种作用下梁轴线处弯矩值和剪力值换算到梁边缘处,然后再进行内力组合,如图 6-21 所示。

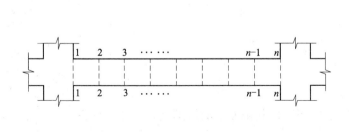

图 6-20　计算机程序的梁控制截面

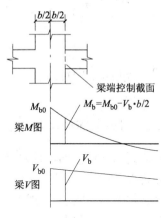

图 6-21　梁端控制截面

6.3.2　竖向活荷载的最不利布置

作用在框架上的竖向荷载包括永久荷载和可变荷载。对于永久荷载,如楼屋盖的自重、墙充墙的重量、固定设备的重量等,应根据实际分布和全部作用的原则来计算框架内力。而可变荷载,如楼面活荷载、屋面雪荷载等,可能作用在任一位置,设计时应进行活荷载的最不利布置。

1. 三维空间分析

对于三维空间分析,竖向活荷载可能作用在任意一房间。计算机程序进行分析时,采用分层逐间布置法。依次将活荷载布置在每一层的每一房间(图 6-22),分别算出各杆件的内力,根据同号相加的原则求得杆件控制截面的活荷载最不利布置的内力。当三维杆件数量较多时,这样的分析比较费时。考虑到远离计算杆件的各层活荷载最不利布置对其影响较小,有的计算程序对其进行简化处理:计算某层梁、柱的内力,仅考虑本层活荷载的最不利布置。

由于高层建筑竖向活荷载所占比例较小,其产生的内力与永久荷载和水平作用下产生的内力相比较小,当楼面活荷载标准值不大于 $4.0kN/m^2$ 时,也可以一次将活荷载满布。按此方法计算的框架柱的内力及框架梁支座处的内力与精确的活荷载不利布置法非常接近,可以满足工程需要,而框架梁的跨中弯矩比精确计算值小,一般可视活荷载的大小将满布活荷载的梁跨中正弯矩乘以 $1.1 \sim 1.2$ 的增大系数。

2. 二维平面分析

二维平面分析可以采用逐跨布置法,将竖向活荷载逐层逐跨单独作用在结构上,分别计算出结构内力,然后再对控制截面叠加出最不利内力。

图 6-23 所示为框架某跨梁 AB 作用活荷载时的弯矩图形状,根据同号相加的原则不难得出二维平面框架的活荷载最不利布置。例如求框架某跨梁 AB 跨中最大正弯矩和 A 支座的最大负弯矩,活荷载最不利布置分别如图 6-24a、图 6-24b 所示,求某 AB 柱的最大弯矩,活荷载最不利布置分别如图 6-24c、图 6-24d 所示。

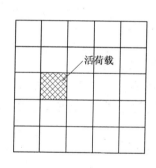

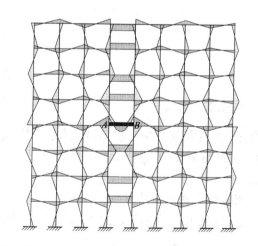

图 6-22 活荷载布置在任一房间　　　　图 6-23 梁某跨布置荷载时的弯矩图

3. 重力荷载的施工模拟

高层建筑是逐层施工完成的,其竖向刚度和竖向荷载(如结构自重和施工荷载)也是逐层形成的。这种情况与结构刚度一次形成、竖向荷载一次施加的计算方法存在较大差异,房屋越高、构件竖向刚度相差就越大。由于一次施加荷载时柱、墙的轴向变形大,层数较多时顶部几层中间支座将出现较大沉降,导致柱轴力为拉力或梁没有负弯矩的不合理现象。因此对于层数较多时的高层建筑,计算重力荷载作用效应时,柱、剪力墙的轴向变形宜考虑施工过程的影响。目前计算机程序可逐层计算变形,某层及其以下各层的变形不受该层以上各层变形的影响,也不影响上面各层。

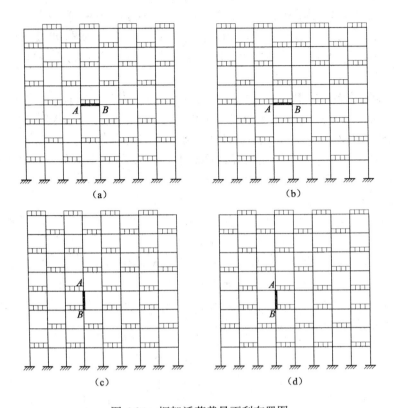

图 6-24　框架活荷载最不利布置图

6.3.3　荷载效应组合

根据作用在框架上的各种荷载或作用同时出现的可能性及同时出现的概率大小,设计时应将各种荷载效应进行适当组合,并从这些荷载效应组合值中,选出最不利内力组合。

1. 无地震作用效应的组合

对于荷载效应组合的设计值 S,应按式(6-25)计算:

$$S = \gamma_G S_{Gk} + \psi_Q \gamma_Q S_{Qk} + \psi_w \gamma_w S_{wk} \tag{6-25}$$

式中　　γ_G——永久荷载分项系数。当其效应对结构不利时,对由可变荷载效应控制的组合应取 1.2,对由永久荷载效应控制的组合取 1.35;当其效应对结构有利时取 1.0;

γ_Q——楼面活荷载分项系数,一般情况下取 1.4;

γ_w——风荷载分项系数,取 1.4;

S_{Gk}, S_{Qk}, S_{wk}——分别为按永久荷载标准值 G_k、可变荷载标准值 Q_k 和风荷载标准值 Q_w 计算的荷载效应值;

ψ_Q, ψ_w——分别为楼面活荷载组合值系数和风荷载组合值系数,按表 6-16 取用。

表 6-16　活荷载和风荷载组合值系数 ψ_Q、ψ_w

	ψ_Q	ψ_w
永久荷载效应起控制作用	0.7(0.9)	0
可变荷载效应起控制作用	1.0	0.6
	0.7(0.9)	1.0

注:对书库、档案库、储藏室、通风机房和电梯机房,表中 ψ_Q 取括号中数值。

2. 地震作用效应和其他效应的组合

$$S = \gamma_G S_{GE} + \gamma_{Eh} S_{Ehk} + \gamma_{Ev} S_{Evk} + \psi_w \gamma_w S_{wk} \qquad (6\text{-}26)$$

式中　γ_G——重力荷载分项系数,一般情况下取 1.2,当其效应对结构有利时取不大于 1.0;

γ_{Eh},γ_{Ev}——分别为水平地震作用和竖向地震作用的分项系数,按表 6-17 取用;

γ_w——风荷载的分项系数,按表 6-17 取用;

S_{GE}——按重力荷载代表值计算的荷载效应值,重力荷载代表值取永久荷载标准值与活荷载组合值之和,即 $S_{GE} = S_{Gk} + S_{Qk} \times \psi_Q$。一般楼面活荷载和雪荷载取 $\psi_Q = 0.5$,藏书库、档案库活荷载取 $\psi_Q = 0.8$,当楼面活荷载按实际情况计算时取 $\psi_Q = 1.0$;

S_{Ehk},S_{Evk}——分别为水平地震作用标准值和竖向地震作用标准值的效应值;

S_{wk}——风荷载标准值的效应值;

ψ_w——风荷载效应组合值系数,取 0.2。

表 6-17　有地震作用效应时的荷载和作用分项系数

适　用　情　况	应考虑的荷载项目	γ_{Eh}	γ_{Ev}	γ_w
各种情况	重力荷载及水平地震作用	1.3	—	—
9 度	重力荷载及竖向地震作用	—	1.3	—
9 度	重力荷载、水平地震及竖向地震作用	1.3	0.5	—
60m 以上的高层建筑	重力荷载、水平地震作用及风荷载	1.3	—	1.4
9 度 60m 以上的高层建筑	重力荷载、水平地震作用竖向地震作用及风荷载	1.3	0.5	1.4

6.4　框架梁、柱的截面设计和构造

6.4.1　承载力验算

1. 承载力验算

对于无地震作用组合,应满足下式:

$$S \leqslant \gamma_0 R \qquad (6\text{-}27)$$

对于有地震作用组合,应满足下式:

$$S \leqslant R / \gamma_{RE} \tag{6-28}$$

式中　S——作用效应组合的设计值;

　　　R——构件承载力设计值;

　　　γ_0——结构重要性系数。设计使用年限为 50 年或安全等级为二级的结构构件不应小于 1.0;设计使用年限为 100 年以上或安全等级为一级的结构构件不应小于 1.1;

　　　γ_{RE}——承载力抗震调整系数。

由于地震作用是一种偶然作用,抗震承载力验算的实质是在抗震设防烈度下结构弹塑性变形验算,精确计算应以构件的实配钢筋进行验算。一般习惯仍作众值烈度地震作用下构件承载力验算,除个别情况外均可将有关规范的非抗震承载力设计值除以抗震调整系数 γ_{RE},来调整结构在地震作用下的安全度。γ_{RE} 值按表 6-18 选用。

表 6-18　承载力抗震调整系数

结 构 构 件	受 力 状 态	γ_{RE}
梁	受弯	0.75
轴压比小于 0.15 的柱	偏心受压	0.75
轴压比不小于 0.15 的柱	偏心受压	0.80
剪力墙	偏心受压	0.85
各类构件	偏心受拉或受剪	0.85
	节点受剪	0.85

2. 竖向荷载作用下框架梁的塑性内力重分布

框架结构是高次超静定结构,在竖向荷载作用下,按弹性计算的梁端负弯矩一般比跨中正弯矩大很多。为方便施工,避免在梁支座处负钢筋拥挤,可以人为对梁端负弯矩进行调幅折减,即考虑塑性内力重分布。

在竖向荷载作用下梁端负弯矩的调幅系数,对于现浇框架可取 0.8~0.9,对于装配整体式框架,由于受力后节点可发生相对大的变形,其调幅系数可进一步降低,一般取 0.7~0.8。支座弯矩降低后,根据静力平衡条件,跨中弯矩应相应增大。截面设计时,为避免框架梁跨中截面底部钢筋过少,其正弯矩设计值不宜小于竖向荷载作用下按简支梁计算跨中弯矩的一半。

对于不允许出现裂缝的结构、直接承受动力荷载的结构及处于严重侵蚀性环境中的结构,不应采用塑性内力重分布的方法。

3. 框架梁、柱的截面设计

框架梁属于受弯构件,由内力组合求得控制截面的最不利弯矩和剪力后,按正截面受弯承载力计算所需的纵筋数量,按斜截面受剪承载力计算所需的箍筋数量,并采取相应的构造措施。

框架柱属于偏心受压构件,正截面受压承载力计算时,框架的中柱和边柱一般按单向偏心受压构件计算,而角柱应按双向偏心受压构件计算。由于地震作用方向的不定性,框架柱通常设计成对称配筋构件,并应根据内力组合的剪力值进行斜截面抗剪承载力计算,确定柱箍筋的数量。

确定柱配筋时应先确定柱计算长度。框架结构梁柱节点计算假定为刚节点,底层柱与基础刚接连接,上部各层柱两端节点一般都有变形,属于弹性节点,此外,装配式楼盖较现浇整体

式楼盖的刚度差,梁柱节点变形相对较大。一般情况下,框架柱的计算长度 l_0 可按下列两式计算的较小值取用:

$$l_0 = \left[1 + 0.16(\psi_u + \psi_1) \right] \cdot H \qquad (6\text{-}29)$$

$$l_0 = (2 + 0.2\psi_{\min}) \cdot H \qquad (6\text{-}30)$$

式中 ψ_u, ψ_1——柱的上、下端节点处交汇的各柱线刚度之和与交汇的各梁线刚度之和的比值;

$\psi_{\min}$——ψ_u、ψ_1 两者中的较小值;

H——层高。对于底层柱,取基础顶面至一层楼盖顶面之间的距离;对于其他层柱,H 取上、下两层楼盖顶面之间的距离。

当水平荷载产生的弯矩设计值不超过总弯矩设计值的 75% 时,框架柱的计算长度也可按表 6-19 取用:

表 6-19　框架结构各层柱的计算长度

楼 盖 类 型	柱 的 类 别	计 算 长 度
现浇楼盖	底层柱	$1.0H$
	其余各层柱	$1.25H$
装配式楼盖	底层柱	$1.25H$
	其余各层柱	$1.5H$

6.4.2　框架结构的延性设计

1. 延性设计的概念

(1)延性设计的概念

所谓延性是指材料、构件或结构在应力或承载力没有明显降低时其维持塑性变形的能力。具有一定塑性变形能力的结构称为延性结构。在地震区钢筋混凝土框架应设计成延性结构,当遭遇到高于本地区设防烈度的罕遇地震时,为防止建筑物发生倒塌或危及生命的严重破坏,结构应具有足够大的延性。此时结构已进入弹塑性状态,通过弹塑性变形来耗散地震能量,达到大震不倒的目的。结构的延性一般用结构顶点的延性系数来表示。

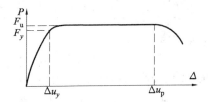

图 6-25　结构的荷载～侧移曲线

$$\mu = \frac{\Delta u_p}{\Delta u_y} \qquad (6\text{-}31)$$

式中 μ——结构顶点延性系数;

Δu_p——结构顶点弹塑性极限侧移(图 6-25);

Δu_y——结构顶点屈服侧移(图 6-25)。

显然,顶点延性系数越大,结构的延性越好,延性框架一般要求框架延性系数为 3～5。框架结构是由梁、柱等构件组成,框架延性大小主要取决于框架梁、柱延性的大小。梁、柱构件的延性是以截面塑性铰的转动能力来度量的,一般由曲率延性系数来表示。因此延性框架的梁

87

柱必须有足够的曲率延性系数。

影响梁、柱构件延性的因素很多,截面受压区高度 x 和混凝土材料的极限压应变 ε_{cu} 是最主要的因素。要提高其延性,就要设法减小截面受压区的高度,提高混凝土材料的极限压应变。比如,柱轴压比越大,截面受压区高度也越大,延性就越差,所以小偏心受压柱的延性比大偏心受压柱的延性差。受拉筋配筋增加,将使截面受压区高度增加,延性变差;增加受压钢筋的数量,可降低截面受压区高度,延性变好;柱截面配置螺旋箍筋或复合箍筋,并达到一定的配箍率,截面核芯区混凝土被约束,处于三向受压状态,混凝土极限压应变将提高,延性增加。

延性框架结构设计,一般应遵循以下原则:

①强柱弱梁。罕遇地震作用下结构构件进入弹塑性状态,破坏时可能出现两种破坏机制:图 6-26a 所示的梁铰机制,柱的承载能力高于梁的承载能力,其特点是破坏时框架梁端出现若干塑性铰,而柱端未出现塑性铰;图 6-26b 所示的柱铰机制,梁的承载能力高于柱的承载能力,其特点是在某些框架柱端首先出现塑性铰。为达到同样框架延性系数的要求,柱铰机制的变形将远大于梁铰机制的变形,很难避免罕遇地震作用下框架的倒塌。因此,延性框架的破坏机制应设计成梁铰机制,而梁铰机制的要求是柱的承载能力高于梁的承载能力,即"强柱弱梁"要求。

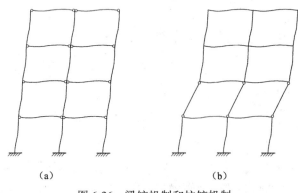

（a）　　　　　　　　（b）

图 6-26　梁铰机制和柱铰机制

(a)梁铰机制;(b)柱铰机制

②强剪弱弯。对于梁、柱构件而言,要保证构件出现塑性铰,就要避免发生过早的剪切破坏,这是因为剪切破坏为脆性破坏。这就要求构件的抗剪承载力大于抗弯承载力。

③强压区,弱拉区。框架梁截面相对受压区的高度直接影响框架梁的延性。在延性框架的设计中要求有较小的相对受压区高度,以保证塑性铰更大的转动能力,它是保证结构延性系数的关键。同样,限制框架柱的轴压比也是使柱有足够的延性。

④强节点。节点核芯区是保证框架承载力和结构延性的关键部位,同时框架节点钢筋密集,混凝土浇筑质量较难保证。因此,应使节点承载力高于构件承载力,避免节点过早发生破坏。

设计延性框架,就是根据上述原则,采取相应的抗震措施。抗震措施是指除地震作用计算和抗力计算以外的抗震设计内容,包括确定房屋的抗震等级、内力调整及抗震构造措施。

(2)抗震等级

1)建筑抗震设防分类

建筑应根据其使用功能的重要性分为甲类、乙类、丙类、丁类四个抗震设防类别。甲类建筑属于重大建筑工程和地震时可能发生严重次生灾害的建筑,比如中央级、省级的电视调频广播发射建筑,三级特等医院的住院部、门诊部等。乙类建筑应属于地震时使用功能不能中断或需尽快恢复的建筑,比如省中心长途电信枢纽、大型体育馆、大型影剧院、大型商业零售商场等公共建筑。丁类建筑属于抗震次要建筑,丙类建筑属于除甲、乙、丁类以外的一般建筑。

抗震设计的高层建筑分为甲、乙、丙三个抗震设防类别,抗震设防划分应符合《建筑抗震设防分类标准》GB 50223、《建筑抗震设计规范》GB 50011 的规定。

2)建筑高度分类

根据钢筋混凝土高层建筑结构的最大适用高度和高宽比分为 A 级和 B 级,分别采取不同的抗震等级,并采取相应的计算和构造措施。

A 级、B 级高度钢筋混凝土乙类和丙类高层建筑的最大适用高度分别见表 2-2、表 2-3。甲类建筑,A 级高度 6、7、8 度时宜按本地区抗震设防烈度提高一度后按表 2-2 采用,9 度时应专门研究;B 级高度,6、7 度时宜按本地区抗震设防烈度提高一度后按表 2-3 采用,8 度时应专门研究;A 级、B 级高度钢筋混凝土高层建筑结构最大高宽比分别见表 2-4、表 2-5。

3)抗震等级

抗震设计时,高层建筑钢筋混凝土结构构件应根据设防烈度、结构类型和房屋高度采用不同的抗震等级,并采取相应的计算和构造措施。A 级高度和 B 级高度的丙类建筑钢筋混凝土结构的抗震等级分别按表 6-20 和表 6-21 确定。

表 6-20　A 级高度的高层建筑结构抗震等级

结　构　类　型		烈　　　度						
		6		7		8		9
框架	高度(m)	≤30	>30	≤30	>30	≤30	>30	≤25
	框架	四	三	三	二	二	一	一
框架-剪力墙	高度(m)	≤60	>60	≤60	>60	≤60	>60	≤50
	框架	四	三	三	二	二	一	一
	剪力墙	三		二		一		一
剪力墙	高度(m)	≤80	>80	≤80	>80	≤80	>80	≤60
	剪力墙	四	三	三	二	二	一	一
框支剪力墙	框支框架	二		二		一		不应采用
	剪力墙底部加强部位	三	二	二		一		
	剪力墙非底部加强部位	四	三	三	二	二		
筒体	框架-核心筒	框架	三		二		一	
		核心筒	二		二		一	
	核心筒	内筒	三		二		一	
		外筒	三		二		一	
板柱-剪力墙	板柱的柱	三		二		一		不应采用
	剪力墙	二		二		二		

当本地区设防烈度为 9 度时,A 级高度的乙类建筑抗震等级应按表 6-21 中的特一级采用,甲类建筑应采取更有效的抗震措施。

对于甲、乙、丙类的建筑应按表 6-22 的要求采取相应的抗震措施。

高层建筑,当地下室顶层作为上部结构的嵌固端时,地下一层的抗震等级应按上部结构采用,地下一层以下的结构抗震等级可采用三级或四级。9 度抗震设计时,地下室结构的抗震等级不应低于二级。

与主楼连为整体的裙楼的抗震等级不应低于主楼的抗震等级。主楼结构在裙房顶部的上、下各一层应适当加强抗震构造措施。

表 6-21　B 级高度的高层建筑结构抗震等级

结 构 类 型		烈　　　度		
		6	7	8
框架-剪力墙	框架	二	一	一
	剪力墙	二	一	特一
剪力墙	剪力墙	二	一	特一
框支剪力墙	框支框架	一	特一	特一
	剪力墙底部加强部位	二	一	特一
	剪力墙非底部加强部位	二	二	一
框架-核心筒	框架	二	一	一
	筒体	二	一	特一
筒中筒	外筒	二	一	特一
	内筒	二	一	特一

表 6-22　甲、乙、丙建筑的抗震措施要求

	甲 类 、 乙 类	丙 类
6~8 度	按本地区设防烈度提高一度的要求	按本地区设防烈度要求
9 度	除场地类别为Ⅰ类外,应比 9 度更高的要求	按本地区设防烈度要求

注:1. 当建筑场地类别为Ⅰ类时,除 6 度外,可以按本地区抗震设防烈度降低一度采取抗震构造措施。

　　2. 当建筑场地为Ⅲ、Ⅳ类时,对于 7 度 0.15g,8 度 0.30g 地区的建筑宜分别按设防烈度 8 度、9 度采取抗震构造措施。

2. 延性框架的计算要点

(1)强柱弱梁

1)框架柱端弯矩调整

在地震作用下,强柱弱梁的原则是形成梁铰机制的关键,通过增大柱端弯矩,使塑性铰出现在梁端。要求各节点处柱端的受弯承载力大于梁端的受弯承载力,因此对计算的柱端弯矩值进行调整。一般情况下,一、二、三级框架梁柱节点处,柱端组合的弯矩设计值应满足:

$$\sum M_c = \eta_c \sum M_b \tag{6-32}$$

一级框架结构及 9 度时尚应符合下式的要求:

$$\sum M_c = 1.2 \sum M_{bua} \tag{6-33}$$

式中　$\sum M_c$——节点上、下柱端截面顺时针或逆时针方向组合的弯矩设计值之和,上、下柱端的弯矩设计值,可按弹性分析分配;

90

$\sum M_b$ ——节点左右梁端截面逆时针或顺时针方向组合的弯矩设计值之和,一级框架节点左右梁端均为负弯矩时,绝对值较小的弯矩取零;

$\sum M_{bua}$ ——节点左右梁端截面逆时针或顺时针方向,根据实配钢筋面积和材料强度标准值计算的抗震受弯承载力的弯矩值之和(考虑 γ_{RE});

η_c ——柱端弯矩增大系数,一、二、三级分别取 1.4、1.2 和 1.1。

试验研究表明,当柱轴压比很小时,其延性较好,能满足框架的延性要求。因此轴压比小于 0.15 的柱和框架顶层柱端弯矩不必调整。

2)框架柱底层弯矩调整

为防止框架结构底层柱底过早出现塑性铰而影响结构整体变形能力,同时当梁端塑性铰出现后,塑性内力重分布使底层柱的弯矩有所增大。对于一、二、三级的框架结构,底层柱下端截面的弯矩设计值,应按考虑地震作用组合的弯矩设计值分别乘以增大系数 1.5、1.25 和 1.15。

对于一、二、三级框架的角柱,承受双向偏心受压作用,考虑受力的复杂性,对内力调整后的弯矩和剪力设计值,应再乘以 1.1 的增大系数。

(2)强剪弱弯

为防止框架梁、柱在弯曲破坏前发生脆性的剪切破坏,要求梁、柱的受剪承载力大于受弯承载力,要对框架梁、柱的剪力值作如下调整。

1)框架梁剪力调整

框架梁端截面的剪力设计值,一、二、三级时应按下列公式计算:

$$V = \eta_{vb}(M_b^l + M_b^r)/l_n + V_{Gb} \tag{6-34}$$

一级框架结构及 9 度时尚应符合:

$$V = 1.1(M_{bua}^l + M_{bua}^r)/l_n + V_{Gb} \tag{6-35}$$

式中 V ——梁端截面组合的剪力设计值;

l_n ——梁的净跨;

V_{Gb} ——梁在重力荷载代表值(9 度高层建筑还应包括竖向地震作用标准值)作用下,按简支梁分析的梁端截面剪力设计值;

M_b^l, M_b^r ——分别为梁左右端截面逆时针或顺时针方向组合的弯矩设计值,一级框架两端均为负弯矩时,绝对值较小的弯矩取零;

M_{bua}^l, M_{bua}^r ——分别为梁左右端截面逆时针或顺时针方向,按实配钢筋(计入受压钢筋)和材料强度标准值计算的正截面抗弯承载力所对应的弯矩值(考虑 γ_{RE});

η_{vb} ——梁端剪力增大系数,一、二、三级分别取 1.3、1.2 和 1.1。

2)框架柱剪力调整

框架柱端截面的剪力设计值,一、二、三级时应按下列公式计算:

$$V = \eta_{vc}(M_c^b + M_c^t)/H_n \tag{6-36}$$

一级框架结构及 9 度时尚应符合:

$$V = 1.2(M_{cua}^b + M_{cua}^t)/H_n \tag{6-37}$$

式中　　V——柱端截面组合的剪力设计值；

　　　　H_n——柱的净高；

　　M_c^t,M_c^b——分别为柱上、下端截面顺时针或逆时针方向组合的弯矩设计值(已经按强柱弱梁的有关各式调整)；

M_{cua}^t,M_{cua}^b——分别为偏心受压柱上、下端截面顺时针或逆时针方向,按实配钢筋、材料强度标准值、重力荷载代表值产生的轴向压力设计值计算的正截面抗弯承载力所对应的弯矩值(考虑 γ_{RE})；

　　　　η_{vb}——柱剪力增大系数,一、二、三级分别取 1.4、1.2 和 1.1。

3)梁、柱的剪压比限值

当梁、柱截面尺寸较小而所受剪力相对较大时,有可能由于梁、柱腹部出现过大的主压应力而使混凝土压碎破坏,此时腹筋往往不能达到屈服强度,即发生剪切的斜压破坏,所以应限制梁和柱的剪压比。

①无地震作用组合时,框架梁、柱截面应满足：

$$V \leqslant 0.25\beta_c f_c bh_0 \tag{6-38}$$

式中　　β_c——混凝土强度影响系数。当混凝土强度等级不超过 C50 时,β_c 取 1.0,当混凝土强度等级为 C80 时,β_1 取 0.8,其间可按线性内插法确定。

②有地震作用组合时,跨高比大于 2.5 的框架梁及剪跨比大于 2 的柱应满足：

$$V \leqslant \frac{1}{\gamma_{RE}}(0.2\beta_c f_c bh_0) \tag{6-39}$$

对于跨高比不大于 2.5 的框架梁及剪跨比不大于 2 的柱,考虑其更易发生剪切脆性破坏,应满足：

$$V \leqslant \frac{1}{\gamma_{RE}}(0.15\beta_c f_c bh_0) \tag{6-40}$$

框架柱剪跨比定义为反弯点与柱端的距离(较大值)和柱截面高度的比值,如图 6-27 所示,即

$$\lambda = M_c/(V_c h_0) = H_1/h_0 \tag{6-41}$$

式中　　λ——柱的剪跨比。反弯点位于柱高中部时,可取柱净高与计算方向 2 倍柱截面有效高度的比值；

　　M_c,V_c——未经内力调整的柱端截面组合的弯矩设计值中的较大值和弯矩对应的剪力设计值；

　　　　h_0——梁、柱截面计算方向的有效高度；

　　　　H_1——柱反弯点距柱端的距离的较大值；

剪跨比 λ 小于 2.0 的柱称为短柱,宜产生剪切破坏。

4)矩形截面框架柱、梁的斜截面承载力计算

①偏心受压柱斜截面受剪承载力应符合下列要求：

i)无地震作用组合时

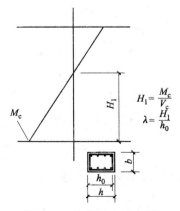

图 6-27　柱剪跨比示意图

92

$$V \leqslant \frac{1.75}{\lambda + 1}f_t bh_0 + f_{yv}\frac{A_{sv}}{s}h_0 + 0.07N \tag{6-42}$$

ii)有地震作用组合时应考虑系数 γ_{RE},反复荷载作用下混凝土的抗剪强度将降低,因此

$$V \leqslant \frac{1}{\gamma_{RE}}(\frac{1.05}{\lambda + 1}f_t bh_0 + f_{yv}\frac{A_{sv}}{s}h_0 + 0.056N) \tag{6-43}$$

式中　λ——柱剪跨比。当 λ 小于 1 时取 1,大于 3 时取 3;

　　　N——柱轴压力设计值,当 N 大于 $0.3f_c bh$ 时取 $0.3f_c bh$。

②偏心受拉柱斜截面受剪承载力应符合下列要求:

i)无地震作用组合时

$$V \leqslant \frac{1.75}{\lambda + 1}f_t bh_0 - 0.2N + f_{yv}\frac{A_{sv}}{s}h_0 \tag{6-44}$$

ii)有地震作用组合时

$$V \leqslant \frac{1}{\gamma_{RE}}(\frac{1.05}{\lambda + 1}f_t bh_0 - 0.2N + f_{yv}\frac{A_{sv}}{s}h_0) \tag{6-45}$$

当式(6-44)右端的计算值或式(6-45)右端括号内的计算值小于 $f_{yv}\frac{A_{sv}}{s}h_0$ 时取 $f_{yv}\frac{A_{sv}}{s}h_0$,

且 $f_{yv}\frac{A_{sv}}{s}h_0$ 的值不应小于 $0.36f_t bh_0$。

③有地震作用组合的梁斜截面受剪承载力应符合下列要求:

i)无地震作用组合时

集中荷载作用下(含多种荷载,其中集中荷载对节点边缘剪力值占总值的 75% 以上)

$$V \leqslant \frac{1.75}{\lambda + 1}f_t bh_0 + f_{yv}\frac{A_{sv}}{s}h_0 \tag{6-46}$$

其他情况下

$$V \leqslant 0.7f_t bh_0 + 1.25f_{yv}\frac{A_{sv}}{s}h_0 \tag{6-47}$$

ii)有地震作用组合时

集中荷载作用下(含多种荷载,其中集中荷载对节点边缘剪力值占总值的 75% 以上)

$$V \leqslant \frac{1}{\gamma_{RE}}(\frac{1.05}{\lambda + 1}f_t bh_0 + f_{yv}\frac{A_{sv}}{s}h_0) \tag{6-48}$$

其他情况下

$$V \leqslant \frac{1}{\gamma_{RE}}(0.42f_t bh_0 + 1.25f_{yv}\frac{A_{sv}}{s}h_0) \tag{6-49}$$

式中　λ——梁剪跨比。$\lambda = a/h_0$,a 为集中荷载作用点至梁边缘的距离。当 λ 小于 1.5 时取

　　　1.5,大于 3 时取 3。

(3)节点核芯区抗震验算

节点核芯区是保证框架承载力和延性的关键,对抗震等级为一、二级框架的节点核芯区,应进行抗震验算;三、四级框架节点核芯区,可不进行抗震验算,但应符合相应的构造措施。

1)节点核芯区剪力的调整

为使节点核芯区承载力高于杆件承载力,避免节点过早破坏,对节点核芯区剪力设计值应按下述方法计算。

i)设防烈度为9度的结构和一级框架结构

对于中间层的中间节点和端节点

$$V_j = \frac{1.15 \sum M_{bua}}{h_{b_0} - a'_s}(1 - \frac{h_{b_0} - a'_s}{H_c - h_b}) \tag{6-50}$$

对于顶层的中间节点和端节点

$$V_j = \frac{1.15 \sum M_{bua}}{h_{b_0} - a'_s} \tag{6-51}$$

ii)其他情况

对于中间层的中间节点和端节点

$$V_j = \frac{\eta_{jb} \sum M_b}{h_{b_0} - a'_s}(1 - \frac{h_{b_0} - a'_s}{H_c - h_b}) \tag{6-52}$$

对于顶层的中间节点和端节点

$$V_j = \frac{\eta_{jb} \sum M_b}{h_{b_0} - a'_s} \tag{6-53}$$

式中　　V_j——梁柱节点核芯区组合的剪力设计值;

h_b, h_{b_0}——梁截面的高度和有效高度,节点两侧梁截面高度不等时采用平均值;

a'_s——梁纵向受压钢筋合力点至截面近边的距离;

H_c——柱的计算高度,采用节点上、下柱反弯点之间的距离;

η_{jb}——节点剪力增大系数,一级取1.35,二级取1.2;

$\sum M_b$——节点左右梁端逆时针或顺时针方向组合弯矩设计值之和,一级框架节点左右梁端均为负弯矩时,绝对值较小者取零;

$\sum M_{bua}$——节点左右梁端逆时针或顺时针方向,按实配钢筋(计入受压钢筋)和材料强度标准值计算的正截面受弯承载力所对应的弯矩值之和(考虑 γ_{RE})。

2)为防止节点核芯区混凝土在箍筋屈服前被压碎,节点核芯区组合的剪力设计值,应符合下式要求(即节点剪压比要求)

$$V_j \leqslant \frac{1}{\gamma_{RE}}(0.3\eta_j\beta_c f_c b_j h_j) \tag{6-54}$$

式中　　η_j——正交梁的约束影响系数。现浇楼板、梁柱中线重合、四侧各梁截面宽度不小于该

94

侧柱截面宽度的 1/2,且正交方向梁高度不小于框架梁高度的 3/4 时,η_j 取 1.5,9 度时宜采用 1.25,其他情况均采用 1.0;

b_j——节点核芯区的截面有效验算宽度;

h_j——节点核芯区的截面高度,采用验算方向的柱截面高度;

γ_{RE}——承载力抗震调整系数,取 0.85。

3)核芯区截面有效验算宽度,应按下列规定采用

i)核芯区截面有效验算宽度,当验算方向的梁截面宽度不小于该侧柱截面宽度的 1/2 时,采用该侧柱截面宽度;当小于柱截面宽度的 1/2 时,采用下列两者的较小值:

$$b_j = b_b + 0.5h_c \tag{6-55}$$

$$b_j = b_c \tag{6-56}$$

式中　b_j——节点核芯区的截面有效宽度;

　　　b_b——梁截面宽度;

　　　h_c, b_c——验算方向的柱截面高度和宽度;

ii)当梁、柱的中线不重合且偏心距不大于柱宽的 1/4 时,核芯区的截面有效验算宽度采用式(6-55)、式(6-56)和下式计算结果的较小值

$$b_j = 0.5(b_b + b_c) + 0.25h_c - e \tag{6-57}$$

式中　e——梁与柱中线偏心距。

4)节点核芯区截面抗震受剪承载力计算

框架节点的受剪承载力由混凝土和水平箍筋两部分的受剪承载力组成。试验表明,当柱轴压比不大于 0.5 时,轴力的增大可以提高混凝土斜压杆的受剪承载力。因此计算节点混凝土受剪承载力时应考虑轴力 N 的影响。

i)9 度设防烈度

$$V_j \leqslant \frac{1}{\gamma_{RE}}\left(0.9\eta_j f_t b_j h_j + f_{yv}A_{svj}\frac{h_{b0} - a'_s}{s}\right) \tag{6-58}$$

ii)其他情况

$$V_j \leqslant \frac{1}{\gamma_{RE}}\left(1.1\eta_j f_t b_j h_j + 0.05\eta_j N\frac{b_j}{b_c} + f_{yv}A_{svj}\frac{h_{b0} - a'_s}{s}\right) \tag{6-59}$$

式中　N——对应于组合剪力设计值的上柱组合轴向压力设计值,其取值不大于柱截面面积和混凝土轴心抗压强度设计值乘积的 0.5 倍,当 N 为拉力时取 0;

　　　A_{svj}——核芯区有效验算宽度范围内同一截面验算方向箍筋的总截面面积。

3. 框架结构的构造要求

框架结构的构造要求是建筑抗震概念设计的内容。所谓的建筑抗震概念设计是指根据地震灾害和工程经验等所形成的基本设计原则和设计思想,进行建筑和结构总体布置并确定细部构造的过程。而抗震构造措施,是根据抗震概念设计的原则,一般不需要计算而对结构和非结构各部分必须采取的各种细部要求。

确定抗震构造措施,除满足方便施工要求和内力分析时难以考虑的作用外,应满足延性结

构的要求,使构件和结构具有良好的延性。与延性有关的抗震构造措施主要有以下几个方面:

(1)构件截面尺寸

构件截面尺寸是影响截面破坏形态的重要因素。对于梁如果截面尺寸过小,则可能发生超筋破坏或斜拉破坏,对于柱如果截面尺寸过小,则可能发生小偏心受压破坏。

框架柱是偏心受压构件,在延性框架的设计中,应尽量将框架柱设计成大偏心受压构件,因此应限制柱的最大轴压比以保证柱必要的延性。轴压比是指柱组合的轴压力设计值与柱全截面面积和混凝土轴心抗压强度设计值乘积的比值,即 $N/(f_cbh)$。试验研究表明,柱的延性随轴压比的增大而急剧降低,尤其是在高轴压比的条件下,箍筋对柱变形的能力影响很小。

(2)纵向受拉钢筋

纵向受拉钢筋配筋率 ρ 增大,截面相对受压区高度 ξ 增大,屈服曲率增大、极限曲率减小,构件延性将减小;反之,当纵向受压钢筋配筋率 ρ' 增大时,构件延性将增大。因此,为保证构件的延性,应限制纵向受拉钢筋的最大配筋量和受压钢筋的最小配筋量。

试验研究表明,柱的屈服位移角主要受纵向受拉钢筋配筋率影响,并且大致和配筋率呈线性增长关系,因此应限制柱纵向钢配配筋的最低值。同时,梁的受拉钢筋面积过小,可能导致少筋梁破坏。

(3)箍筋

在柱和框架节点中配置必要的箍筋,除了起抵抗剪力作用外,特别是在柱上下端和节点加密箍筋,对约束截面混凝土,使截面混凝土呈三向受压状态,防止纵向钢筋屈曲,提高柱延性,起到十分重要的作用。震害表明,节点配置箍筋不足,往往可能产生严重震害(图6-28)。因此对框架柱和节点的体积配箍率应有最低要求。

图6-28 柱配置箍筋不足而产生的震害

在梁端塑性铰区存在剪力和弯矩作用,在地震作用下,不仅有交叉斜裂缝,还有竖向裂缝,混凝土骨料的咬合作用会逐渐丧失,而主要依靠箍筋和纵筋的销栓作用,因此对加密区的配筋有严格要求。在塑性铰区,由于出现交叉斜裂缝,不能采用弯起钢筋抗剪,必须配有足够数量的箍筋,其直径、间距和肢距必须满足对混凝土约束的要求。

框架柱的箍筋可采用图6-29所示的形式。

关于抗震构造措施,应查阅有关规范的规定。为了查阅方便,将主要构造要求叙述如下。

(1)一般规定

1)材料

过低强度等级的混凝土则会削弱混凝土与钢筋的粘结作用,导致钢筋在反复作用下产生滑移破坏。设防烈度为9度时,混凝土强度等级不宜超过C60,设防烈度为8度时,混凝土强度等级不宜超过C70。框支梁、框支柱以及一级框架的梁、柱、节点混凝土强度等级不应低于C30,其他各类构件混凝土强度等级不应低于C20。

钢筋的变形性能直接影响结构构件在地震作用下的延性,为保证塑性铰具有良好的延性,应优先选用延性较好的 HRB400 级、HRB335 级、HPB235 级热轧钢筋。同时为保证塑性铰出现后钢筋不致过早拉断,要求一、二级框架结构的纵向受力钢筋的抗拉强度实测值与屈服强度实测值的比值,不应小于1.25;为保证"强柱弱梁"、"强剪弱弯"内力调整的设计要求,钢筋的屈服强度实测值与强度标准值的比值也不应大于1.3。

2)钢筋锚固

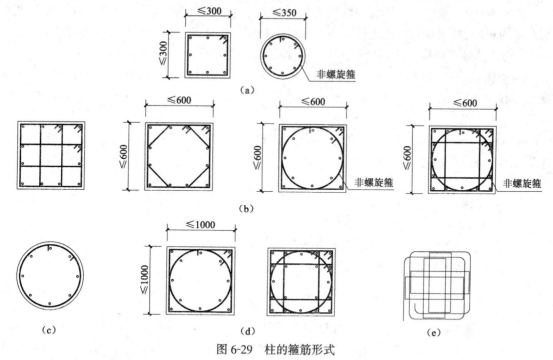

图 6-29　柱的箍筋形式

(a)普通箍;(b)复合箍;(c)螺旋箍;(d)复合螺旋箍;(e)连续复合螺旋箍(用于矩形截面柱)

注:普通箍筋指单个矩形箍筋和单个圆形箍筋;复合箍筋指由矩形、多边形、圆形箍筋或拉筋组成的箍筋;复合螺旋
箍指由螺旋箍与矩形、多边形、圆形箍筋或拉筋组成的箍筋;连续复合螺旋箍指全部螺旋箍为同一根钢筋加工成的箍筋。

在反复荷载作用下,钢筋和混凝土之间的粘结作用较静力荷载作用下有所降低,因此,对
有抗震设防要求的钢筋混凝土结构构件应采取更严格的锚固长度(l_{aE})和绑扎搭接长度(l_{lE})。

抗震锚固长度按下式确定:

$$l_{aE} = \alpha \cdot l_a \qquad (6-60)$$

式中　l_a——非抗震受拉钢筋的锚固长度;

α——系数,对一、二级取1.15,三级取1.05,四级取1.0。

抗震绑扎搭接长度按下式确定:

$$l_{lE} = \zeta \cdot l_{aE} \qquad (6-61)$$

式中　ζ——纵向受拉钢筋搭接长度修正系数,按表6-23采用。

表 6-23　纵向受拉钢筋搭接长度修正系数

纵向钢筋搭接接头面积百分率(%)	≤25	50	100
ζ	1.2	1.4	1.6

3)其他要求

框架梁和柱的中心线宜重合。在地震作用下,梁柱中心线偏心距过大可能对柱带来不

利的扭转效应,或导致框架节点的受剪面积不足,框架梁柱中心线的偏心距不宜大于柱宽的1/4。

抗震设计时,砌体填充墙应采取措施减少对主体的不利影响,尽量避免由于填充墙不到顶而形成的短柱,并应保证在地震作用下其自身的稳定。砌体填充墙应符合下列要求:

i)砌体的砂浆强度等级不应低于 M5,墙顶应与框架梁或楼板密切结合;

ii)砌体填充墙应沿柱高每隔 500mm 左右设置 2φ6 的墙拉结筋,拉结筋的长度,在 6、7 度抗震设防时不应小于墙长的 1/5,且不小于 700mm,在 8、9 度抗震设防时宜沿墙全长贯通;

iii)墙长大于 5m 时,墙顶与梁或楼板宜有钢筋拉结;墙长超过层高 2 倍时,宜设置钢筋混凝土构造柱;墙高超过 4m 时,墙体的适当高度宜设置与柱连接的沿墙全长贯通的钢筋混凝土水平系梁。

(2)框架柱和节点的构造要求

框架柱和节点的构造要求见表 6-24。

混凝土强度等级不超过 C60,剪跨比大于 2 的柱最大轴压比应符合表 6-25 的规定。

柱箍筋加密区的体积配箍率应符合下式要求:

$$\rho_v \geq \lambda_v f_c / f_{yv} \tag{6-62}$$

式中　ρ_v——柱箍筋加密区的体积配箍率;

　　　f_c——混凝土轴心抗压强度设计值,强度等级低于 C35 时,按 C35 计算;

　　　f_{yv}——箍筋或抗拉强度设计值,超过 $360kN/mm^2$ 时取 $360kN/mm^2$;

　　　λ_v——柱最小配箍特征值,按表 6-26 选用。

(3)框架梁的构造要求

框架梁的构造要求见表 6-27。

表 6-24　框架柱和节点的构造要求

项　　目			抗　震　等　级				非抗震
			一　级	二　级	三　级	四　级	
一　　般　　要　　求			非抗震设计时矩形柱截面最小尺寸不宜小于 250mm。抗震设计时,矩形柱截面的最小尺寸不宜小于 300mm,且柱长短边的边长比不宜大于 3,圆柱直径不宜小于 350mm。柱的剪跨比不宜小于 2				
轴压比要求			见表 6-25				
纵向钢筋	纵向钢筋最大配筋率		应≤5%				宜≤5%
			一级框架且剪跨比不大于 2 的柱,柱每侧筋宜≤1.2%				
	纵向钢筋最小配筋率(%)	中柱和边柱	1.0	0.8	0.7	0.6	0.6
		角柱	1.2	1.0	0.9	0.8	0.6
		框支柱	1.2	1.0			0.8
		其他要求	柱每侧筋不小于 0.2%。混凝土强度等级超过 C60 或者造于 IV 类场地且较高的高层建筑,表中数值应增加 0.1;当柱纵筋采用 HRB400 级、RRB400 级钢筋时,表中数值可减小 0.1				

项 目			抗 震 等 级				非抗震
			一级	二级	三级	四级	
箍 筋	一般要求		非抗震设计时纵向受力钢筋面积配筋率超过 3% 或抗震设计时应做成封闭式。箍筋应有 135° 弯钩,平直段长度不小于 10 倍箍筋直径和 75mm 两者中的较小值				
	加密区箍筋	加密区范围(取较大值,mm)	一般层	$h_cH_n/6,500$			
			底层	$h_cH_n/3,500$			
			其他要求	净高与柱截面高度比不大于 4 的柱 框支柱、一二级框架的角柱取全高;底层刚性地坪上、下 500mm			
		最小直径(mm)		10	8	8	6(柱根 8)
		最大间距(取较小值,mm)		6d,100	8d,100	8d,150 (柱根 100)	8d,150 (柱根 100)
		最大肢距		200	20d,250	20d,250	300
		最小体积配箍率 ρ_v		0.8%	0.6%	0.4%	0.4%
				剪跨比不大于 2 的柱不应小于 1.2%,9 度时不应小于 1.5%。同时应符合式(6-62)的规定			
	非加密区箍筋	最小体积配箍率		不小于加密区配箍率的 50%			
		最大肢距(mm)		10d		15d	
	节点核芯区箍筋	最小直径和最大间距		同框架柱			
		最小体积配箍率		0.6%	0.5%	0.4%	
		配箍特征值 λ_v		≥0.12	≥0.10	≥0.08	

表 6-25 柱轴压比限值

结 构 类 型	抗 震 等 级		
	一级	二级	三级
框架	0.70	0.80	0.90
框架-剪力墙、板柱-剪力墙、框架核心筒、筒中筒	0.75	0.85	0.95
部分框支剪力墙	0.60	0.70	—

注:1. 当混凝土强度等级为 C65~C70 时,轴压比限值按表中数值降低 0.05;当混凝土强度等级为 C75~C80 时,轴压比限值按表中数值降低 0.10;

2. 剪跨比为 1.5~2.0 的柱,轴压比限值按表中数值降低 0.05;剪跨比小于 1.5 的柱,剪跨比限值应专门研究规定;

3. 当柱箍筋符合下列条件之一时,截面混凝土受到有效约束,轴压比限值可按表中数值提高 0.10:
   ①柱全高配有井字复合箍筋,箍筋直径不小于 12mm、间距不大于 100mm、肢距不大于 200mm;
   ②柱全高配有复合螺旋箍筋,箍筋直径不小于 12mm、间距不大于 100mm、肢距不大于 200mm;
   ③柱全高配有连续复合螺旋箍筋,箍筋直径不小于 10mm、间距不大于 80mm、肢距不大于 200mm。

4. 柱轴压比限值不应大于 1.05。

表 6-26 柱加密区最小配箍特征值

抗震等级	箍 筋 形 式	柱 轴 压 比								
		≤0.30	0.40	0.50	0.60	0.70	0.80	0.90	1.00	1.05
一级	普通箍、复合箍	0.10	0.11	0.13	0.15	0.17	0.20	0.23	—	—
	螺旋箍、复合或连续复合螺旋箍	0.08	0.09	0.11	0.13	0.15	0.18	0.21		

抗震等级	箍筋形式	柱轴压比								
		≤0.30	0.40	0.50	0.60	0.70	0.80	0.90	1.00	1.05
二级	普通箍、复合箍	0.08	0.09	0.11	0.13	0.15	0.17	0.19	0.22	0.24
	螺旋箍、复合或连续复合螺旋箍	0.06	0.07	0.09	0.11	0.13	0.15	0.17	0.20	0.22
三级	普通箍、复合箍	0.06	0.07	0.09	0.11	0.13	0.15	0.17	0.20	0.22
	螺旋箍、复合或连续复合螺旋箍	0.05	0.06	0.07	0.09	0.11	0.13	0.15	0.18	0.20

注：计算复合螺旋箍筋的体积配箍率时，非螺旋箍筋的计算配筋特征值应乘以换算系数 0.8。

表 6-27　框架梁构造要求

项　目		抗　震　等　级				非抗震
		一级	二级	三级	四级	
一　般　要　求		$h=(1/10\sim1/18)l,l/h\geqslant4,h/b\leqslant4,b\geqslant200mm$ 一、二级抗震等级时贯穿矩形截面中柱的钢筋直径，中间层和顶层分别 不宜大于该柱方向截面尺寸的 1/20 和 1/25				
纵向受力钢筋	受压区高度(计入受压钢筋) $\xi=x/h_0=(\rho_s-\rho'_s)f_y/f_c$	≤0.25		≤0.35		
	底面和顶面纵向钢筋的面积比	≥0.5		≥0.3		
	受拉钢筋的最大配筋率 ρ_{max}	2.5%				
	受拉钢筋的最小配筋率 ρ_{min}(取较大值) 支座	$0.40,80f_t/f_y$	$0.30,65f_t/f_y$	$0.25,55f_t/f_y$	$0.25,55f_t/f_y$	$0.20,45f_t/f_y$
	跨中	$0.30,65f_t/f_y$	$0.25,55f_t/f_y$	$0.20,45f_t/f_y$	$0.20,45f_t/f_y$	$0.20,45f_t/f_y$
腰筋		梁的腹板高度大于或等于 450mm 时，梁两侧设构造钢筋，其面积不小 于腹板截面面积的 0.1%，间距不大于 200mm				
箍筋	一般要求	箍筋应有 135°弯钩，平直段长度不小于 10 倍箍筋直径和 75mm 两者中 的较小值				
	加密区范围(取较大值，mm)	2h,500	1.5h,500	1.5h,500	1.5h,500	
	加密区箍筋最小直径 (mm) 纵筋 ρ≤2%	10	8	8	8	
	纵筋 ρ>2%	12	10	10	10	
	加密区箍筋最大间距 (取较小值，mm)	6d,100,h/4	8d,100,h/4	8d,150,h/4	8d,150,h/4	
	加密区箍筋最大肢距 (取较大值，mm)	20d,200	20d,250	20d,250	300	2 倍加密区箍筋间距
	箍筋最小配箍率 $A_{sv}/(bs)$	$0.30f_t/f_{yv}$	$0.28f_t/f_{yv}$	$0.26f_t/f_{yv}$	$0.26f_t/f_{yv}$	当 $V>0.7f_tbh_0$ 时 $0.24f_t/f_{yv}$

(4)框架柱、梁纵向钢筋的连接锚固构造要求

1)柱纵向钢筋的连接

抗震设计时的框架柱纵向钢筋的连接既可用绑扎搭接连接，也可用机械或焊接连接，其构造如图 6-30 所示。

2)柱顶层节点构造

框架柱顶层中间节点，根据情况可采用图 6-31 所示的两种方法之一。顶层端节点可采用图 6-32 所示的两种方法之一。

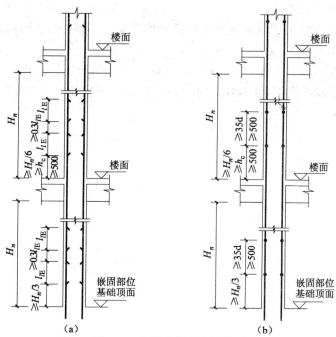

（a）　　　　　　　　　（b）

图 6-30　框架柱纵向钢筋构造

（a)绑扎搭接；(b)机械连接或焊接连接

注:图中 h_c 为柱截面长边尺寸,圆柱时为截面直径注。非抗震设计时图中 l_{lE} 应取 l_l。

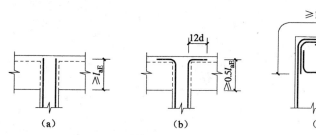

图 6-31　框架柱顶层中间节点构造图

注:非抗震设计时图中 l_{aE} 应取 l_a。

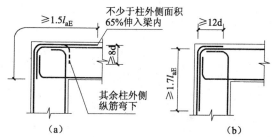

图 6-32　框架柱顶层端节点构造

注:非抗震设计时图中 l_{aE} 应取 l_a。

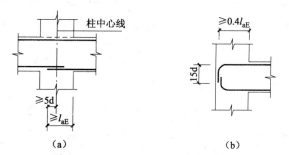

图 6-33　框架梁纵向钢筋构造

（a)中间层或顶层中间节点；(b)中间层端节点

注:非抗震设计时图中 l_{aE} 应取 l_a。

3)梁纵向钢筋的锚固搭接

框架梁在中间节点的上部纵向钢筋应贯穿中间节点,下部纵向钢筋伸过柱中心线长度不小于 5d,且锚固长度不小于 l_{aE}。

框架梁在中间层端节点的上、下部纵向钢筋伸入节点长度应不小于 l_{aE},且伸过柱中心线长度不小于 5d,水平段长度不足时可以弯折,但弯折前水平段长度不应小于 $0.40l_{aE}$,弯折后长度为 15d(图 6-33)。

第7章 剪力墙结构

7.1 结构布置

7.1.1 平面布置

1.剪力墙宜双向布置

剪力墙结构中全部竖向荷载和水平力都由钢筋混凝土墙体承受,所以,剪力墙宜沿主轴方向或其他方向双向布置;抗震设计的剪力墙结构,应避免仅单向有墙的结构布置形式。一般情况下,采用矩形、L形、T形平面时,剪力墙沿两个正交的主轴方向布置:三角形及Y形平面可沿三个方向布置;正多边形、圆形和弧形平面,则可沿径向及环向布置。剪力墙墙肢截面宜简单、规则。一般来说,采用大开间剪力墙(间距为6.0~7.2m)比小开间剪力墙(间距3~3.3m)的效果更好。

2.剪力墙结构的侧向刚度应适宜

为保证剪力墙具有足够延性,应使剪力墙呈受弯工作状态,由受弯承载力决定破坏形态。为此应控制单片剪力墙的长度不宜过大。否则,形成低宽剪力墙,就会由受剪承载力控制破坏形态,剪力墙呈脆性破坏,不利于抗震。同一轴线上的连续剪力墙过长时,应该在墙上开洞,用楼板(不设连梁)或弱连梁分成若干个墙段,每一个墙段相当于一片独立剪力墙段。每个独立墙段的总高度与长度之比不宜小于2,墙肢截面高度不宜大于8m。

剪力墙结构的侧向刚度大,结构自振周期较短,地震作用大,如剪力墙结构侧向刚度过大,还会造成墙肢、连梁超筋或剪压比超限。

在剪力墙数量一定情况下,可采取如下措施减小剪力墙结构侧向刚度:

(1)适当减小剪力墙的厚度;

(2)降低连梁高度,或采用双连梁;

(3)增大门窗洞口宽度;

(4)墙肢长度超过8m时,应设施工洞口,将其划分为小墙肢。墙肢由施工洞分开后,如果建筑上不需要,可以用块材砌筑填充。

高层建筑为满足侧移要求,刚度也不应过小。所以,剪力墙数量不宜过少,墙肢不宜过短。高层建筑不应采用全部为短肢剪力墙的剪力墙结构。短肢剪力墙较多时,应布置筒体(或一般剪力墙),形成短肢剪力墙与筒体(或一般剪力墙)共同抵抗水平力的剪力墙结构。剪力墙根据墙肢截面高度与厚度的比值 h_w/b_w,可分为短肢剪力墙($h_w/b_w=5\sim8$)和一般剪力墙($h_w/b_w>8$),当$h_w/b_w \leqslant 3$ 时应按柱设计。当 $h_w/b_w < 5$ 时也为短肢剪力墙,但《高层建筑混凝土结构技术规程》规定:不宜采用此类短肢剪力墙。

剪力墙结构适宜刚度标准:结构侧移满足要求,自振周期和剪力系数控制在合理范围之内,适宜的结构自振周期为$(0.04\sim0.06)n$,n 为层数。表7-1为结构首层适宜的地震剪力

系数 λ 值(剪力系数等于楼层水平地震剪力与该层以上所有层重力荷载代表值之比)。剪力系数过大,应适当减小结构刚度;剪力系数过小,应适当加大结构刚度。剪力墙结构宜取较大值。

表 7-1　首层适宜的地震剪力系数值

场　地　类　别	地震剪力系数值 λ
II	$(0.20\sim0.40)\alpha_{max}$
III	$(0.25\sim0.50)\alpha_{max}$

注:α_{max}为地震影响系数最大值。

7.1.2　竖向布置

普通剪力墙结构的剪力墙应沿竖向贯通建筑物全高,不宜突然取消或中断。剪力墙不连续会使结构刚度突变,对抗震非常不利。顶层取消部分剪力墙而设置大房间时,其余的剪力墙应在构造上予以加强。

底层取消部分剪力墙成为底层大空间剪力墙结构时,应设置转换楼层,并按专门规定进行结构设计。

为避免刚度突变,剪力墙的厚度应自下而上分段变化,使剪力墙刚度均匀连续改变。厚度改变和混凝土强度等级的改变错开楼层。为减少上下剪力墙结构的偏心,一般情况下厚度宜两侧同时内收。外墙可以只在内侧单面内收,以保持外墙面平整;电梯井因安装要求,可以只在外侧单面内收。

剪力墙的门窗洞口宜上下对齐、成列布置,形成明显的墙肢和连梁,不宜采用错洞墙。洞口设置应避免墙肢刚度相差悬殊。墙肢截面长度与厚度之比不宜小于 3。

7.2　内力分析及位移计算

随着计算机软件行业的发展,借助于计算机来分析剪力墙结构的受力性能,进而进行结构设计,已在工程界广泛应用。但本节为了讲清基本概念,仍以近似计算的内容为主。

7.2.1　各剪力墙之间外荷载的分配

双向布置的剪力墙结构是由一系列纵、横向剪力墙所组成的空间结构体系,承受竖向和侧向水平荷载。竖向荷载作用下,结构的分析采用平面结构模型。水平荷载作用下,因为各剪力墙的类型不同,为简化计算,采用平面协同结构计算模型。该模型的基本假定如下:

(1)将高层建筑结构沿两个正交主轴划分为若干平面抗侧力结构,每个方向上的风荷载和水平地震作用由该方向上的平面抗侧力结构承受,垂直于风荷载和水平地震作用方向的抗侧力结构不参加工作。实际上,在侧向水平荷载作用下,纵墙与横墙是共同工作的。因此,纵墙的一部分可以作为横墙的有效翼缘,横墙的一部分也可以作为纵墙的有效翼缘。每一侧有效翼缘的宽度 b_i 可取翼缘厚度的 6 倍、墙间距的一半和高度 1/20 三者中的最小值,且不大于至洞口边缘的距离(图 7-1)。

(2)刚性楼板假定,不考虑扭转影响,各片剪力墙在楼板高度处侧移相等。

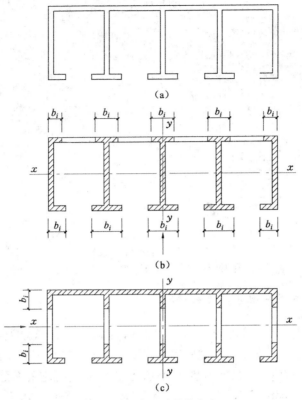

图 7-1　剪力墙有效翼缘宽度 b_i

(a)剪力墙平面示意图;(b)横向地震作用;(c)纵向地震作用

(3)各层总剪力,按各片剪力墙等效抗弯刚度分配,当有 m 片剪力墙时(图 7-2),第 j 层 i 片剪力墙分配到的剪力为:

$$V_{ij} = \frac{E_i J_{eqi}}{\sum\limits_{i=1}^{m} E_i J_{eqi}} V_{pj} \qquad (7\text{-}1)$$

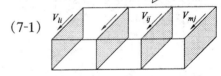

图 7-2　j 层剪力分配示意图

式中　　V_{pj}——水平作用下 j 层处产生的总剪力;

$E_i J_{eqi}$——第 i 片剪力墙的等效抗弯刚度。

剪力墙的等效抗弯刚度就是按顶点水平位移相等原则,将考虑剪力墙的弯曲、剪切和轴向变形之后的顶点位移(图 7-3a),折算成一个仅考虑弯曲变形(图 7-3b)的等效抗弯刚度的竖向悬臂杆计算。

例如均布荷载作用下的剪力墙,考虑弯曲、剪切和轴向变形的顶点位移(图 7-3a):

$$\Delta = \int \frac{\overline{N}_k N_p}{EA} \mathrm{d}s + \int k \frac{\overline{V}_k V_p}{GA} \mathrm{d}s + \int \frac{\overline{M}_k M_p}{EJ} \mathrm{d}s \qquad (7\text{-}2)$$

只考虑弯曲变形时的顶点位移(图 7-3b):

$$\Delta_{eq} = \int \frac{\overline{M}_k M_p}{EJ_{eq}} \mathrm{d}s = \frac{qH^4}{8EJ_{eq}} \qquad (7\text{-}3)$$

令 $\Delta = \Delta_{eq}$,得:

105

$$EJ_{eq} = \frac{qH^4}{8\Delta} \qquad\qquad (7\text{-}4)$$

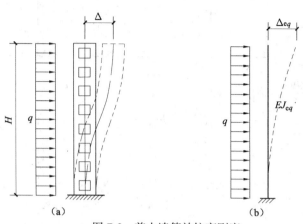

图 7-3　剪力墙等效抗弯刚度

(a)考虑弯曲、剪切和轴向变形的位移;(b)考虑弯曲变形的位移

7.2.2 剪力墙的分类、受力特点和计算方法

将总剪力分配给每片剪力墙后,便可计算各片剪力墙的内力。试验与计算表明,剪力墙的受力特点与墙上的开洞情况有关。开洞规则的剪力墙,根据开洞大小及连梁刚度的不同,可将剪力墙分为整截面剪力墙、整体小开口剪力墙、联肢剪力墙(双肢剪力墙和多肢剪力墙)和壁式框架,如图 7-4 所示。根据各类剪力墙墙肢弯矩及截面应力分布不同,可采用不同的近似计算方法。

1.整截面剪力墙

剪力墙不开洞或虽有洞口但孔洞面积与墙面面积之比不大于 16%,且孔洞净距及孔洞边至墙边距离大于孔洞长边尺寸。其受力如同整截面悬臂构件,其弯矩图沿高度方向连续分布,截面正应力按直线分布,如图 7-4a 所示。可按整体悬臂墙求截面内力和位移。

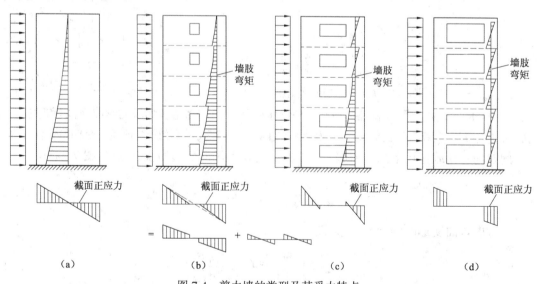

图 7-4　剪力墙的类型及其受力特点

(a)整截面剪力墙;(b)整体小开口剪力墙;(c)双肢剪力墙;(d)壁式框架

2. 整体小开口剪力墙

门窗洞口沿竖向成列布置、洞口总面积虽超过了墙体总面积 16%，但剪力墙在水平荷载作用下的受力性能仍接近于整截面剪力墙，墙肢弯矩沿高度方向虽有突变，但没有反弯点出现；截面受力后基本上保持为平面，正应力大体按直线分布，各墙肢中仅有少量的局部弯矩，如图 7-4b 所示。可按材料力学公式计算其内力和位移，然后加以适当的修正。

3. 联肢剪力墙

由于洞口开得较大，截面的整体性已经破坏，联肢剪力墙在水平荷载作用下的受力性能与整截面剪力墙相差甚远，墙肢弯矩沿高度方向在连梁处突变，且在部分墙肢中有反弯点出现；截面正应力不再保持为直线分布。开有一排较大洞口的剪力墙叫双肢剪力墙；开有多排较大洞口的剪力墙叫多肢剪力墙。联肢剪力墙内力和位移，可采用近似计算方法——连续连杆方法计算(图 7-4c)。

4. 壁式框架

当剪力墙的洞口尺寸很大，且连梁的线刚度接近墙肢的线刚度时，墙肢的弯矩图除在连梁处有突变外，几乎所有的连梁之间的墙肢都有反弯点出现。整个剪力墙的受力性能接近于一框架，所不同的是连梁和墙肢节点的刚度很大，形成刚域几乎不产生变形。另外，由于连梁和墙肢截面的尺寸较大，剪切变形不容忽视。因此，可将剪力墙视作带刚域的所谓"壁式框架"来进行其内力和位移的计算(图 7-4d)。

7.2.3 剪力墙内力和位移的近似计算

1. 整截面剪力墙的内力和位移计算

根据整截面剪力墙的受力特点，在水平荷载作用下，可按整体悬臂墙方法计算其内力(M、V)和位移，但在计算位移时，需考虑剪切变形和洞口对其刚度的降低影响。顶点位移计算要点如下：

(1)洞口对截面面积和截面惯性矩的影响(图 7-5)

1)折算截面面积：
$$A_q = \gamma_0 A$$

$$\gamma_0 = 1 - 1.25\sqrt{A_d/A_0}$$

式中　A_q——考虑洞口影响的剪力墙折算截面面积；

　　　A——剪力墙截面毛面积；

A_0，A_d——分别为剪力墙立面总面积、立面洞口总面积。

2)折算截面惯性矩：
$$J_q = \sum_{i=1}^{n} J_{wi}h_i / \sum_{i=1}^{n} h_i$$

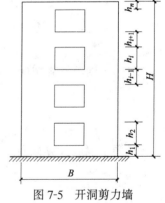

图 7-5　开洞剪力墙

式中　J_q——考虑洞口影响的剪力墙折算截面惯性矩，取剪

　　　力墙沿竖向有洞口和无洞口各段的截面惯性矩的加权平均值(图 7-5)；

　　　J_{wi}——剪力墙沿竖向，有洞口和无洞口的截面惯性矩；

　　　h_i——剪力墙沿竖向，有洞口和无洞口各段的相应高度，$\sum_{i=1}^{n} h_i = H$；

　　　n——剪力墙总分段数。

(2)位移计算

位移计算时，除弯曲变形外，宜考虑剪切变形影响，在计算中应采用折算截面面积和折算

截面惯性矩。整截面剪力墙在三种常用水平荷载作用下,顶点位移计算公式如下:

均布荷载:
$$\Delta = \frac{1}{8}\frac{V_0 H^3}{EJ_{eq}}$$

倒三角荷载:
$$\Delta = \frac{11}{60}\frac{V_0 H^3}{EJ_{eq}} \tag{7-5}$$

顶点集中力:
$$\Delta = \frac{1}{3}\frac{V_0 H^3}{EJ_{eq}}$$

式中　V_0——剪力墙底部截面的剪力;

　　　E——混凝土的弹性模量;

　　EJ_{eq}——整截面剪力墙的等效抗弯刚度,三种荷载作用下,可近似采用统一公式计算:

$$EJ_{eq} = \frac{EJ_q}{1 + \dfrac{9\mu J_q}{A_q H^2}} \tag{7-6}$$

　　　μ——剪应力不均匀系数。矩形截面 $\mu = 1.2$,T 形截面 $\mu = 1.5$。

2.整体小开口剪力墙的内力和位移计算

根据上述受力特点,整体小开口剪力墙,可按材料力学公式计算其内力和位移,然后作一些修正。整体小开口剪力墙内力计算要点如下:

(1)首先计算剪力墙在水平外荷载作用下,计算截面 z 处的总弯矩 M_{Fz} 和总剪力 V_{Fz}(图7-6);

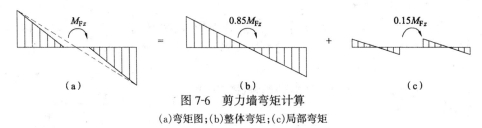

图 7-6　剪力墙弯矩计算

(a)弯矩图;(b)整体弯矩;(c)局部弯矩

(2)第 i 墙肢计算截面 z 处的弯矩:

$$M_{iz} = 0.85 M_{Fz}\frac{J_i}{J} + 0.15 M_{Fz}\frac{J_i}{\sum J_i} \tag{7-7}$$

(3)第 i 墙肢计算截面 z 处的轴力(局部弯矩不产生轴力):

$$N_{iz} = 0.85 M_{Fz}\frac{A_i y_i}{J} \tag{7-8}$$

(4)第 i 墙肢计算截面 z 处的剪力:

底层
$$V_{iz} = V_{Fz}\frac{A_i}{\sum A_i}$$

$$\tag{7-9}$$

其他层
$$V_{iz} = \frac{V_{Fz}}{2}\left[\frac{A_i}{\sum A_i} + \frac{J_i}{\sum J_i}\right]$$

式中　M_{Fz}, V_{Fz}——分别为外荷载在计算截面 z 处所产生的弯矩和剪力;

　　　　　　J_i——第 i 墙肢的截面惯性矩;

108

J——整个剪力墙截面对组合截面形心的惯性矩；

A_i——第 i 墙肢截面面积；

y_i——第 i 墙肢截面重心至组合截面重心的距离。

整体小开口剪力墙位移计算，可按整截面剪力墙位移计算公式(7-5)计算，公式中小开口剪力墙的等效刚度为：

$$EJ_{eq} = \frac{0.8EJ}{1 + \frac{9\mu J}{AH^2}} \qquad (7\text{-}10)$$

式中　J——组合截面惯性矩；

　　　A——墙肢截面面积之和。

3. 双肢剪力墙的内力和位移计算

由于联肢剪力墙与整截面剪力墙的受力特点相差很大，一般可采用连续化方法，用解微分方程的方法计算其内力和位移。现以图 7-7a 所示的双肢剪力墙的分析为例作一简要叙述。

(1)基本假定及计算简图

1)将每一层的连梁(图 7-7a)假想为均布在该楼层内连续杆(图 7-7b)；

2)忽略连梁的轴向变形，即墙肢的水平位移相等；

3)同一标高处，两墙肢的转角和曲率相等，即各墙肢的变形曲线相同；

4)各连梁的反弯点位于该梁的跨度中央；

5)层高、墙肢截面、连梁截面沿高相同。

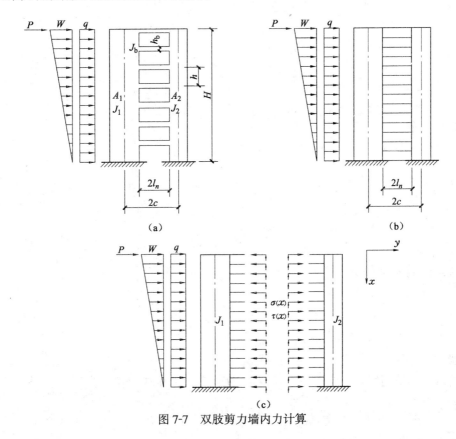

图 7-7　双肢剪力墙内力计算

在上述基本假定基础上,可得如图7-7b所示的双肢剪力墙计算简图。

(2)建立微分方程

采用力法解算图7-7b所示的超静定结构时,将连梁沿跨中切开得到力法的基本体系(图7-7c),由于梁的跨中为反弯点,故切开后连梁多余未知力有剪力$\tau(x)$和轴力$\sigma(x)$,基本体系在外荷载和多余未知力作用下,沿$\tau(x)$方向的位移等于零。

基本体系在外荷载及多余未知力作用下,沿$\tau(x)$方向的位移由墙肢的弯剪变形、轴向变形以及连梁本身的弯剪变形产生。

1)连梁的弯曲和剪切变形产生的位移$\delta_1(x)$(图7-8a)

连梁切口处由于$\tau(x)h$的作用产生的弯曲和剪切变形:

$$\delta_1(x) = \frac{2\tau(x)hl_n^3}{3EJ_b} + \frac{2\mu\tau(x)hl_n}{A_bG} = \frac{2\tau(x)hl_n^3}{3EJ_b}\left(1 + \frac{3\mu EJ_b}{A_bGl_n^2}\right) = \frac{2\tau(x)hl_n^3}{3E\bar{J}_b} \tag{7-11}$$

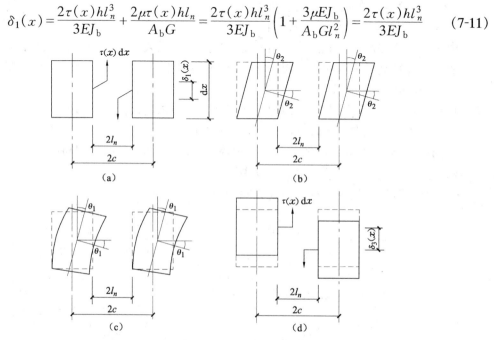

图7-8 连梁跨中切断点处的相对位移

式中 $\bar{J}_b$——连梁考虑剪切变形的等效惯性矩,取$G = 0.4E$,则

$$\bar{J}_b = \frac{J_b}{1 + \frac{7.5\mu J_b}{l_n^2 A_b}} \tag{7-12}$$

式中 A_b——连梁截面积;

  J_b——连梁截面惯性矩;

  h——层高;

  l_n——连梁净跨度的一半。

2)墙肢的弯曲和剪切变形产生的位移$\delta_2(x)$(图7-8b、图7-8c)

外荷载作用下墙肢发生弯曲和剪切变形,使切口处产生相对位移为:

$$\delta_2(x) = -2c\theta_1 - 2l_n\theta_2 \tag{7-13}$$

110

式中 θ_1——由于墙肢弯曲变形产生的转角;

θ_2——由于墙肢剪切变形而产生的剪切角,不考虑剪切变形时,取 $\theta_2 = 0$;

c——墙肢轴线距离的一半;

l_n——墙肢净距的一半(连梁净跨度的一半)。

3)墙肢轴向变形产生的位移 $\delta_3(x)$(图 7-8d)

基本体系在外荷载、切口处剪力 $\tau_{(x)}$ 作用下发生轴向变形,使切口处产生相对位移为:

$$\delta_3(x) = \frac{1}{E}\left(\frac{1}{A_1} + \frac{1}{A_2}\right)\int_x^H \int_0^x \tau(x)\mathrm{d}x\mathrm{d}x \tag{7-14}$$

根据切口处的条件,这些因素引起的连梁中点处的竖向位移的代数和应该等于零。于是有如下相容方程:

$$\delta_1(x) + \delta_2(x) + \delta_3(x) = 0 \tag{7-15}$$

$m(x) = 2c\tau(x)$ 为连梁约束弯矩。将式(7-12)、式(7-13)、式(7-14)代入式(7-15),并引入 $\tau(x) = m(x)/2c$,微分两次,得连梁约束弯矩的微分方程:

$$m''(x) - \frac{\alpha^2}{H^2}m(x) = \begin{cases} -\dfrac{\alpha_1^2}{H^2}V_0\dfrac{x}{H} & \text{(均布荷载)} \\[2mm] -\dfrac{\alpha_1^2}{H^2}V_0\left[1 + 2\gamma^2 - \left(1 - \dfrac{x}{H}\right)^2\right] & \text{(倒三角形荷载)} \\[2mm] -\dfrac{\alpha_1^2}{H^2}V_0 & \text{(顶部集中力)} \end{cases} \tag{7-16}$$

式中 $m(x)$——连梁对墙肢的约束弯矩;

α_1^2——未考虑墙肢轴向变形的整体系数,$\alpha_1^2 = \dfrac{6H^2}{h\sum J_i}D$ \hspace{1em}(7-17)

D——连梁的刚度系数,$D = \bar{J}_b c^2 / l_n^3$ \hspace{1em}(7-18)

α——考虑墙肢轴向变形的整体系数,反映了连梁的刚度与墙肢刚度的比值,对双肢剪力墙,$\alpha^2 = \alpha_1^2 + \dfrac{3H^2 D}{hcS}$ \hspace{1em}(7-19)

S——双肢组合截面形心轴的面积矩,$S = \dfrac{2cA_1A_2}{A_1 + A_2}$ \hspace{1em}(7-20)

γ——剪切参数,$\gamma^2 = \dfrac{\mu E(J_1 + J_2)}{H^2 G(A_1 + A_2)}\dfrac{l_n}{c}$;对于 $H/B \geqslant 4$ 的情况,可不考虑剪切变形的影响,取 $\gamma^2 = 0$;

J_b——连梁的截面惯性矩;

H——剪力墙总高度;

B——剪力墙的宽度;

V_0——剪力墙底部总剪力。

(3)微分方程的解

令 $\dfrac{x}{H} = \xi$、$m(x) = \phi(x)V_0\dfrac{\alpha_1^2}{\alpha^2}$,并代入式(7-16)可得关于 $\phi(\xi)$ 的微分方程:

$$\phi''(\xi) - \alpha^2 \phi(\xi) = \begin{cases} -\alpha^2 \xi & \text{(均布荷载)} \\ -\alpha^2 [1 + 2\gamma^2 - (1-\xi)^2] & \text{(倒三角形荷载)} \\ -\alpha^2 & \text{(顶部集中力)} \end{cases} \quad (7\text{-}21)$$

解此微分方程得：
$$\phi(\xi) = (1 - \beta)\phi_1(\alpha, \xi) + \beta\phi_2(\xi) \quad (7\text{-}22)$$

式中　β——系数，$\beta = \alpha^2 \gamma^2$；

$\phi_1(\alpha, \xi)$——关于 α、ξ 的函数，其值由表7-2、表7-3、表7-4 查得；

$\phi_2(\xi)$——关于 ξ 的函数，其值由表7-5 查得。

（4）双肢剪力墙的内力计算

通过式(7-22)的计算，求得了任意高度 ξ 处的 $\phi(\xi)$，由 $\phi(\xi)$ 可求得连梁的约束弯矩为：

$$m(\xi) = \phi(\xi) V_0 \frac{\alpha_1^2}{\alpha^2} \quad (7\text{-}23)$$

第 j 层连梁的剪力：
$$V_{bj} = m_j(\xi)\frac{h}{2c} \quad (7\text{-}24)$$

第 j 层连梁的端部弯矩：
$$M_{bj} = V_{bj}l_n \quad (7\text{-}25)$$

第 j 层墙肢的轴力：
$$N = N_{1j} = N_{2j} = \sum_{k=j}^{n} V_{bk} \quad (7\text{-}26)$$

第 j 层墙肢的总弯矩和总剪力：第 j 层墙肢的总弯矩 M_j 和总剪力 V_j 可按外荷载 $f(\xi)$ 与约束弯矩 $m(\xi)$ 共同作用下的悬臂梁计算求得。

第 j 层墙肢的总弯矩：
$$M_j = M_{Fj} - \sum_{k=j}^{n} m(\xi)_k \quad (7\text{-}27)$$

第 j 层墙肢的总剪力：
$$V_j = V_{Fj} = \sum_{k=j}^{n} f(\xi)_k \quad (7\text{-}28)$$

第 j 层各墙肢的弯矩：
$$\left.\begin{aligned} M_{1j} &= \frac{J_1}{J_1 + J_2} M_j \\ M_{2j} &= \frac{J_2}{J_1 + J_2} M_j \end{aligned}\right\} \quad (7\text{-}29)$$

第 j 层各墙肢的剪力：
$$\left.\begin{aligned} V_{1j} &= \frac{\bar{J}_1}{\bar{J}_1 + \bar{J}_2} V_j \\ V_{2j} &= \frac{\bar{J}_2}{\bar{J}_1 + \bar{J}_2} V_j \end{aligned}\right\} \quad (7\text{-}30)$$

式中　$\bar{J}_i$——考虑墙肢剪切变形后的折算惯性矩，$\bar{J}_i = \dfrac{J_i}{1 + \dfrac{12\mu E J_i}{GA_i h^2}}$ $(i = 1, 2)$

M_{Fj}、V_{Fj}——分别为外荷载在 j 截面处产生的弯矩和剪力。

（5）双肢剪力墙的位移与等效抗弯刚度

求得剪力墙的内力后，可由下式计算双肢剪力墙的位移：

$$\Delta_{双肢墙} = \Delta_m(\xi) + \Delta_V(\xi)$$

$$= \frac{1}{E(J_1 + J_2)} \int_1^{\xi}\int_1^{\xi} M_F(\xi)\mathrm{d}\xi\mathrm{d}\xi - \frac{1}{E(J_1 + J_2)} \int_1^{\xi}\int_1^{\xi}\int_1^{\xi} m(\xi)\mathrm{d}\xi\mathrm{d}\xi\mathrm{d}\xi - \frac{\mu}{G(A_1 + A_2)} \int_1^{\xi} V_F\mathrm{d}\xi$$

$$(7\text{-}31)$$

表 7-2　倒三角形荷载下的 ϕ_1 值

α \ ξ	1.0	1.5	2.0	2.5	3.0	3.5	4.0	4.5	5.0	5.5	6.0	6.5	7.0	7.5	8.0	8.5	9.0	9.5	10.0	10.5
0.00	0.171	0.270	0.331	0.358	0.363	0.356	0.342	0.325	0.307	0.289	0.273	0.257	0.243	0.230	0.218	0.207	0.197	0.188	0.179	0.172
0.05	0.171	0.271	0.332	0.360	0.367	0.361	0.348	0.332	0.316	0.299	0.283	0.269	0.256	0.243	0.233	0.223	0.214	0.205	0.198	0.191
0.10	0.171	0.273	0.336	0.367	0.377	0.374	0.365	0.352	0.338	0.324	0.311	0.299	0.288	0.278	0.270	0.262	0.255	0.248	0.243	0.238
0.15	0.172	0.275	0.341	0.377	0.391	0.393	0.388	0.380	0.370	0.360	0.350	0.341	0.333	0.326	0.320	0.314	0.309	0.305	0.301	0.298
0.20	0.172	0.277	0.347	0.388	0.408	0.415	0.416	0.412	0.407	0.402	0.396	0.390	0.385	0.381	0.377	0.373	0.371	0.368	0.366	0.364
0.25	0.171	0.278	0.353	0.399	0.425	0.439	0.446	0.448	0.448	0.447	0.445	0.443	0.440	0.439	0.437	0.436	0.434	0.433	0.433	0.432
0.30	0.170	0.279	0.358	0.410	0.443	0.463	0.476	0.484	0.489	0.492	0.494	0.496	0.496	0.497	0.497	0.497	0.498	0.498	0.498	0.499
0.35	0.168	0.279	0.362	0.419	0.459	0.486	0.506	0.519	0.530	0.537	0.543	0.547	0.550	0.553	0.555	0.557	0.559	0.560	0.561	0.562
0.40	0.165	0.276	0.363	0.426	0.472	0.506	0.532	0.552	0.567	0.579	0.588	0.596	0.601	0.606	0.610	0.614	0.616	0.619	0.621	0.622
0.45	0.161	0.272	0.362	0.430	0.482	0.522	0.554	0.579	0.599	0.616	0.629	0.639	0.648	0.655	0.661	0.665	0.669	0.672	0.675	0.677
0.50	0.156	0.266	0.357	0.429	0.487	0.533	0.570	0.601	0.626	0.647	0.663	0.677	0.688	0.697	0.705	0.711	0.716	0.721	0.724	0.727
0.55	0.149	0.256	0.348	0.423	0.485	0.537	0.579	0.615	0.645	0.670	0.690	0.707	0.721	0.733	0.742	0.750	0.757	0.762	0.767	0.771
0.60	0.140	0.244	0.335	0.412	0.477	0.533	0.580	0.620	0.654	0.683	0.707	0.728	0.745	0.759	0.771	0.781	0.789	0.790	0.802	0.807
0.65	0.130	0.228	0.317	0.394	0.461	0.519	0.570	0.614	0.652	0.685	0.712	0.736	0.756	0.774	0.788	0.801	0.811	0.820	0.828	0.834
0.70	0.118	0.209	0.293	0.368	0.435	0.495	0.548	0.594	0.636	0.671	0.703	0.730	0.753	0.774	0.791	0.807	0.820	0.831	0.841	0.849
0.75	0.103	0.185	0.263	0.334	0.399	0.458	0.511	0.559	0.602	0.640	0.674	0.704	0.731	0.755	0.775	0.794	0.810	0.824	0.837	0.848
0.80	0.087	0.158	0.226	0.290	0.350	0.406	0.457	0.504	0.547	0.587	0.622	0.654	0.683	0.709	0.733	0.754	0.774	0.791	0.807	0.821
0.85	0.069	0.126	0.182	0.236	0.288	0.337	0.383	0.426	0.467	0.504	0.539	0.571	0.601	0.629	0.654	0.678	0.700	0.720	0.738	0.756
0.90	0.048	0.089	0.130	0.171	0.210	0.248	0.285	0.321	0.354	0.386	0.417	0.446	0.473	0.499	0.523	0.546	0.568	0.588	0.609	0.628
0.95	0.025	0.047	0.069	0.092	0.115	0.137	0.159	0.181	0.202	0.222	0.242	0.262	0.280	0.299	0.316	0.334	0.351	0.367	0.383	0.398
1.00	0.000	0.000	0.000	0.000	0.000	0.000	0.000	0.000	0.000	0.000	0.000	0.000	0.000	0.000	0.000	0.000	0.000	0.000	0.000	0.000

α \ ξ	11.0	11.5	12.0	12.5	13.0	13.5	14.0	14.5	15.0	15.5	16.0	16.5	17.0	17.5	18.0	18.5	19.0	19.5	20.0	20.5
0.00	0.165	0.158	0.152	0.147	0.142	0.137	0.132	0.128	0.124	0.120	0.117	0.113	0.110	0.107	0.104	0.102	0.099	0.097	0.095	0.092
0.05	0.185	0.180	0.174	0.170	0.165	0.161	0.158	0.154	0.151	0.148	0.145	0.143	0.140	0.138	0.136	0.134	0.132	0.130	0.129	0.127
0.10	0.233	0.229	0.226	0.222	0.219	0.217	0.214	0.212	0.210	0.208	0.207	0.205	0.204	0.203	0.201	0.200	0.199	0.199	0.198	0.197
0.15	0.295	0.293	0.290	0.288	0.287	0.285	0.284	0.283	0.282	0.281	0.280	0.280	0.279	0.278	0.278	0.278	0.277	0.277	0.277	0.276
0.20	0.363	0.361	0.360	0.360	0.358	0.358	0.358	0.357	0.357	0.357	0.357	0.356	0.356	0.356	0.356	0.356	0.356	0.356	0.356	0.356
0.25	0.432	0.431	0.431	0.431	0.431	0.431	0.431	0.431	0.431	0.431	0.431	0.431	0.432	0.432	0.432	0.432	0.432	0.432	0.432	0.433
0.30	0.499	0.498	0.500	0.500	0.500	0.501	0.501	0.502	0.502	0.502	0.503	0.503	0.503	0.503	0.504	0.504	0.504	0.504	0.505	0.505
0.35	0.563	0.564	0.565	0.566	0.566	0.567	0.568	0.568	0.569	0.568	0.568	0.570	0.570	0.571	0.571	0.571	0.571	0.572	0.572	0.572
0.40	0.624	0.625	0.626	0.627	0.628	0.628	0.629	0.630	0.631	0.631	0.632	0.632	0.633	0.633	0.633	0.634	0.634	0.634	0.634	0.635
0.45	0.679	0.681	0.682	0.684	0.685	0.686	0.686	0.687	0.688	0.688	0.688	0.688	0.690	0.690	0.691	0.691	0.691	0.692	0.692	0.692
0.50	0.730	0.732	0.733	0.735	0.736	0.737	0.738	0.738	0.740	0.741	0.741	0.742	0.742	0.743	0.743	0.743	0.744	0.744	0.744	0.745
0.55	0.774	0.777	0.778	0.781	0.782	0.784	0.785	0.786	0.787	0.788	0.788	0.789	0.790	0.790	0.790	0.791	0.791	0.792	0.792	0.792
0.60	0.811	0.815	0.818	0.820	0.822	0.824	0.826	0.827	0.828	0.829	0.830	0.831	0.831	0.832	0.833	0.833	0.833	0.834	0.834	0.834
0.65	0.840	0.844	0.848	0.852	0.855	0.857	0.859	0.861	0.863	0.864	0.865	0.867	0.867	0.868	0.869	0.870	0.870	0.871	0.871	0.871
0.70	0.857	0.863	0.868	0.873	0.878	0.881	0.884	0.887	0.890	0.892	0.893	0.895	0.896	0.898	0.899	0.900	0.901	0.901	0.902	0.903
0.75	0.858	0.866	0.874	0.881	0.887	0.892	0.897	0.901	0.903	0.908	0.911	0.914	0.916	0.918	0.920	0.921	0.923	0.924	0.925	0.926
0.80	0.834	0.846	0.856	0.866	0.874	0.882	0.889	0.896	0.901	0.907	0.911	0.916	0.919	0.923	0.926	0.929	0.932	0.934	0.936	0.938
0.85	0.772	0.786	0.800	0.813	0.825	0.836	0.846	0.855	0.864	0.872	0.879	0.886	0.893	0.899	0.904	0.909	0.914	0.918	0.922	0.926
0.90	0.646	0.663	0.679	0.694	0.708	0.722	0.735	0.748	0.760	0.771	0.781	0.792	0.801	0.810	0.819	0.827	0.835	0.843	0.850	0.857
0.95	0.413	0.428	0.442	0.456	0.469	0.483	0.495	0.508	0.520	0.532	0.543	0.555	0.566	0.576	0.587	0.597	0.607	0.617	0.626	0.635
1.00	0.000	0.000	0.000	0.000	0.000	0.000	0.000	0.000	0.000	0.000	0.000	0.000	0.000	0.000	0.000	0.000	0.000	0.000	0.000	0.000

表 7-3 均布荷载下的 Φ_1 值

ξ \ α	1.0	1.5	2.0	2.5	3.0	3.5	4.0	4.5	5.0	5.5	6.0	6.5	7.0	7.5	8.0	8.5	9.0	9.5	10.0	10.5
0.00	0.113	0.178	0.216	0.231	0.232	0.224	0.213	0.199	0.186	0.173	0.161	0.150	0.141	0.132	0.124	0.117	0.110	0.105	0.099	0.095
0.05	0.113	0.178	0.217	0.233	0.234	0.228	0.217	0.204	0.191	0.179	0.168	0.157	0.148	0.140	0.133	0.126	0.120	0.115	0.110	0.106
0.10	0.113	0.179	0.219	0.237	0.241	0.236	0.227	0.217	0.206	0.195	0.185	0.176	0.168	0.161	0.155	0.149	0.144	0.140	0.136	0.133
0.15	0.114	0.181	0.223	0.244	0.251	0.249	0.243	0.235	0.226	0.218	0.210	0.203	0.196	0.191	0.186	0.181	0.178	0.174	0.171	0.168
0.20	0.114	0.183	0.228	0.252	0.363	0.265	0.263	0.258	0.252	0.246	0.241	0.235	0.231	0.227	0.223	0.220	0.217	0.215	0.213	0.211
0.25	0.114	0.185	0.233	0.261	0.276	0.283	0.285	0.284	0.281	0.278	0.257	0.272	0.269	0.266	0.264	0.262	0.260	0.258	0.257	0.256
0.30	0.114	0.186	0.237	0.270	0.290	0.302	0.308	0.311	0.312	0.312	0.312	0.310	0.309	0.308	0.307	0.306	0.305	0.304	0.303	0.303
0.35	0.113	0.187	0.242	0.279	0.304	0.321	0.332	0.339	0.344	0.347	0.349	0.350	0.351	0.351	0.351	0.351	0.351	0.351	0.351	0.351
0.40	0.111	0.186	0.245	0.287	0.317	0.339	0.355	0.367	0.376	0.382	0.387	0.390	0.393	0.395	0.396	0.397	0.398	0.398	0.399	0.399
0.45	0.109	0.185	0.246	0.293	0.328	0.355	0.376	0.393	0.406	0.416	0.424	0.430	0.434	0.438	0.441	0.443	0.444	0.445	0.446	0.447
0.50	0.106	0.182	0.246	0.296	0.336	0.369	0.395	0.416	0.433	0.447	0.458	0.467	0.474	0.479	0.483	0.487	0.490	0.492	0.493	0.495
0.55	0.103	0.178	0.242	0.296	0.341	0.378	0.409	0.435	0.456	0.474	0.488	0.500	0.510	0.517	0.524	0.529	0.533	0.536	0.539	0.541
0.60	0.097	0.171	0.236	0.293	0.341	0.382	0.418	0.448	0.474	0.495	0.513	0.528	0.541	0.551	0.560	0.567	0.573	0.577	0.581	0.585
0.65	0.091	0.162	0.226	0.284	0.335	0.38	0.419	0.453	0.483	0.508	0.530	0.549	0.565	0.578	0.589	0.599	0.607	0.614	0.619	0.624
0.70	0.083	0.150	0.212	0.27	0.322	0.369	0.411	0.449	0.482	0.511	0.537	0.559	0.578	0.595	0.609	0.622	0.632	0.642	0.650	0.657
0.75	0.074	0.135	0.194	0.249	0.300	0.348	0.392	0.431	0.467	0.499	0.528	0.554	0.576	0.597	0.614	0.63	0.644	0.657	0.667	0.677
0.80	0.063	0.116	0.169	0.220	0.269	0.315	0.358	0.398	0.435	0.469	0.500	0.528	0.553	0.577	0.598	0.617	0.634	0.65	0.664	0.677
0.85	0.050	0.094	0.138	0.182	0.225	0.266	0.306	0.344	0.379	0.413	0.444	0.473	0.500	0.525	0.548	0.570	0.59	0.609	0.626	0.643
0.90	0.036	0.067	0.100	0.134	0.167	0.200	0.233	0.264	0.294	0.323	0.351	0.378	0.403	0.427	0.450	0.472	0.493	0.513	0.532	0.550
0.95	0.019	0.036	0.054	0.074	0.093	0.113	0.133	0.152	0.171	0.190	0.209	0.227	0.245	0.262	0.279	0.296	0.312	0.328	0.343	0.358
1.00	0.000	0.000	0.000	0.000	0.000	0.000	0.000	0.000	0.000	0.000	0.000	0.000	0.000	0.000	0.000	0.000	0.000	0.000	0.000	0.000

ξ \ α	11.0	11.5	12.0	12.5	13.0	13.5	14.0	14.5	15.0	15.5	16.0	16.5	17.0	17.5	18.0	18.5	19.0	19.5	20.0	20.5
0.00	0.090	0.086	0.083	0.079	0.076	0.074	0.071	0.068	0.066	0.064	0.062	0.060	0.058	0.057	0.055	0.054	0.052	0.051	0.050	0.048
0.05	0.102	0.098	0.095	0.092	0.090	0.087	0.085	0.083	0.081	0.079	0.077	0.076	0.075	0.073	0.072	0.071	0.07	0.069	0.068	0.067
0.10	0.130	0.127	0.124	0.122	0.120	0.119	0.117	0.116	0.114	0.113	0.112	0.111	0.110	0.109	0.109	0.108	0.107	0.107	0.106	0.106
0.15	0.167	0.165	0.163	0.162	0.160	0.159	0.158	0.157	0.156	0.156	0.155	0.154	0.154	0.153	0.153	0.153	0.152	0.152	0.152	0.152
0.20	0.209	0.208	0.207	0.206	0.205	0.204	0.204	0.203	0.203	0.202	0.202	0.202	0.201	0.201	0.201	0.201	0.201	0.200	0.200	0.200
0.25	0.255	0.254	0.253	0.253	0.252	0.252	0.251	0.251	0.251	0.251	0.250	0.250	0.250	0.250	0.250	0.250	0.250	0.250	0.250	0.250
0.30	0.302	0.302	0.301	0.301	0.301	0.301	0.300	0.300	0.300	0.300	0.300	0.300	0.300	0.300	0.300	0.300	0.300	0.300	0.299	0.288
0.35	0.351	0.350	0.350	0.350	0.350	0.350	0.350	0.350	0.350	0.350	0.350	0.350	0.350	0.349	0.349	0.349	0.349	0.349	0.349	0.349
0.40	0.399	0.399	0.399	0.399	0.399	0.399	0.399	0.399	0.399	0.399	0.399	0.399	0.399	0.399	0.399	0.399	0.399	0.399	0.399	0.399
0.45	0.448	0.448	0.448	0.448	0.448	0.449	0.449	0.449	0.449	0.449	0.449	0.449	0.449	0.449	0.449	0.449	0.449	0.449	0.449	0.449
0.50	0.496	0.496	0.497	0.498	0.498	0.498	0.499	0.499	0.499	0.499	0.499	0.499	0.499	0.499	0.499	0.499	0.499	0.499	0.499	0.499
0.55	0.543	0.544	0.545	0.546	0.547	0.547	0.548	0.548	0.548	0.548	0.549	0.549	0.549	0.549	0.549	0.549	0.549	0.549	0.549	0.549
0.60	0.587	0.589	0.591	0.593	0.594	0.595	0.596	0.596	0.597	0.597	0.598	0.598	0.598	0.599	0.599	0.599	0.599	0.599	0.599	0.599
0.65	0.628	0.632	0.634	0.637	0.639	0.641	0.642	0.643	0.644	0.645	0.646	0.646	0.647	0.647	0.648	0.648	0.648	0.648	0.649	0.649
0.70	0.663	0.668	0.672	0.676	0.679	0.682	0.684	0.687	0.688	0.690	0.691	0.692	0.693	0.694	0.695	0.696	0.696	0.697	0.697	0.697
0.75	0.686	0.693	0.709	0.706	0.711	0.715	0.719	0.723	0.726	0.729	0.731	0.733	0.735	0.737	0.738	0.740	0.741	0.742	0.743	0.744
0.80	0.689	0.699	0.709	0.717	0.725	0.732	0.739	0.744	0.75	0.754	0.759	0.763	0.766	0.768	0.722	0.775	0.777	0.779	0.781	0.783
0.85	0.657	0.671	0.684	0.696	0.707	0.718	0.727	0.736	0.744	0.752	0.759	0.765	0.771	0.777	0.782	0.787	0.792	0.796	0.800	0.803
0.90	0.567	0.583	0.598	0.613	0.627	0.640	0.653	0.665	0.676	0.687	0.698	0.707	0.717	0.726	0.734	0.742	0.750	0.757	0.764	0.771
0.95	0.373	0.387	0.401	0.414	0.428	0.440	0.453	0.465	0.477	0.489	0.500	0.511	0.522	0.533	0.543	0.553	0.563	0.572	0.582	0.591
1.00	0.000	0.000	0.000	0.000	0.000	0.000	0.000	0.000	0.000	0.000	0.000	0.000	0.000	0.000	0.000	0.000	0.000	0.000	0.000	0.000

表 7-4 顶部集中力作用下的 Φ_1 值

ξ \ α	1.0	1.5	2.0	2.5	3.0	3.5	4.0	4.5	5.0	5.5	6.0	6.5	7.0	7.5	8.0	8.5	9.0	9.5	10.0	10.5
0.00	0.351	0.574	0.734	0.836	0.900	0.939	0.963	0.977	0.986	0.991	0.995	0.996	0.998	0.998	0.999	0.999	0.999	0.999	0.999	0.999
0.05	0.351	0.573	0.732	0.835	0.899	0.938	0.962	0.977	0.986	0.991	0.994	0.996	0.998	0.998	0.999	0.999	0.999	0.999	0.999	0.999
0.10	0.348	0.570	0.728	0.831	0.896	0.935	0.960	0.975	0.984	0.990	0.994	0.996	0.997	0.998	0.999	0.999	0.999	0.999	0.999	0.999
0.15	0.344	0.564	0.722	0.825	0.890	0.931	0.956	0.972	0.982	0.988	0.992	0.995	0.997	0.998	0.998	0.999	0.999	0.999	0.999	0.999
0.20	0.338	0.555	0.712	0.816	0.882	0.924	0.951	0.968	0.979	0.986	0.991	0.994	0.996	0.997	0.998	0.998	0.999	0.999	0.999	0.999
0.25	0.331	0.544	0.700	0.804	0.871	0.915	0.943	0.962	0.974	0.982	0.988	0.992	0.994	0.996	0.997	0.998	0.998	0.999	0.999	0.999
0.30	0.322	0.531	0.684	0.788	0.857	0.903	0.933	0.954	0.968	0.977	0.984	0.989	0.992	0.994	0.996	0.997	0.998	0.998	0.999	0.999
0.35	0.311	0.515	0.666	0.770	0.840	0.888	0.921	0.944	0.960	0.971	0.979	0.985	0.989	0.992	0.994	0.996	0.997	0.997	0.998	0.998
0.40	0.299	0.496	0.644	0.748	0.820	0.870	0.905	0.931	0.949	0.962	0.972	0.979	0.984	0.988	0.991	0.993	0.995	0.996	0.997	0.998
0.45	0.285	0.474	0.619	0.722	0.795	0.848	0.886	0.914	0.935	0.951	0.962	0.971	0.978	0.983	0.987	0.990	0.992	0.994	0.995	0.996
0.50	0.269	0.449	0.589	0.692	0.766	0.821	0.862	0.893	0.917	0.935	0.950	0.961	0.969	0.976	0.981	0.985	0.988	0.991	0.993	0.994
0.55	0.251	0.421	0.556	0.656	0.731	0.788	0.832	0.867	0.893	0.915	0.932	0.946	0.957	0.965	0.972	0.978	0.982	0.986	0.988	0.991
0.60	0.231	0.390	0.518	0.616	0.691	0.760	0.796	0.834	0.864	0.889	0.909	0.925	0.939	0.950	0.959	0.966	0.972	0.977	0.981	0.985
0.65	0.210	0.356	0.476	0.569	0.643	0.703	0.752	0.792	0.826	0.854	0.877	0.897	0.913	0.927	0.939	0.948	0.957	0.964	0.969	0.974
0.70	0.186	0.318	0.428	0.516	0.588	0.647	0.697	0.740	0.776	0.807	0.834	0.857	0.877	0.894	0.909	0.921	0.932	0.942	0.950	0.957
0.75	0.161	0.276	0.374	0.455	0.523	0.581	0.631	0.675	0.713	0.747	0.776	0.803	0.826	0.846	0.864	0.880	0.894	0.907	0.917	0.927
0.80	0.133	0.230	0.314	0.386	0.448	0.502	0.550	0.593	0.632	0.667	0.698	0.727	0.753	0.776	0.798	0.817	0.834	0.850	0.864	0.877
0.85	0.103	0.179	0.248	0.307	0.360	0.407	0.450	0.490	0.527	0.561	0.593	0.622	0.650	0.675	0.698	0.720	0.740	0.759	0.776	0.793
0.90	0.071	0.125	0.174	0.217	0.257	0.294	0.329	0.362	0.393	0.423	0.451	0.478	0.503	0.527	0.550	0.572	0.593	0.613	0.632	0.650
0.95	0.036	0.065	0.091	0.115	0.138	0.160	0.181	0.201	0.221	0.240	0.259	0.277	0.295	0.312	0.329	0.346	0.362	0.378	0.393	0.408
1.00	0.000	0.000	0.000	0.000	0.000	0.000	0.000	0.000	0.000	0.000	0.000	0.000	0.000	0.000	0.000	0.000	0.000	0.000	0.000	0.000

续表7-4

ξ \ α	11.0	11.5	12.0	12.5	13.0	13.5	14.0	14.5	15.0	15.5	16.0	16.5	17.0	17.5	18.0	18.5	19.0	19.5	20.0	20.5
0.00	0.999	0.999	0.999	0.999	0.999	0.999	1.000	1.000	1.000	1.000	1.000	1.000	1.000	1.000	1.000	1.000	1.000	1.000	1.000	1.000
0.05	0.999	0.999	0.999	0.999	0.999	0.999	0.999	0.999	1.000	1.000	1.000	1.000	1.000	1.000	1.000	1.000	1.000	1.000	1.000	1.000
0.10	0.999	0.999	0.999	0.999	0.999	0.999	0.999	0.999	0.999	1.000	1.000	1.000	1.000	1.000	1.000	1.000	1.000	1.000	1.000	1.000
0.15	0.999	0.999	0.999	0.999	0.999	0.999	0.999	0.999	0.999	0.999	1.000	1.000	1.000	1.000	1.000	1.000	1.000	1.000	1.000	1.000
0.20	0.999	0.999	0.999	0.999	0.999	0.999	0.999	0.999	0.999	0.999	0.999	0.999	0.999	1.000	1.000	1.000	1.000	1.000	1.000	1.000
0.25	0.999	0.999	0.999	0.999	0.999	0.999	0.999	0.999	0.999	0.999	0.999	0.999	0.999	0.999	0.999	1.000	1.000	1.000	1.000	1.000
0.30	0.999	0.999	0.999	0.999	0.999	0.999	0.999	0.999	0.999	0.999	0.999	0.999	0.999	0.999	0.999	0.999	0.999	0.999	1.000	1.000
0.35	0.999	0.999	0.999	0.999	0.999	0.999	0.999	0.999	0.999	0.999	0.999	0.999	0.999	0.999	0.999	0.999	0.999	0.999	0.999	0.999
0.40	0.998	0.998	0.998	0.999	0.999	0.999	0.999	0.999	0.999	0.999	0.999	0.999	0.999	0.999	0.999	0.999	0.999	0.999	0.999	0.999
0.45	0.997	0.998	0.998	0.998	0.999	0.999	0.999	0.999	0.999	0.999	0.999	0.999	0.999	0.999	0.999	0.999	0.999	0.999	0.999	0.999
0.50	0.995	0.996	0.997	0.998	0.998	0.998	0.999	0.999	0.999	0.999	0.999	0.999	0.999	0.999	0.999	0.999	0.999	0.999	0.999	0.999
0.55	0.992	0.994	0.995	0.996	0.997	0.997	0.998	0.998	0.998	0.998	0.998	0.998	0.999	0.999	0.999	0.999	0.999	0.999	0.999	0.999
0.60	0.987	0.989	0.991	0.993	0.994	0.995	0.996	0.996	0.997	0.997	0.998	0.998	0.998	0.999	0.999	0.999	0.999	0.999	0.999	0.999
0.65	0.978	0.982	0.985	0.987	0.989	0.991	0.992	0.993	0.994	0.995	0.996	0.996	0.997	0.997	0.998	0.998	0.998	0.998	0.999	0.999
0.70	0.963	0.969	0.972	0.976	0.979	0.982	0.985	0.987	0.988	0.990	0.991	0.992	0.993	0.994	0.995	0.996	0.996	0.997	0.997	0.997
0.75	0.936	0.943	0.950	0.956	0.961	0.965	0.969	0.973	0.976	0.979	0.981	0.983	0.985	0.987	0.988	0.990	0.991	0.992	0.993	0.994
0.80	0.889	0.899	0.909	0.917	0.925	0.932	0.939	0.945	0.950	0.954	0.959	0.963	0.966	0.968	0.972	0.975	0.977	0.979	0.981	0.983
0.85	0.808	0.821	0.834	0.846	0.857	0.868	0.877	0.886	0.894	0.902	0.909	0.915	0.921	0.927	0.932	0.937	0.942	0.946	0.950	0.953
0.90	0.667	0.683	0.698	0.713	0.727	0.740	0.753	0.765	0.776	0.787	0.798	0.808	0.817	0.826	0.834	0.842	0.850	0.857	0.864	0.871
0.95	0.423	0.437	0.451	0.464	0.478	0.490	0.503	0.515	0.527	0.538	0.550	0.561	0.572	0.583	0.593	0.603	0.613	0.622	0.632	0.641
1.00	0.000	0.000	0.000	0.000	0.000	0.000	0.000	0.000	0.000	0.000	0.000	0.000	0.000	0.000	0.000	0.000	0.000	0.000	0.000	0.000

表 7-5 ϕ_2 值表

ξ	倒三角荷载	均布荷载	顶部集中力	ξ	倒三角荷载	均布荷载	顶部集中力
0.000	0.000	0.000		0.550	0.797	0.550	
0.050	0.097	0.050		0.600	0.839	0.600	
0.100	0.189	0.100		0.650	0.877	0.650	
0.150	0.277	0.150		0.700	0.909	0.700	
0.200	0.359	0.200		0.750	0.937	0.750	
0.250	0.437	0.250	1.000	0.800	0.958	0.800	1.000
0.300	0.508	0.300		0.850	0.977	0.850	
0.350	0.577	0.350		0.900	0.989	0.900	
0.400	0.639	0.400		0.950	0.997	0.950	
0.450	0.697	0.450		1.000	1.000	1.000	
0.500	0.749	0.500					

经计算整理得到的双肢剪力墙的等效抗弯刚度为：

$$EJ_{eq} = \begin{cases} \dfrac{E(J_1+J_2)}{1+4\gamma^2-T+\psi_\alpha T} & \text{（均布荷载）} \\[3mm] \dfrac{E(J_1+J_2)}{1+3.64\gamma^2-T+\psi_\alpha T} & \text{（倒三角形荷载）} \\[3mm] \dfrac{E(J_1+J_2)}{1+3\gamma^2-T+\psi_\alpha T} & \text{（顶部集中力）} \end{cases} \qquad (7\text{-}32)$$

式中　$T=\dfrac{\alpha_1^2}{\alpha^2}$；$\gamma^2=\dfrac{\mu E(J_1+J_2)}{H^2 G(A_1+A_2)}$；$\psi_\alpha$ 为与 α 有关的函数，由表 7-6 查得。

表 7-6 ψ_α 值表

α	倒三角荷载	均布荷载	α	倒三角荷载	均布荷载
1.000	0.720	0.722	11.000	0.026	0.027
1.500	0.537	0.540	11.500	0.023	0.025
2.000	0.399	0.403	12.000	0.022	0.023
2.500	0.302	0.306	12.500	0.020	0.021
3.000	0.234	0.238	13.000	0.019	0.020
3.500	0.186	0.190	13.500	0.017	0.018
4.000	0.151	0.155	14.000	0.016	0.017
4.500	0.125	0.128	14.500	0.015	0.016
5.000	0.105	0.108	15.000	0.014	0.015
5.500	0.089	0.092	15.500	0.013	0.014
6.000	0.077	0.080	16.000	0.012	0.013
6.500	0.067	0.070	16.500	0.012	0.013
7.000	0.058	0.061	17.000	0.011	0.012
7.500	0.052	0.054	17.500	0.010	0.011
8.000	0.046	0.048	18.000	0.010	0.011
8.500	0.041	0.043	18.500	0.009	0.010
9.000	0.037	0.039	19.000	0.009	0.009
9.500	0.034	0.035	19.500	0.008	0.009
10.000	0.031	0.032	20.000	0.008	0.009
10.500	0.028	0.030	20.500	0.008	0.008

有了等效抗弯刚度,可以直接按受弯悬臂杆得计算公式计算顶点位移,三种荷载作用下的顶点位移:

$$\Delta = \begin{cases} \dfrac{1}{8}\dfrac{V_0 H^3}{EJ_{eq}} & \text{(均布荷载)} \\[2ex] \dfrac{11}{60}\dfrac{V_0 H^3}{EJ_{eq}} & \text{(倒三角形荷载)} \\[2ex] \dfrac{1}{3}\dfrac{V_0 H^3}{EJ_{eq}} & \text{(顶部集中力)} \end{cases} \qquad (7\text{-}33)$$

4. 壁式框架的内力和位移计算

壁式框架的受力性能接近于框架(图 7-9a),所不同的是连梁和墙肢节点的刚度很大,类似刚域几乎不产生变形。另外,由于连梁和墙肢截面的尺寸较大,剪切变形不容忽视。因此,可将剪力墙视作带刚域的所谓"壁式框架"来进行其内力和位移计算(图 7-9b)。壁式框架的轴线取墙肢和连梁的形心线。为简化计算也可取楼面为连梁轴线。壁式框架亦可采用 D 值法进行内力和位移计算,其原理和步骤同普通框架,只是由于刚域的存在以及剪切变形的影响,要对 D 值和反弯点位置进行一些修正。求得修正后的 D 值和反弯点的位置即可采用与 D 值法中类似的方法进行结构分析。

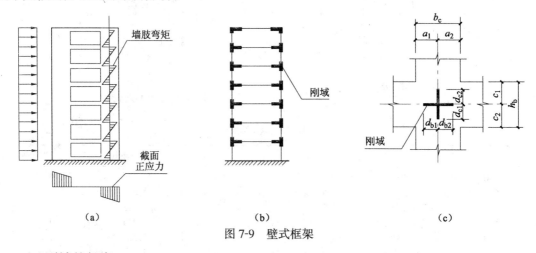

图 7-9 壁式框架

(1)刚域的长度

试验和有限元分析均表明:刚域的长度不能取到洞口,应按下式选取(图 7-9c):

$$\left.\begin{aligned} d_{b1} &= a_1 - 0.25 h_b \\ d_{b2} &= a_2 - 0.25 h_b \\ d_{c1} &= c_1 - 0.25 h_c \\ d_{c2} &= c_2 - 0.25 h_c \end{aligned}\right\} \qquad (7\text{-}34)$$

若按式(7-34)计算出的刚域长度为负值时,则取为 0。

(2)带刚域杆考虑剪切变形后线刚度 K 和 D 值的修正

应用结构力学中的方法可以推出图 7-10 所示的带刚域杆考虑剪切变形后线刚度,修正后梁左、右端的线刚度和柱线刚度计算公式:

120

$$\begin{aligned}\text{梁左端}\quad & K_{12}=ci \\ \text{梁右端}\quad & K_{21}=c'i \\ \text{柱}\quad & K_{\mathrm{c}}=\frac{c+c'}{2}i\end{aligned}\Biggr\}\qquad(7\text{-}35)$$

$$c'=\frac{1-a+b}{(1+\beta)(1-a-b)^3}$$

$$i=\frac{EJ}{l}$$

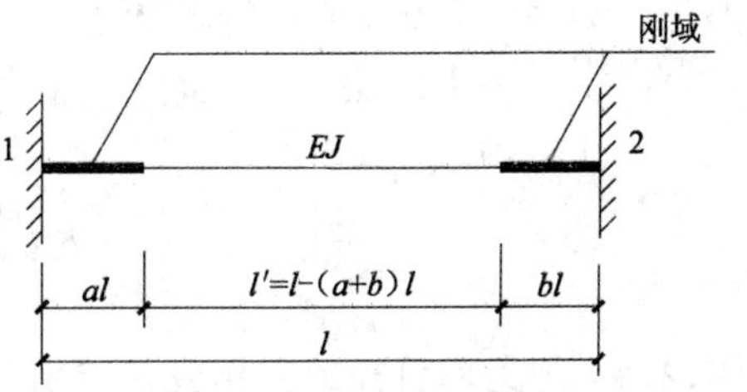

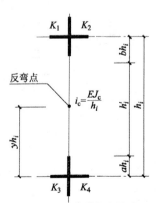

图 7-10　带刚域的杆件

$\beta=\dfrac{12\mu EJ}{GAl'^2}$，考虑剪切变形后的附加系数，当不考虑剪切变形时 $\beta=0$。

带刚域框架柱的侧移刚度 D 值如下：

$$D=\alpha_{\mathrm{D}}\frac{12K_{\mathrm{c}}}{h^2}\qquad(7\text{-}36)$$

式中　K_{c}、α_{D} 按表 7-7 取用。

表 7-7　计算壁式框架 D 值时 α_{D} 的取值

	情况①简图	情况②简图	K	α_{D}
一般层	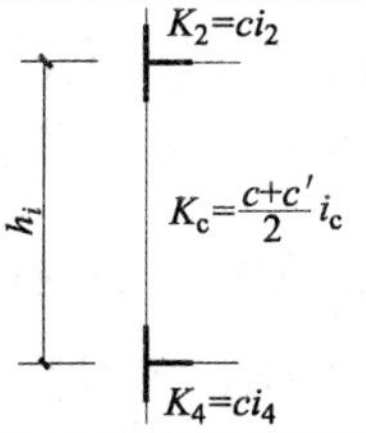 $K_2=ci_2$　$K_{\mathrm{c}}=\frac{c+c'}{2}i_{\mathrm{c}}$　$K_4=ci_4$	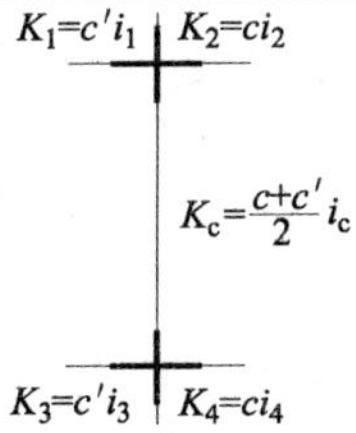 $K_1=c'i_1$　$K_2=ci_2$　$K_{\mathrm{c}}=\frac{c+c'}{2}i_{\mathrm{c}}$　$K_3=c'i_3$　$K_4=ci_4$	情况① $K=\dfrac{K_2+K_4}{2K_{\mathrm{c}}}$　情况② $K=\dfrac{K_1+K_2+K_3+K_4}{2K_{\mathrm{c}}}$	$\alpha_{\mathrm{D}}=\dfrac{K}{2+K}$
首层	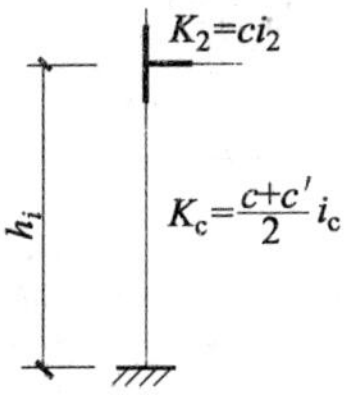 $K_2=ci_2$　$K_{\mathrm{c}}=\frac{c+c'}{2}i_{\mathrm{c}}$	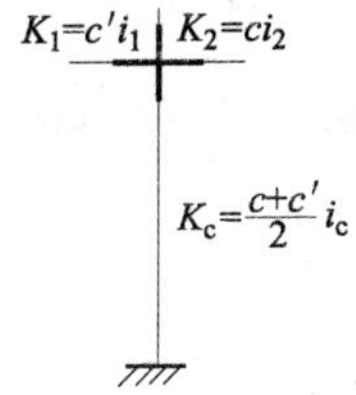 $K_1=c'i_1$　$K_2=ci_2$　$K_{\mathrm{c}}=\frac{c+c'}{2}i_{\mathrm{c}}$	情况① $K=\dfrac{K_2}{K_{\mathrm{c}}}$　情况② $K=\dfrac{K_1+K_2}{K_{\mathrm{c}}}$	$\alpha_{\mathrm{D}}=\dfrac{0.5+K}{2+K}$

(3)反弯点高度的修正

带刚域柱的反弯点高度按下式计算(图 7-11)：

$$yh_i=(a+sy_0+y_1+y_2+y_3)h_i\qquad(7\text{-}37)$$

式中　a——柱下端刚域长度与柱高之比；

$\quad\quad s$——无刚域部分柱长度与柱总高度之比，$s=h'_i/h_i$；

$\quad\quad y_0$——标准反弯点高度比,查表 6-2、表 6-3,查表时,取

$$K=s^2\frac{K_1+K_2+K_3+K_4}{2i_{\mathrm{c}}},\ i_{\mathrm{c}}=\frac{EJ_{\mathrm{c}}}{h_i}；$$

$\quad\quad y_1$——上、下层横梁线刚度比对 y_0 的修正值,由 K 和 α_1 查表 6-4；

图 7-11　带刚域框架柱的
反弯点高度

121

y_2——上层层高变化时对 y_0 的修正值,由 K 和 α_2 查表 6-5;

y_3——下层层高变化时对 y_0 的修正值,由 K 和 α_3 查表 6-5;

$$\alpha_1 = \frac{K_1 + K_2}{K_3 + K_4} \text{ 或 } \frac{K_3 + K_4}{K_1 + K_2}, \alpha_2 = h_\text{上}/h, \alpha_3 = h_\text{下}/h$$

7.2.4 剪力墙分类的实用判别方法

根据开洞情况可将剪力墙分为不同的类别,每类剪力墙的受力性能和分析方法均不相同。为了准确地分析开洞剪力墙的受力性能,有必要建立剪力墙分类的实用判别方法。判断剪力墙的受力特点及划分类别,一是要从墙肢截面上的应力和分布去分析;二是要从沿墙肢高度上弯矩的变化情况分析。

在介绍联肢剪力墙的内力和位移计算时,曾经引入了双肢墙的整体系数 α^2,将其扩展到多肢墙,则有 $\alpha^2 = \dfrac{6H^2 \sum D_i}{Th \sum J_i}$ (这里 $T = \dfrac{\alpha_1^2}{\alpha^2}$)。式中 $D_i = \dfrac{J_{bi}c_i^2}{l_{ni}^3}$ 是连梁的刚度系数,反应连梁转动刚度大小。D_i 值越大,连梁的转动刚度越大,对墙肢的约束作用也越大。式中 $\sum J_i$ 是各墙肢的惯性矩,因此,α 值实际上反映了连梁与墙肢刚度间的比例关系,α 愈大,说明连梁的相对刚度愈大,墙体的整体性愈好。墙肢局部弯矩所占比例愈小。

应当注意,当洞口开的很大,梁柱线刚度比很大,此时算出的 α 值也很大,但已属于壁式框架的受力特点。所以单靠 α 值的大小还不能完全确定剪力墙的类型,还应考虑开洞大小的影响。墙肢惯性矩的比值 J_A/J($J_A = J - \sum_{i=1}^{m+1} J_i$,$J$ 为剪力墙对组合截面形心的惯性矩)表征了墙体开洞情况。根据 α(整体工作性能大小)和 J_A/J(开洞大小),可建立如表 7-8 所列剪力墙类型判别准则,表中 ζ 为与整体参数 α、层数 n 有关的系数,按表 7-9 取值。

表 7-8　剪力墙类型判别准则

α 　　J_A/J	$\leq \zeta$	$> \zeta$
≥ 10	整体小开口剪力墙	壁式框架
$1 \sim 10$	联肢剪力墙	框架

表 7-9　系数 ζ 的数值(倒三角形荷载)

α 　　层数 n	8	10	12	16	20	≥ 30
10	0.887	0.938	0.974	1.000	1.000	1.000
12	0.867	0.915	0.950	0.994	1.000	1.000
14	0.833	0.901	0.933	0.976	1.000	1.000
16	0.844	0.889	0.924	0.963	0.989	1.000
18	0.837	0.881	0.913	0.953	0.978	1.000
20	0.832	0.875	0.906	0.945	0.970	1.000
22	0.828	0.871	0.901	0.939	0.964	1.000
24	0.825	0.867	0.897	0.935	0.959	0.989
26	0.822	0.864	0.893	0.931	0.956	0.986
28	0.820	0.861	0.889	0.928	0.953	0.982
≥ 30	0.818	0.858	0.885	0.925	0.949	0.979

7.2.5 例题

【**例7-1**】 求图7-12所示11层剪力墙的内力和位移。剪力墙承受均布荷载$f=10\text{kN/m}$,剪力墙混凝土强度等级为C30,$E=3.0\times10^7/\text{m}^2$,取$G=0.4E$,剪力墙厚度为200mm。

解:

1. 已知剪力墙的几何参数:剪力墙总高度$H=33.0\text{m}$,宽度$B=11.3\text{m}$,层高$h=3.0\text{m}$,连梁净跨度$2l_n=2.0\text{m}$($l_n=1.0\text{m}$),连梁截面高$h_b=600\text{mm}$,两墙肢轴线之间的距离$2c=6.65\text{m}$($c=3.325\text{m}$),剪力墙厚度为200mm。

2. 计算几何参数

(1)墙肢几何参数(表7-10):

墙肢截面面积:$A_1=3.3\times0.2=0.660\text{m}^2$,$A_2=6.0\times0.2=1.200\text{m}^2$

墙肢截面惯性矩:$J_1=0.2\times3.3^3/12=0.599\text{m}^4$,$J_2=0.2\times6.0^3/12=3.600\text{m}^4$

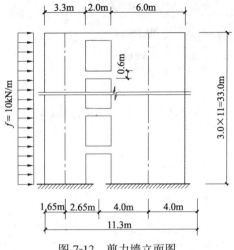

图7-12 剪力墙立面图

考虑剪切变形后的墙肢折算惯性矩($\mu=1.2$):

$$\bar{J}_1=\frac{J_1}{1+\dfrac{12\mu EJ_1}{h^2AG}}=\frac{0.599}{1+\dfrac{12\times1.2\times0.599E}{3.0^2\times0.660\times0.4E}}=0.129\text{m}^4$$

$$\bar{J}_2=\frac{3.60}{1+\dfrac{12\times1.2\times3.600}{3^2\times1.200\times0.4}}=0.277\text{m}^4$$

剪力墙对组合截面形心的惯性矩$J=29.608\text{m}^4$

$$J_A=J-(J_1+J_2)=29.608-(0.599+3.600)=25.409\text{m}^4$$

表 7-10 墙肢的几何参数

几 何 参 数	1 肢 墙	2 肢 墙	$\sum$双肢墙之和
墙肢截面面积$A(\text{m}^2)$	0.660	1.200	1.860
墙肢截面惯性矩$J(\text{m}^4)$	0.599	3.600	4.199
$J/\sum J$	0.143	0.857	
考虑连梁剪切变形后的折算惯性矩$\bar{J}(\text{m}^4)$	0.129	0.277	0.406
$\bar{J}/\sum\bar{J}$	0.317	0.683	

(2)连梁的几何参数(表7-11):

表 7-11 连梁几何参数

几 何 参 数 计 算 公 式		计 算 数 值
截面面积(m^2)	A_b	0.120
截面惯性矩(m^4)	J_b	3.6×10^3

几 何 参 数 计 算 公 式		计 算 数 值
连梁考虑剪切变形的等效惯性矩(m⁴)	$\bar{J}_b = \dfrac{J_b}{1+\dfrac{7.5\mu J_b}{l_n^2 A_b}}$　(7-12)	2.835×10^3
墙肢轴线距离的一半的平方(m²)	c^2	11.056
连梁的刚度系数	$D=\dfrac{\bar{J}_b c^2}{l_n^3}$	3.134×10^3
洞口宽度与两墙肢轴线距离之比	l_n/c	0.301

3. 计算基本参数

(1)双肢组合截面形心轴的面积矩式(7-20):

$$S = \frac{2cA_1A_2}{A_1+A_2} = \frac{2\times3.325\times0.660\times1.200}{0.660+1.200} = 2.832$$

(2)整体系数式(7-17):

$$\alpha_1^2 = \frac{6H^2D}{h(J_1+J_2)} = \frac{6\times33^2\times3.134\times10^{-2}}{3.0\times4.199} = 16.256$$

(3)考虑轴向变形的整体系数式(7-19):

$$\alpha^2 = \alpha_1^2 + \frac{3H^2D}{h\times c\times S} = 16.256 + \frac{3\times33^2\times3.134\times10^{-2}}{0.660\times3.325\times2.832} = 19.880$$

$$\alpha = \sqrt{19.880} = 4.459$$

$$T = \frac{\alpha_1^2}{\alpha^2} = \frac{16.256}{19.880} = 0.818$$

(4)剪切参数

$H/B = 33/11.3 = 2.94$,应考虑剪切变形的影响,剪切参数如下:

$$\gamma^2 = \frac{2.38\mu(J_1+J_2)}{H^2(A_1+A_2)} \times \frac{l_n}{c} = \frac{2.38\times1.2\times4.199}{33^2\times1.860} \times \frac{1.0}{3.325} = 1.781\times10^{-3}$$

$$\beta = \alpha^2\gamma^2 = 19.880\times1.781\times10^{-3} = 3.541\times10^{-2}$$

4. 剪力墙类型判断

$n=11, \alpha=4.459<10$,由表 7-9 可知:$\zeta>0.938>J_A/J = 25.409/29.608 = 0.858$,由表 7-8判断该剪力墙为双肢剪力墙。

5. 内力计算

依式(7-22)有:$\phi(\xi) = (1-\beta)\phi_1(\alpha,\xi) + \beta\phi_2(\xi) = 0.965\phi_1(\alpha,\xi) + 3.541\times10^{-2}\phi_2(\xi)$

式中 $\phi_1(\alpha,\xi)$ 和 $\phi_2(\xi)$ 可查表 7-3 和表 7-5 得,代入上式,求得任意高度 ξ 的 $\phi(\xi)$,由 $\phi(\xi)$ 可求得连梁的约束弯矩式(7-23):

$$m(\xi) = \phi(\xi)V_0\frac{\alpha_1^2}{\alpha^2} = \phi(\xi)\times fH\times T = 10\times33\times0.818\phi(\xi) = 269.94\phi(\xi)$$

第 j 层连梁的剪力式(7-24):　　　　$V_{bj} = m_j(\xi)\dfrac{h}{2c}$

第 j 层连梁的端部弯矩式(7-25)： $M_{bj} = V_{bj}l_n$

第 j 层墙肢的轴力式(7-26)： $N = N_{1j} = N_{2j} = \sum_{k=j}^{n} V_{bk}$

第 j 层墙肢的总弯矩式(7-27)： $M_j = M_{Fj} - \sum_{k=j}^{n} m(\xi)_k$

第 j 层墙肢的总剪力式(7-28)： $V_j = V_{Fj} = \sum_{k=j}^{n} f(\xi)_k$

第 j 层各墙肢的弯矩式(7-29)： $M_{1j} = \dfrac{J_1}{J_1 + J_2} M_j$，$M_{2j} = \dfrac{J_2}{J_1 + J_2} M_j$

第 j 层墙肢的剪力式(7-30)： $V_{1j} = \dfrac{\bar{J}_1}{\bar{J}_1 + \bar{J}_2} V_j$，$V_{2j} = \dfrac{\bar{J}_2}{\bar{J}_1 + \bar{J}_2} V_j$

连梁和墙肢的内力计算结果见表 7-12 和表 7-13。

表 7-12　连梁内力计算表

层	ξ	$\phi_1(\alpha,\xi)$	$\phi_2(\xi)$	$\phi(\xi)$	$m(\xi)$	$\sum_{k=j}^{n} f(\xi)_k$	$V_{bj} = m_j(\xi)\dfrac{h}{2c}$	$M_{bj} = V_{bj}l_n$
11	0	0.200	0.000	0.193	52.098	0	23.503	23.503
10	0.091	0.206	0.091	0.202	54.528	30	24.599	24.599
9	0.182	0.250	0.182	0.248	66.945	60	30.201	30.201
8	0.273	0.296	0.273	0.295	79.632	90	35.924	35.924
7	0.364	0.346	0.364	0.347	93.669	120	42.257	42.257
6	0.455	0.394	0.455	0.396	106.896	150	48.224	48.224
5	0.545	0.433	0.545	0.437	117.964	180	53.217	53.217
4	0.636	0.449	0.636	0.456	123.093	210	55.531	55.531
3	0.727	0.436	0.727	0.446	120.393	240	54.313	54.313
2	0.818	0.375	0.818	0.391	105.547	270	47.615	47.615
1	0.909	0.241	0.909	0.265	71.534	300	32.271	32.271
0	1.000	0.000	1.000	0.035	9.448	330	—	—

表 7-13　墙肢内力计算表

层	$N_{1j} = N_{2j} = \sum_{k=j}^{n} V_{bk}$	$M_j = M_{Fj} - \sum_{k=j}^{n} m(\xi)_k$	$V_j = \sum_{k=j}^{n} f(\xi)_k$	M_{1j}	M_{2j}	V_{1j}	V_{2j}
11	23.503	-52.098	0.0	-7.450	-44.648	0.000	0.000
10	48.102	-61.536	30.0	-8.799	-52.736	9.510	20.490
9	78.303	6.789	60.0	0.971	5.818	19.020	40.980
8	94.510	152.607	90.0	21.823	130.785	28.530	61.470
7	113.573	374.569	120.0	53.633	321.005	38.040	81.960
6	135.328	673.483	150.0	96.308	577.175	47.550	102.450
5	159.336	1045.569	180.0	149.516	896.053	57.060	122.940
4	184.388	1507.656	210.0	215.595	1292.061	66.570	143.430
3	208.890	2062.622	240.0	294.955	1767.667	76.080	163.920
2	230.371	2722.615	270.0	389.334	2333.281	85.590	184.410
1	244.929	3506.801	300.0	501.473	3005.328	95.100	204.900
0	222.929	4443.253	330.0	635.385	3807.868	104.610	225.390

6. 位移计算

(1)剪力墙等效抗弯刚度：由表 7-6，按 $\alpha = 4.459$ 查得均布荷载下的 ψ_α 值，$\psi_\alpha = 0.130$，剪

力墙等效抗弯刚度：

$$EJ_{eq} = \frac{E(J_1 + J_2)}{1 - T + T\psi_\alpha + 4\gamma^2} = \frac{3.0 \times 10^7 \times 4.199}{1 - 0.818 + 0.818 \times 0.130 + 4 \times 1.781 \times 10^{-3}}$$

$$= 12.597 \times 10^7 / 0.295 = 4.270 \times 10^8 \mathrm{kN \cdot m^2}$$

(2)顶点位移：　　$\Delta = \dfrac{V_0 H^3}{8 EJ_{eq}} = \dfrac{10 \times 33 \times 33^3}{8 \times 4.270 \times 10^8} \times 10^3 = 3.472 \mathrm{mm}$

【例7-2】 用 D 值法求图 7-13 示壁式框架柱的变矩。壁式框架混凝土强度等级为 C30，$E = 3.0 \times 10^7 \mathrm{kN/m^2}$，取 $G = 0.4 E$。

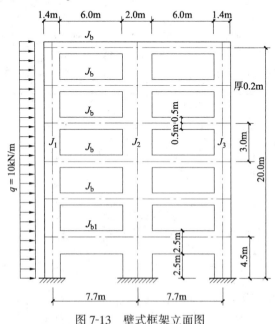

图 7-13　壁式框架立面图

解：

1．壁梁和壁柱的截面惯性矩

$$J_b = 0.2 \times 1.0^3 / 12 = 1.667 \times 10^{-2} \mathrm{m^4}, J_{b1} = 0.2 \times 2.5^3 / 12 = 2.604 \times 10^{-1} \mathrm{m^4}$$

$$J_1 = J_3 = 0.2 \times 1.4^3 / 12 = 4.573 \times 10^{-2} \mathrm{m^4}, J_2 = 0.2 \times 2.0^3 / 12 = 1.333 \times 10^{-1} \mathrm{m^4}$$

2．壁梁和壁柱的刚度系数

本题取楼面为壁梁的轴线。第 2 至第 6 层为标准层，节点刚域如图 7-14a 所示，底层节点的刚域如图 7-14b 所示。

(1)标准层壁梁：

$$a = 0.45 / 7.7 = 0.058, b = 0.75 / 7.7 = 0.097, l' = 6.5 \mathrm{m}$$

$$\beta = \frac{12 \mu EJ_b}{GAl'^2} = \frac{12 \times 1.2 \times 0.01667}{0.4 \times 0.2 \times 1.0 \times 6.5^2} = 0.0710,$$

$$c = \frac{1 + a - b}{(1 - a - b)^3 (1 + \beta)} = \frac{1 + 0.058 - 0.097}{(1 - 0.058 - 0.097)^3 (1 + 0.071)} = \frac{0.961}{0.646} = 1.488$$

$$c' = \frac{1 + b - a}{(1 - a - b)^3 (1 + \beta)} = \frac{1 + 0.097 - 0.058}{(1 - 0.058 - 0.097)^3 (1 + 0.071)} = \frac{1.039}{0.646} = 1.608$$

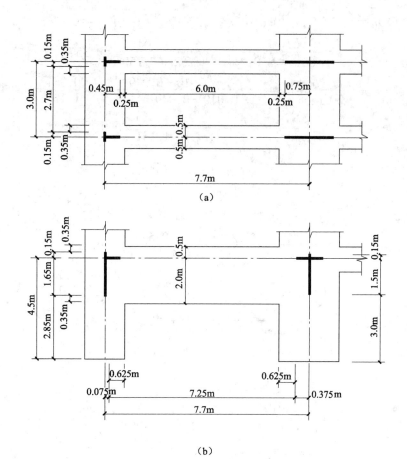

图 7-14　壁式框架节点刚域

(a)标准层节点；(b)首层节点

(2)标准层壁柱：

边壁柱：

$$a = b = 0.15/3.0 = 0.050, l' = 2.7\text{m}$$

$$\beta = \frac{12\mu EJ_1}{GAl'^2} = \frac{12 \times 1.2 \times 4.753 \times 10^{-2}}{0.4 \times 0.2 \times 1.4 \times 2.7^2} = \frac{68.443 \times 10^{-2}}{0.816} = 0.839$$

$$c = c' = \frac{1 + a - b}{(1 - a - b)^3(1 + \beta)} = \frac{1 + 0.050 - 0.050}{(1 - 0.050 - 0.050)^3(1 + 0.839)} = \frac{1}{1.341} = 0.746$$

中壁柱：

$$a = b = 0, l' = 3.0\text{m}$$

$$\beta = \frac{12\mu EJ_2}{GAl'^2} = \frac{12 \times 1.2 \times 0.1333}{0.4 \times 0.2 \times 2 \times 3^2} = 1.333$$

$$c = c' = \frac{1}{1 + \beta} = \frac{1}{2.333} = 0.429$$

(3)底层壁梁：

127

$$a = 0.075/7.7 = 0.010, b = 0.375/7.7 = 0.049, l' = 7.25\text{m}$$

$$\beta = \frac{12\mu EJ_{b1}}{GAl'^2} = \frac{12 \times 1.2 \times 0.2604}{0.4 \times 0.2 \times 2.5 \times 7.250^2} = 0.357$$

$$c = \frac{1+a-b}{(1-a-b)^3(1+\beta)} = \frac{1+0.010-0.049}{(1-0.010-0.049)^3 \times 1.357} = \frac{0.961}{1.131} = 0.850$$

$$c' = \frac{1+b-a}{(1-a-b)^3(1+\beta)} = \frac{1.039}{1.131} = 0.919$$

(4)底层壁柱：

边壁柱：

$$a = 1.65/4.5 = 0.356, b = 0, l' = 2.85\text{m}$$

$$\beta = \frac{12\mu EJ_1}{GAl'^2} = \frac{12 \times 1.2 \times 0.04573}{0.4 \times 0.2 \times 1.4 \times 2.850^2} = 0.724$$

$$c = \frac{1+a-b}{(1-a-b)^3(1+\beta)} = \frac{1+0.356}{(1-0.356)^3(1+0.724)} = \frac{1.356}{0.460} = 2.948$$

$$c' = \frac{1-a+b}{(1-a-b)^3(1+\beta)} = \frac{1-0.356}{0.460} = 1.400$$

中壁柱：

$$a = 1.5/4.5 = 0.333, b = 0, l' = 3.0\text{m}$$

$$\beta = \frac{12\mu EJ_2}{GAl'^2} = \frac{12 \times 1.2 \times 0.1333}{0.4 \times 0.2 \times 2 \times 3.0^2} = 1.333$$

$$c = \frac{1+a-b}{(1-a-b)^3(1+\beta)} = \frac{1+0.333}{(1-0.333)^3(1+1.333)} = \frac{1.333}{0.692} = 1.926$$

$$c' = \frac{1-a+b}{(1-a-b)^3(1+\beta)} = \frac{1-0.333}{0.692} = 0.964$$

3. 壁柱的侧移刚度及其剪力分配系数计算

壁柱的侧移刚度及其剪力分配系数计算过程如表7-14所示。

表7-14　壁柱的侧移刚度及其剪力分配系数计算表

	①边壁柱	②中壁柱	K（梁柱线刚度比）	α_D	D	剪力分配系数
二至六层计算公式	$K_2 = ci_2$ $K_c = \frac{c+c'}{2}i_c$ $K_4 = ci_4$	$K_1 = c'i_1$　$K_2 = ci_2$ $K_c = \frac{c+c'}{2}i$ $K_3 = c'i_3$　$K_4 = ci_4$	①边壁柱： $K = \frac{K_2 + K_4}{2K_c}$ ②中壁柱： $K = \frac{K_1 + K_2 + K_3 + K_4}{2K_c}$	①边壁柱及 ②中壁柱： $\alpha_D = \frac{K}{2+K}$	①边壁柱及 ②中壁柱： $D = \alpha_D \frac{12K_c}{h^2}$	$\frac{D_i}{\sum D}$
三至六层	$K_2 = K_4 = 1.488 \times \frac{EJ_b}{l}$ $= 3.221 \times 10^{-3}E$ $K_c = 0.746 \times \frac{EJ_1}{h}$ $= 11.372 \times 10^{-3}E$	$K_1 = K_2 = K_3 = K_4$ $= 1.608 \times \frac{EJ_b}{l}$ $= 3.481 \times 10^{-3}E$ $K_c = 0.429 \times \frac{EJ_2}{h}$ $= 19.062 \times 10^{-3}E$	①边壁柱：0.283 ②中壁柱：0.365	①边壁柱： 0.124 ②中壁柱： 0.154	①边壁柱： $1.880 \times 10^{-3}E$ ②中壁柱： $3.914 \times 10^{-3}E$	①边壁柱： 0.245 ②中壁柱： 0.510

	①边壁柱	②中壁柱	K(梁柱线刚度比)	α_D	D	剪力分配系数
第二层	$K_2 = 1.488 \times \frac{EJ_b}{l}$ $= 3.221 \times 10^{-3}E$ $K_4 = 0.850 \times \frac{EJ_{b1}}{l}$ $= 28.745 \times 10^{-3}E$ $K_c = 0.746 \times \frac{EJ_1}{h}$ $= 11.372 \times 10^{-3}E$	$K_1 = K_2 = 1.608 \times \frac{EJ_b}{l}$ $= 3.481 \times 10^{-3}E$ $K_3 = K_4 = 0.919 \times \frac{EJ_{b1}}{l}$ $= 31.079 \times 10^{-3}E$ $K_c = 0.429 \times \frac{EJ_2}{h}$ $= 19.066 \times 10^{-3}E$	①边壁柱:1.405 ②中壁柱:1.813	①边壁柱: 0.413 ②中壁柱: 0.475	①边壁柱: $6.262 \times 10^{-3}E$ ②中壁柱: $12.075 \times 10^{-3}E$	①边壁柱: 0.255 ②中壁柱: 0.490
第一层	$K_2 = 0.850 \times \frac{EJ_{b1}}{l}$ $= 28.745 \times 10^{-3}E$ $K_c = \frac{2.948+1.400}{2} \times \frac{EJ_1}{h_1}$ $= 22.093 \times 10^{-3}E$	$K_1 = K_2 = 0.919 \times \frac{EJ_{b1}}{l}$ $= 31.079 \times 10^{-3}E$ $K_c = \frac{1.926+0.964}{2} \times \frac{EJ_1}{h_1}$ $= 14.684 \times 10^{-3}E$	①边壁柱: $K = \frac{K_2}{K_c} = 1.301$ ②中壁柱: $K = \frac{K_1+K_2}{K_c} = 4.233$	计算公式 $\alpha_D = \frac{0.5+K}{2+K}$ ①边壁柱:0.546 ②中壁柱:0.759	①边壁柱: $7.148 \times 10^{-3}E$ ②中壁柱: $6.605 \times 10^{-3}E$	①边壁柱: 0.342 ②中壁柱: 0.316

4. 反弯点高度计算

反弯点高度比(柱下端至反弯点的高度与柱高)按下式计算,计算过程如表 7-15 所示。

$$y = a + sy_0 + y_1 + y_2 + y_3 \tag{7-38}$$

表 7-15 反弯点高度计算表

层次	1 边柱	1 中柱	2 边柱	2 中柱	3 边柱	3 中柱	4 边柱	4 中柱	5 边柱	5 中柱	6 边柱	6 中柱
a	0.000	0.000	0.050	0.000	0.05	0.000	0.050	0.000	0.050	0.000	0.050	0.000
s	0.633	0.667	0.900	1.000	0.9000	1.000	0.900	1.000	0.900	1.000	0.900	1.000
K	1.301	4.233	1.405	1.813	0.283	0.365	0.283	0.365	0.283	0.365	0.283	0.365
$\overline{K} = s^2 K$	0.521	1.256	1.138	1.813	0.229	0.365	0.229	0.365	0.229	0.365	0.229	0.365
y_0	0.740	0.624	0.500	0.500	0.400	0.433	0.315	0.350	0.215	0.283	0.029	0.165
y_1	—	—	0.031	0.017	0.000	0.000	0.000	0.000	0.000	0.000	0.000	0.000
y_2	0.000	0.000	0.000	0.000	0.000	0.000	0.000	0.000	0.000	0.000	0.000	0.000
y_3	—	—	0.000	0.000	0.000	0.000	0.000	0.000	0.000	0.000	0.000	0.000
y	0.740	0.624	0.531	0.517	0.400	0.433	0.315	0.350	0.215	0.283	0.029	0.165

5. 弯矩计算

柱弯矩计算过程如图 7-15 所示。

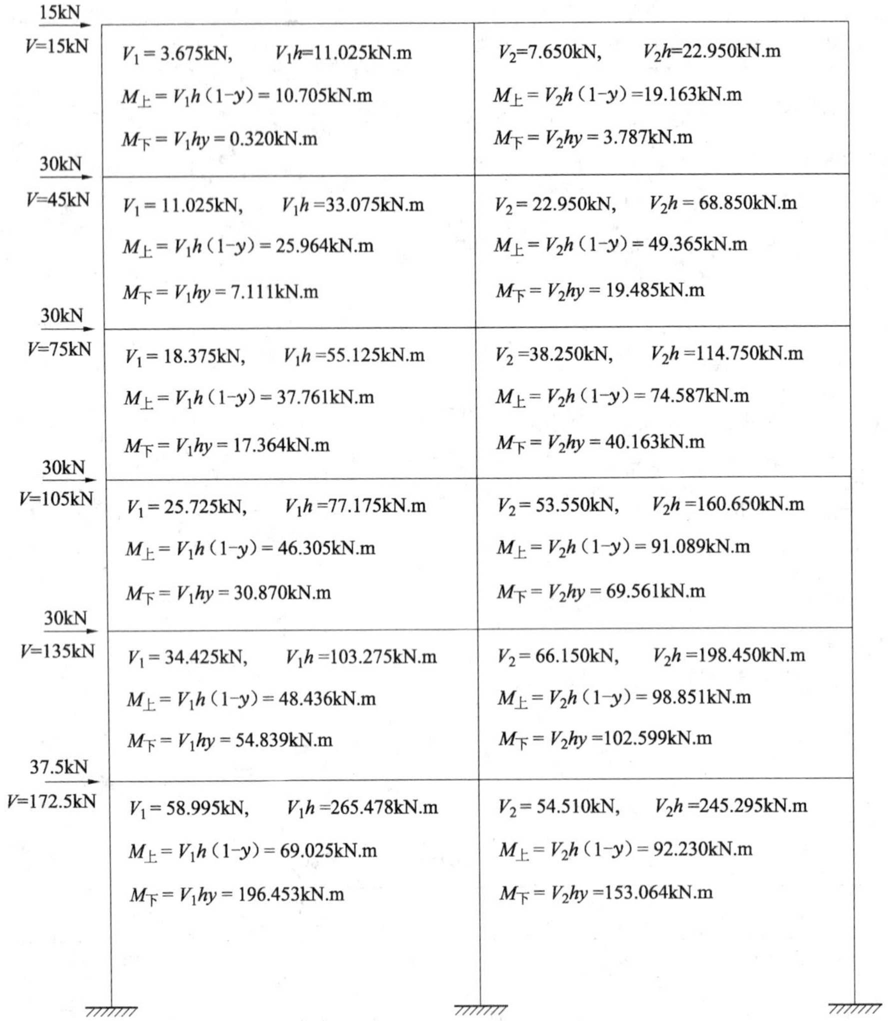

图 7-15　柱弯矩计算

7.3　剪力墙的截面设计与构造要求

7.3.1　延性剪力墙的设计原则

剪力墙因其在结构中以承受水平剪力为主而得名。在地震区,由于地震作用为控制剪力,因而在地震区结构中的剪力墙又称为抗震墙。在地震区,剪力墙结构也应具备必要的延性,达到大震不倒的目的。与框架柱的延性设计类似,地震区的剪力墙需要进行内力调整并满足相应的构造要求。

1.影响剪力墙延性的主要因素

影响剪力墙延性的主要因素有以下几方面:

(1)混凝土强度等级:剪力墙的延性随混凝土强度等级的提高而提高;

(2)截面形式:有翼缘的剪力墙较无翼缘的剪力墙延性提高;

130

In the figure, the calculations shown are:

15kN, $V=15$kN:
Left column: $V_1 = 3.675$kN, $V_1 h = 11.025$kN.m, $M_上 = V_1 h(1-y) = 10.705$kN.m, $M_下 = V_1 hy = 0.320$kN.m
Right column: $V_2 = 7.650$kN, $V_2 h = 22.950$kN.m, $M_上 = V_2 h(1-y) = 19.163$kN.m, $M_下 = V_2 hy = 3.787$kN.m

30kN, $V=45$kN:
Left: $V_1 = 11.025$kN, $V_1 h = 33.075$kN.m, $M_上 = V_1 h(1-y) = 25.964$kN.m, $M_下 = V_1 hy = 7.111$kN.m
Right: $V_2 = 22.950$kN, $V_2 h = 68.850$kN.m, $M_上 = V_2 h(1-y) = 49.365$kN.m, $M_下 = V_2 hy = 19.485$kN.m

30kN, $V=75$kN:
Left: $V_1 = 18.375$kN, $V_1 h = 55.125$kN.m, $M_上 = V_1 h(1-y) = 37.761$kN.m, $M_下 = V_1 hy = 17.364$kN.m
Right: $V_2 = 38.250$kN, $V_2 h = 114.750$kN.m, $M_上 = V_2 h(1-y) = 74.587$kN.m, $M_下 = V_2 hy = 40.163$kN.m

30kN, $V=105$kN:
Left: $V_1 = 25.725$kN, $V_1 h = 77.175$kN.m, $M_上 = V_1 h(1-y) = 46.305$kN.m, $M_下 = V_1 hy = 30.870$kN.m
Right: $V_2 = 53.550$kN, $V_2 h = 160.650$kN.m, $M_上 = V_2 h(1-y) = 91.089$kN.m, $M_下 = V_2 hy = 69.561$kN.m

30kN, $V=135$kN:
Left: $V_1 = 34.425$kN, $V_1 h = 103.275$kN.m, $M_上 = V_1 h(1-y) = 48.436$kN.m, $M_下 = V_1 hy = 54.839$kN.m
Right: $V_2 = 66.150$kN, $V_2 h = 198.450$kN.m, $M_上 = V_2 h(1-y) = 98.851$kN.m, $M_下 = V_2 hy = 102.599$kN.m

37.5kN, $V=172.5$kN:
Left: $V_1 = 58.995$kN, $V_1 h = 265.478$kN.m, $M_上 = V_1 h(1-y) = 69.025$kN.m, $M_下 = V_1 hy = 196.453$kN.m
Right: $V_2 = 54.510$kN, $V_2 h = 245.295$kN.m, $M_上 = V_2 h(1-y) = 92.230$kN.m, $M_下 = V_2 hy = 153.064$kN.m

(3)轴向力:随轴向力的增加,剪力墙延性明显降低。但对实体剪力墙而言,墙体承受的轴向力一般相对较小(抗压承载力的20%以下),对延性影响不大;

(4)竖向配筋率及配筋形式:墙截面的极限转角随配筋率的提高而减小,配筋率相同的情况下,将钢筋集中布置在墙的两端部比钢筋均匀布置的延性要高;

(5)开洞影响:剪力墙开洞后,塑性铰区域由墙身转移到洞口连梁。

2.延性剪力墙的设计原则

(1)实体剪力墙

1)控制塑性铰区域

由弹塑性动力法求得的实体剪力墙弯矩包络图基本上呈线性变化,与等效静力法求得的曲线弯矩图有所不同(图7-16)。如果完全按弯矩变化配筋,塑性铰就有可能沿墙任意高度发生,这就需要在整个墙高采取较严格的措施,这样即不合理也不经济。为了提高剪力墙的延性,应设法使塑性铰发生在剪力墙底部,并加强底部范围的抗剪能力。

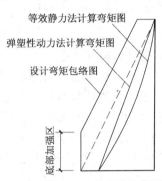

图7-16 剪力墙的弯矩包络图

剪力墙的底部加强部位取剪力墙墙肢总高度的1/8和底部二层的较大值。当剪力墙的高度超过150m时,底部加强区的高度可取墙肢总高度的1/10。

一级剪力墙的底部加强部位及以上一层,应按墙肢底部截面组合弯矩计算值采用;其他部分,墙肢截面的组合弯矩计算值应乘以增大系数1.2。在双肢剪力墙中,墙肢不宜出现小偏心受拉;当任一墙肢为大偏心受拉时,其截面开裂,刚度急剧降低,内力向受压墙肢转移,因此另一受压墙肢的剪力设计值、弯矩设计值应乘以增大系数1.25。

2)强剪弱弯原则

对于底部加强区,为防止剪切先于弯曲破坏,对底部加强区的剪力应进行调整。一、二、三级剪力墙底部加强部位,其截面组合的剪力设计值应按下式调整:

$$V = \eta_{\mathrm{vw}} V_{\mathrm{w}} \tag{7-39}$$

9度时尚应符合:

$$V = 1.1 \frac{M_{\mathrm{wua}}}{M_{\mathrm{w}}} V_{\mathrm{w}} \tag{7-40}$$

式中　V——考虑地震作用组合的剪力墙墙肢底部加强部位截面组合的剪力设计值;

V_{w}——考虑地震作用组合的剪力墙墙肢底部加强部位截面组合的剪力计算值;

M_{wua}——剪力墙墙肢底部截面实配的抗震受弯承载力(考虑 γ_{RE}),根据实配纵向钢筋面积、材料强度标准值和轴力设计值等计算;有翼墙时应计入墙两侧各一倍翼墙厚度范围内的纵向钢筋;

M_{w}——考虑地震作用组合的剪力墙墙肢底部截面组合的弯矩设计值;

η_{vw}——剪力墙剪力增大系数,一、二、三级分别为1.6、1.4和1.2。

(2)开洞剪力墙

开洞剪力墙的抗震设计,重点是"大震不倒",考虑结构的抗震耗能。为此要处理好设计中的三个基本原则,预计的弹性区要强,塑性区要弱;墙肢要强,连梁要弱;抗剪强度要强,抗弯强度要弱。其中,连梁设计是延性剪力墙设计的关键,而墙肢的安全是结构裂而不倒的重要保证。强剪弱弯原则,既应体现在整体的开洞剪力墙的设计中,又要体现在连梁、墙肢各局部构件的设计上。

在地震作用下,应使连梁的屈服先于墙肢,使墙肢的安全储备大于连梁。因此,常采用一些措施,适当折减连梁的刚度,考虑内力重分布,使连梁产生塑性铰,耗散地震能量。

7.3.2 剪力墙的截面设计

剪力墙截面设计包括墙肢设计和连梁设计,其中墙肢设计又包括正截面承载力设计和斜截面承载力设计。

1. 墙肢正截面承载力设计

当纵横向剪力墙均现浇时,可考虑它们共同工作,即纵墙的一部分可以作为横墙的有效翼缘,横墙的一部分也可以作为纵墙的有效翼缘。剪力墙翼缘的计算宽度取剪力墙的间距、门窗洞间墙的宽度、剪力墙厚度加两侧各6倍翼墙的厚度、剪力墙墙肢总高度的1/10四者中的最小值。因此,剪力墙墙肢截面可以是矩形、T形、L形或工字形。

剪力墙承受轴力和弯矩作用,其截面配有竖向钢筋。剪力墙承受的轴力可能为压力,也可能为拉力,其对应的受力状态相应为偏心受压和偏心受拉状态。

（1）偏心受压状态

偏心受压状态和偏心受压柱类似,剪力墙的偏心受压破坏也分为大偏心受压破坏和小偏心受压破坏,以工字形截面为例,其截面的外力和应力分布如图7-17所示。当偏心距较大时,构件处于大偏心受压破坏状态,远离中和轴的受拉钢筋和受压钢筋应力均可达到屈服强度,受压区混凝土应力达到 f_c,而靠近中和轴附近的竖向分布钢筋可能达不到屈服强度。根据试验分析,在受拉区 $(h_0 - 1.5x)$ 范围内的竖向分布钢筋可以达到屈服强度,承受部分拉力。由于竖向分布钢筋一般直径较小,且当构件破坏时可能压屈失稳,为安全起见,不考虑受压分布钢筋的作用。

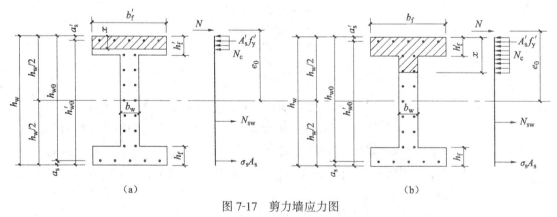

图 7-17　剪力墙应力图

当无地震作用组合时,根据截面轴向力和对受拉钢筋作用点的力矩平衡条件 $\sum N = 0$ 和 $\sum M = 0$,得:

$$N \leqslant N_c + A'_s f'_y - A_s \sigma_s - N_{sw} \tag{7-41}$$

$$N\left(e_0 + \frac{h_w}{2} - a_s\right) \leqslant M_c + A'_s f'_y (h_{w0} - a'_s) - M_{sw} \tag{7-42}$$

有地震作用组合时,应按下式计算:

$$N \leqslant (N_c + A'_s f'_y - A_s \sigma_s - N_{sw})/\gamma_{RE} \tag{7-43}$$

$$N\left(e_0 + \frac{h_w}{2} - a_s\right) \leqslant [M_c + A'_s f'_y (h_{w0} - a'_s) - M_{sw}]/\gamma_{RE} \tag{7-44}$$

大小偏心受压破坏取决于受压区混凝土的折算高度 x,当 $x \leqslant \xi_b h_0$ 时,截面处于大偏心受压状态;当 $x > \xi_b h_0$ 时截面处于小偏心受压状态。ξ_b 为界限受压区高度。

当 $x \leqslant h'_f$ 时,如图 7-17a 所示,有:

$$N_c = \alpha_1 f_c b'_f x \tag{7-45}$$

$$M_c = \alpha_1 f_c b'_f x \left(h_{w0} - \frac{x}{2}\right) \tag{7-46}$$

当 $x > h'_f$ 时,如图 7-17b 所示,有:

$$N_c = \alpha_1 f_c b_w x + \alpha_1 f_c (b'_f - b_w) h'_f \tag{7-47}$$

$$M_c = \alpha_1 f_c b_w x \left(h_{w0} - \frac{x}{2}\right) + \alpha_1 f_c (b'_f - b_w) h'_f \left(h_{w0} - \frac{h'_f}{2}\right) \tag{7-48}$$

式中　　f_c——混凝土轴心抗压强度设计值;

α_1——受压区混凝土矩形应力图的应力值与混凝土轴心抗压强度设计值的比值。当混凝土强度等级不超过 C50 时,α_1 取 1.0,当混凝土强度等级为 C80 时,α_1 取 0.94,其间可按线性内插法确定。

f_y, f'_y——剪力墙端部受拉钢筋和受压钢筋屈服强度设计值;

f_{yw}——剪力墙竖向分布钢筋受拉强度设计值;

A_s, A'_s——剪力墙端部受拉钢筋和受压钢筋的面积;

e_0——偏心距,$e_0 = M/N$;

h_w, h_{w0}, b_w——剪力墙截面高度、有效高度和厚度;

x——混凝土受压区折算高度;

σ_s——受拉钢筋的应力值;

N_c, M_c——剪力墙受压区混凝土的合力及它对端部受拉钢筋的力矩;

N_{sw}, M_{sw}——剪力墙受拉区竖向钢筋的合力及它对端部受拉钢筋的力矩。

ρ_w——剪力墙竖向钢筋的配筋率。

以下就无地震作用组合时公式作一推导,有地震作用组合时下列公式中的 N 替换成 $N \cdot \gamma_{RE}$ 即可。

①大偏心受压状态

此时,$x \leqslant \xi_b h_{0w}$,$\sigma_s = f_y$,假设在 1.5 倍受压区范围之外钢筋达到受拉屈服强度,则

$$N_{sw} = (h_{w0} - 1.5x) b_w f_{yw} \rho_w \tag{7-49}$$

$$M_{sw} = \frac{1}{2}(h_{w0} - 1.5x)^2 b_w f_{yw} \rho_w \tag{7-50}$$

当 $x \leq h'_f$ 时，根据式(7-41)和式(7-45)可得：

$$x = \frac{N + A_{sw}f_{yw}}{\alpha_1 f_c b'_f + 1.5 A_{sw}f_{yw}/h_{w0}} \tag{7-51}$$

然后代入式(7-42)，求得 A_s 和 A'_s

$$A_s = A'_s = \frac{N(e_0 + \frac{h_w}{2} - a_s) + M_{sw} - \alpha_1 f_c b'_f x(h_{w0} - \frac{x}{2})}{(h_{w0} - a'_s)f_y} \tag{7-52}$$

当 $x > h'_f$ 时，根据式(7-41)和式(7-47)可得：

$$x = \frac{N + A_{sw}f_{yw} - \alpha_1 f_c (b'_f - b_w)h'_f}{\alpha_1 f_c b_w + 1.5 A_{sw}f_{yw}/h_{w0}} \tag{7-53}$$

然后代入式(7-42)，求得 A_s 和 A'_s

$$A_s = A'_s = \frac{N(e_0 + \frac{h_w}{2} - a_s) + M_{sw} - \alpha_1 f_c b'_f x(h_{w0} - \frac{x}{2}) - \alpha_1 f_c(b'_f - b_w)h'_f(h_{w0} - \frac{h'_f}{2})}{(h_{w0} - a'_s)f_y} \tag{7-54}$$

②小偏心受压状态

小偏心受压状态 σ_s 达不到 f_y，与小偏心受压柱的计算类似，σ_s 可按下式计算

$$\sigma_s = f_y \times \frac{\xi - \beta_1}{\xi_b - 0.8} \tag{7-55}$$

式中 $\xi = x/h_{0w}$。小偏心受压状态 $N_{sw} = 0$，$M_{sw} = 0$，一般情况下，受压区分布为图 7-17b 所示状态，根据式(7-41)和式(7-47)，可得：

$$N = \alpha_1 f_c b_w x + \alpha_1 f_c(b'_f - b_w)h'_f + A_s f_y \left(1 - \frac{\xi - \beta_1}{\xi_b - 0.8}\right) \tag{7-56}$$

并注意到 $M_{sw} = 0$，式(7-44)可改写为：

$$N\left(e_0 + \frac{h}{2} - a_s\right) = \alpha_1 f_c b_w x\left(h_{w0} - \frac{x}{2}\right) + \alpha_1 f_c(b'_f - b_w)h'_f\left(h_{w0} - \frac{h'_f}{2}\right) + A'_s f'_y(h_0 - a'_s) \tag{7-57}$$

将式(7-56)和式(7-57)联立求解，可求得 x 和 $A_s = A'_s$。

截面计算时通常可假定一种状态，比如假定为大偏心受压状态，按式(7-51)或式(7-53)求 x，如果 $x \leq \xi_b h_0$ 时，则按式(7-52)或式(7-54)求得配筋；否则，按小偏心受压来计算截面配筋。

（2）偏心受拉状态

无地震作用组合时，应满足：

$$\frac{N}{N_{0u}} + \frac{M}{M_{wu}} = N\left(\frac{1}{N_{0u}} + \frac{e_0}{W_{wu}}\right) \leq 1 \tag{7-58}$$

即

$$N \leqslant \cfrac{1}{\cfrac{1}{N_{0u}} + \cfrac{e_0}{M_{wu}}} \qquad (7\text{-}59)$$

有地震作用组合时,应满足:

$$N \leqslant \frac{1}{\gamma_{RE}} \cdot \left[\cfrac{1}{\cfrac{1}{N_{0u}} + \cfrac{e_0}{M_{wu}}} \right] \qquad (7\text{-}60)$$

式中　N_{0u}——剪力墙的轴心受拉承载力设计值;

　　　M_{wu}——剪力墙通过轴向拉力作用点的弯矩平面计算的正截面受弯承载力设计值;

　　　e_0——偏心距。

N_{0u},M_{wu}可按下列公式计算:

$$N_{0u} = 2A_s f_y + A_{sw} f_{yw} \qquad (7\text{-}61)$$

$$M_{wu} = A_s f_y (h_{w0} - a'_s) + A_{sw} f_{yw} (h_{w0} - a'_s)/2 \qquad (7\text{-}62)$$

式中　A_{sw}——剪力墙腹板竖向分布钢筋的全部截面面积。

2. 墙肢斜截面承载力计算

(1)偏心受压时斜截面的抗剪承载力

根据试验,钢筋混凝土剪力墙偏心受压时的剪切破坏有三种形态:即斜拉破坏、斜压破坏和剪压破坏,如图 7-18 所示。

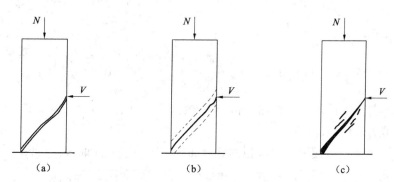

图 7-18　剪力墙剪切破坏形态

(a)斜拉破坏;(b)斜压破坏;(c)剪压破坏

当剪力墙横向钢筋配筋很少、剪跨比很大时,随荷载增加,斜裂缝一旦出现就形成一条主要的斜裂缝,并且迅速延伸至受压边缘,使构件劈裂为两部分而破坏。当竖向钢筋锚固不良时,也会发生类似破坏。斜拉破坏属于脆性破坏。

当剪力墙截面较小、横向钢筋配置过多,随荷载增加,横向钢筋达到屈服之前,剪力墙截面混凝土就被压碎破坏。斜压破坏也属于脆性破坏。

当剪力墙截面适中、横向钢筋配筋量适中,随荷载增加,横向钢筋应力逐渐增加,裂缝逐渐产生和扩展,混凝土受压区逐渐减小,在横向钢筋达到屈服后,剪力墙截面混凝土在剪应力和压应力的共同作用下,达到极限应变而破坏。这种破坏形态就是剪压破坏,是斜截面抗剪强度设计的依据。

防止剪力墙斜拉破坏,应限制剪力墙的最小配筋率。为防止剪力墙斜压破坏,应限制剪力墙的最小截面尺寸,即限制剪压比,其剪压比应符合下列公式要求:

1)无地震作用组合时

$$V \leqslant 0.25\beta_c f_c b_w h_{w0} \tag{7-63}$$

2)有地震作用组合,当剪跨比 $\lambda > 2.5$ 时

$$V \leqslant \frac{1}{\gamma_{RE}}(0.20\beta_c f_c b_w h_{w0}) \tag{7-64}$$

当剪跨比 $\lambda \leqslant 2.5$ 时

$$V \leqslant \frac{1}{\gamma_{RE}}(0.15\beta_c f_c b_w h_{w0}) \tag{7-65}$$

式中　b_w, h_{w0}——剪力墙截面的厚度和有效高度;

λ——计算截面处的剪跨比,即 $M_c/(V_c h_{w0})$,其中 M_c、V_c 为同一组合的未调整的弯矩和剪力值。

轴向压力对剪力墙的抗剪承载力起有利作用,偏心受压剪力墙斜截面承载力按下列公式计算:

①无地震作用组合时

$$V \leqslant \frac{1}{\lambda - 0.5}\left(0.5f_t b_w h_{w0} + 0.13N\frac{A_w}{A}\right) + f_{yh}\frac{A_{sh}}{s_v}h_{w0} \tag{7-66}$$

②有地震作用组合时

$$V \leqslant \frac{1}{\gamma_{RE}}\left[\frac{1}{\lambda - 0.5}\left(0.4f_t b_w h_{w0} + 0.1N\frac{A_w}{A}\right) + 0.8f_{yh}\frac{A_{sh}}{s}h_{w0}\right] \tag{7-67}$$

式中　N——与剪力设计值 V 相应的轴力设计值,当 $N > 0.2f_c b_w h_{w0}$ 时取 $0.2f_c b_w h_{w0}$;

A——剪力墙的截面面积;

A_w——T 形、I 形截面剪力墙腹板的截面面积。对矩形截面取 $A_w = A$;

A_{sh}——同一水平截面内的水平分布钢筋的全部截面面积;

s_v——水平钢筋的竖向间距;

h_{w0}——剪力墙截面的有效高度;

λ——设计截面的剪跨比,$\lambda = M/(V h_{w0})$,当 $\lambda < 1.5$ 时取 1.5,$\lambda > 2.2$ 时取 2.2。

(2)偏心受拉时斜截面的抗剪承载力

偏心受拉的混凝土剪力墙,斜截面抗剪承载力按下列公式计算:

1)无地震作用组合时

$$V \leqslant \frac{1}{\lambda - 0.5}\left(0.5f_t b_w h_{w0} - 0.13N\frac{A_w}{A}\right) + f_{yh}\frac{A_{sh}}{s}h_{w0} \tag{7-68}$$

当上式右边的计算值小于 $f_{yh}\dfrac{A_{sh}}{s}h_{w0}$ 时,取等于 $f_{yh}\dfrac{A_{sh}}{s}h_{w0}$。

2)有地震作用组合时

$$V \leqslant \frac{1}{\gamma_{RE}} \left[\frac{1}{\lambda - 0.5} \left(0.4f_t b_w h_{w0} - 0.1N \frac{A_w}{A} \right) + 0.8f_{yh} \frac{A_{sh}}{s} h_{w0} \right] \qquad (7\text{-}69)$$

当上式右边方括号内的计算值小于 $0.8f_{yh} \dfrac{A_{sh}}{s} h_{w0}$ 时,取等于 $0.8f_{yh} \dfrac{A_{sh}}{s} h_{w0}$。

3. 连梁承载力计算

洞口连梁承受弯矩、剪力和轴力的共同作用,一般情况下轴力较小,计算中可以忽略不计,连梁正截面承载力的计算与普通受弯梁计算方法相同。

(1)连梁内力调整

一、二、三级剪力墙中跨高比大于 2.5 的连梁,其梁端剪力的调整应满足式(6-34)的要求,9 度时尚应满足式(6-35)的要求。

(2)连梁最小截面限制

为防止连梁发生脆性的斜压破坏,其截面尺寸应满足下列公式的要求:

1)无地震作用组合时

$$V \leqslant 0.25\beta_c f_c b h_0 \qquad (7\text{-}70)$$

2)有地震作用组合,当跨高比大于 2.5 时

$$V \leqslant \frac{1}{\gamma_{RE}} (0.2\beta_c f_c b h_0) \qquad (7\text{-}71)$$

当跨高比不大于 2.5 时

$$V \leqslant \frac{1}{\gamma_{RE}} (0.15\beta_c f_c b h_0) \qquad (7\text{-}72)$$

式中　b, h_0——连梁截面的宽度和有效高度。

(3)连梁斜截面承载力设计

大多数连梁的跨高比较小,剪切变形较大,容易出现剪切斜裂缝,特别是在反复荷载作用下。

连梁的剪力应符合下列公式要求:

1)无地震作用组合时

$$V \leqslant 0.7f_t b h_0 + f_{yv} \frac{A_{sv}}{s} h_0 \qquad (7\text{-}73)$$

2)有地震作用组合,当跨高比大于 2.5 时

$$V \leqslant \frac{1}{\gamma_{RE}} \left(0.42f_t b h_0 + f_{yv} \frac{A_{sv}}{s} h_0 \right) \qquad (7\text{-}74)$$

当跨高比不大于 2.5 时

$$V \leqslant \frac{1}{\gamma_{RE}} \left(0.38f_t b h_0 + 0.9f_{yv} \frac{A_{sv}}{s} h_0 \right) \qquad (7\text{-}75)$$

137

4. 一级剪力墙水平施工缝的受剪抗滑移能力验算

剪力墙水平施工缝是薄弱部位,由于施工时混凝土可能结合不良,一级剪力墙水平施工缝应进行抗滑移能力验算。验算时考虑轴向力的影响,穿越施工缝的钢筋由于受力状态复杂,强度乘以折减系数 0.6,受剪承载力按下式验算:

$$V_\mathrm{w} \leqslant \frac{1}{\gamma_\mathrm{RE}}(0.6f_yA_\mathrm{s}+0.8N) \qquad (7\text{-}76)$$

式中　V_w——水平施工缝处考虑地震作用组合的剪力设计值;

　　　N——考虑地震作用组合的水平施工缝处的轴向力设计值,压力取正值,拉力取负值;

　　　A_s——剪力墙水平施工缝处全部竖向钢筋截面面积,包括竖向分布钢筋、附加竖向插筋以及边缘构件(不包括两侧翼墙)纵向钢筋的总截面面积;

　　　f_y——竖向钢筋抗拉强度设计值。

7.3.3 剪力墙的构造要求

1. 截面和配筋的一般要求

当剪力墙的墙肢长度大于墙厚的 4 倍时,宜按剪力墙进行设计。当剪力墙的墙肢长度不大于墙厚的 3 倍时,应按柱的要求进行设计,且箍筋应全高加密。剪力墙的混凝土强度等级不应低于 C20,带有筒体和短肢剪力墙的剪力墙结构的混凝土强度等级不应低于 C25。为保证剪力墙墙体的稳定和浇筑混凝土质量,钢筋混凝土剪力墙的厚度,不应小于表 7-16 的数值。

表 7-16　剪力墙的最小厚度(mm)

抗 震 等 级	部　　　　位		最小厚度(取较大值)
一 、二 级	一 般 情 况	底 部 加 强 部 位	$200, H/16$
		其 他 部 位	$160, H/20$
	无端柱或翼墙的一字形剪力墙	底 部 加 强 部 位	$200, H/12$
		其 他 部 位	$180, H/15$
三 、四 级	底 部 加 强 部 位		$160, H/20$
	其 他 部 位		$160, H/25$
非 抗 震			$160, H/25$

注:1)表中 H 为层高(mm)或剪力墙无支长度。

　　2)分隔电梯井或管道井的墙肢厚度可适当减小,但不宜小于 160mm。

为提高剪力墙的侧向稳定,防止温度收缩裂缝,剪力墙竖向和横向分布钢筋不应采用单排配筋。当剪力墙截面厚度 b_w 不大于 400mm 时,可采用双排配筋;当 b_w 大于 400mm,但不大于 700mm 时,宜采用三排配筋;当 b_w 大于 700mm 时,宜采用四排配筋。各排分布钢筋间拉筋的间距不应大于 600mm,直径不应小于 6mm;在底部加强部位,约束边缘构件以外的拉筋间距应适当加密。

为了控制剪力墙因温度应力、收缩应力或剪力引起的裂缝宽度,保证必要的承载力,剪力墙横向和竖向分布钢筋,应符合下列要求:一、二、三级剪力墙的竖向和横向分布钢筋最小配筋率均不应小于0.25%;四级剪力墙不应小于0.20%;钢筋最大间距不应大于300mm,最小直径不应小于8mm。且剪力墙竖向、横向分布钢筋的钢筋直径不宜大于墙厚的1/10。

剪力墙竖向及水平分布钢筋的搭接连接,一、二级抗震等级剪力墙加强部位,接头位置应错开,每次连接的钢筋数量不宜超过总数量的50%,错开净距不宜小于500mm;其他情况剪力墙的钢筋可在同一部位搭接连接。非抗震设计时,分布钢筋的搭接长度不应小于$1.2l_a$,抗震设计不小于$1.2l_{aE}$(图7-19)。

为保证剪力墙底部塑性铰区的延性性能,一级和二级剪力墙,底部加强部位在重力荷载代表值作用下墙肢的轴压比$N/(f_cA)$,不宜超过表7-17中数值。

表7-17　剪力墙轴压比限值

抗 震 等 级	一	级	二 级
设防烈度	9度	7、8度	
轴压比限值	0.4	0.5	0.6

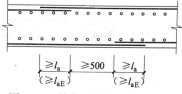

图7-19　剪力墙分布钢筋的连接
注:括号内的标注用于抗震设计

2．约束边缘构件和构造边缘构件

钢筋混凝土剪力墙宜设置边缘构件,比如设置端柱、暗柱、暗梁等。试验表明,设有约束边缘构件的剪力墙比矩形截面剪力墙的极限承载力可提高40%,极限层间位移角可提高一倍,对地震能量的消耗能力可提高20%,极限承载力和延性均有大幅提高或改善。在地震作用下剪力墙的塑性变形能力除了与配筋有关外,主要和截面形状、受压区高度大小、墙两端约束情况、约束范围的配箍特征值有关。当剪力墙截面受压区高度很小或轴压比很小时,即使不设置约束边缘构件,剪力墙也具有良好的延性性能。而当剪力墙轴压比或截面相对受压区高度超过一定限值时,为改善其延性,就需要设置约束边缘构件并配置一定数量的纵向钢筋和箍筋。

剪力墙的边缘构件分为两类,即约束边缘构件和构造边缘构件。一、二级剪力墙底部加强部位及相邻的上一层的墙肢端部应设置约束边缘构件,其他部分和三、四级剪力墙及非抗震设计的剪力墙墙肢端部可只设置构造边缘构件。

剪力墙的约束边缘构件包括暗柱、端柱和翼墙(图7-20)。约束边缘构件的长度和配箍特征值均应符合下列要求:约束边缘构件沿墙肢的长度l_c不应小于表7-18中数值、$1.5b_w$和450mm三者的最大值,当有端柱、翼墙或转角墙时,尚不应小于翼墙厚度或端柱沿墙肢方向截面高度加300mm。约束构件箍筋或拉筋沿竖向间距,一级不应大于100mm,二级不应大于150mm。约束边缘构件图7-20阴影部分的体积配箍率应符合下式要求:

$$\rho_v \geqslant \lambda_v f_c / f_{yv} \tag{7-77}$$

式中　ρ_v——图7-20阴影部分箍筋的体积配箍率;

　　　f_c——混凝土轴心抗压强度设计值,强度等级低于C35时,按C35计算;

　　　f_{yv}——箍筋或抗拉强度设计值,超过360kN/mm²时取360kN/mm²;

　　　λ_v——约束边缘构件配箍特征值,按表7-18选用。对于图7-20中$\lambda_v/2$的区域可计入拉筋。

表 7-18　剪力墙约束边缘构件的范围 l_c 及配箍特征值 λ_v

项　　目	一　级　（9度）	一　级　（7、8度）	二　级
λ_v	0.20	0.20	0.20
l_c(暗柱)	$0.25h_w$	$0.20h_w$	$0.20h_w$
l_c(端柱或翼墙)	$0.20h_w$	$0.15h_w$	$0.15h_w$

注：1. 翼墙长度小于其厚度 3 倍时，视为无翼墙；端柱截面边长小于墙厚 2 倍时，视为无端柱；
　　2. h_w 为剪力墙墙肢的长度。

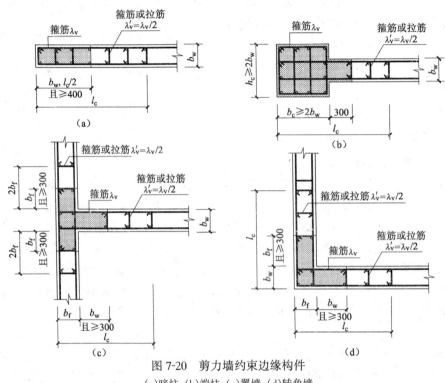

图 7-20　剪力墙约束边缘构件
(a)暗柱；(b)端柱；(c)翼墙；(d)转角墙

　　约束边缘构件纵向钢筋的配筋范围不应小于图 7-20 的阴影面积。其纵向钢筋最小截面面积，一级抗震设计时不应小于阴影部分面积的 1.2%，且不应小于 6φ16；二级抗震设计时不应小于阴影部分面积的 1.0%，且不应小于 6φ14。

　　剪力墙构造边缘构件的范围应符合图 7-21 的要求，构造边缘构件的配筋除应满足正截面承载力计算外，还应符合表 7-19 的要求。表中 A_c 为计算边缘构件纵向构造钢筋的暗柱或端柱面积，即图 7-21 中的阴影部分面积。

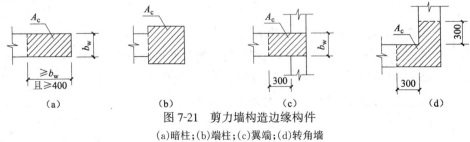

图 7-21　剪力墙构造边缘构件
(a)暗柱；(b)端柱；(c)翼端；(d)转角墙

表 7-19　剪力墙构造边缘构件的配筋要求

抗震等级	底 部 加 强 部 位			其 他 部 位		
	纵向钢筋最小量（取较大值）	箍 筋		纵向钢筋最小量（取较大值）	箍 筋 或 拉 筋	
		最小直径（mm）	沿竖向最大间距（mm）		最小直径（mm）	沿竖向最大间距（mm）
一	—	—	—	$0.008A_c,6\phi14$	8	150
二	—	—	—	$0.006A_c,6\phi12$	8	200
三	$0.005A_c,4\phi12$	6	150	$0.004A_c,4\phi12$	6	200
四	$0.005A_c,4\phi12$	6	200	$0.004A_c,4\phi12$	6	250

3. 连梁及开洞的构造要求

一、二级抗震等级各类结构中的剪力墙连梁，当跨高比 $l_0/h \leqslant 2.0$，且连梁截面宽度不小于 200mm 时，除配置普通箍筋外，宜另设斜向交叉构造钢筋，以提高其抗震性能和抗剪性能（图7-22）。

连梁顶面、底面纵向受力钢筋伸入墙内的锚固长度，抗震设计时不应小于 l_{aE}，非抗震设计时不应小于 l_a，且不应小于 600mm（图7-23）。

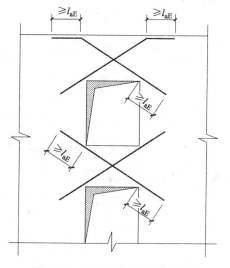

图 7-22　连梁斜向交叉钢筋构造
注：非抗震设计时图中 l_{aE} 应取 l_a。

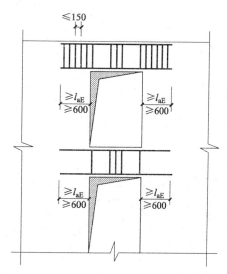

图 7-23　连梁配筋构造图
注：非抗震设计时图中 l_{aE} 应取 l_a。

抗震设计时，沿连梁全长箍筋的构造应按框架梁梁端加密区箍筋的构造要求采用；非抗震设计时，沿连梁全长的箍筋直径不应小于 6mm，间距不应大于 150mm；

顶层连梁纵向钢筋伸入墙体的长度范围内应配置间距不大于 150mm 的构造箍筋，箍筋直径应与该连梁的箍筋直径相同。

墙体水平分布钢筋应作为连梁的腰筋在连梁范围内拉通连续配置；当连梁截面高度大于 700mm 时，其两侧面沿梁高范围设置的腰筋直径不应小于 10mm，间距不应大于 200mm；对跨高比不大于 2.5 的连梁，梁两侧腰筋的面积配筋率不应小于 0.3%。

剪力墙墙面开洞和连梁开洞时，应符合下列要求：

当剪力墙墙面开有非连续小洞口，洞口其各边长度小于 800mm，且在整体计算中不考虑其影响时,应将洞口被截断的分布筋量集中配置在洞口上、下和左、右两边(图7-24a)且钢筋直径不小于12mm。

穿过连梁的管道宜预埋套管,洞口上、下的有效高度不宜小于梁高的1/3,且不宜小于200mm,洞口处宜配置补强钢筋,被洞口削弱的截面应进行承载力验算(图7-24b)。

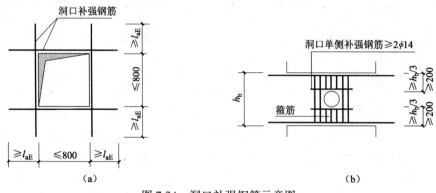

图7-24 洞口补强钢筋示意图

(a)剪力墙洞口补强;(b)连梁洞口补强

注:非抗震设计时图中 l_{aE} 应取 l_a。

第8章 框架-剪力墙结构

8.1 结构布置

框架-剪力墙结构(抗震区又称框架-抗震墙结构)体系中的柱网布置原则与框架结构类似,其结构布置的关键是剪力墙的数量、间距和布置原则。

8.1.1 剪力墙的数量

框架-剪力墙结构中剪力墙的合理数量,是关系到框-剪力墙结构体系是否安全、经济、合理的关键问题。日本曾分析过福井地震和十胜冲地震中钢筋混凝土多层建筑的震害,得出了壁率与破坏程度的关系图(图 8-1),这一粗略的统计结果揭示了一个重要的规律:剪力墙越多,震害越轻。但如果剪力墙数量超过了实际需要,超过了合理数量,就会增加建筑物的造价,在经济上是不合算的。剪力墙增多,结构刚度也会随之增大,周期缩短,地震作用也加大,不仅使上部结构内力增大,材料耗用量增大,而且也使基础设计困难,基础造价提高。虽然,增加剪力墙后,框架负担的水平力会有所减少,但在抗震设计时,为保证框架部分的安全,控制框架设计剪力的最小值。此时,框架部分的耗材并不因剪力墙的再增加而减少。因此,一般按下列步骤和要求设计适宜的剪力墙数量。

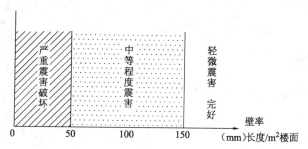

图 8-1 壁率与破坏程度的关系

1. 根据工程经验初估剪力墙的数量

根据以往的工程实践,从一些较合理的高层框-剪结构体系来看,剪力墙纵横方向总截面面积 A_w、框架柱截面面积 A_c 和楼面面积 A_f 之间,大致有表 8-1 的关系。层数多、高度大的框-剪体系,宜取表中上限值。剪力墙纵横两个方向总量宜在表 8-1 所列范围之内,两个方向剪力墙的数量宜相近。

表 8-1 底层结构截面面积与楼面面积之比

设 计 条 件	$(A_w + A_c)/A_f$	A_w/A_f
7度Ⅱ类场地	3%～5%	1.5%～2.5%
8度Ⅱ类场地	4%～6%	2.5%～3%

2. 满足位移限值要求

初估的剪力墙数量应满足《高层建筑混凝土结构技术规程》规定的位移限值要求。楼层最大层间位移与层高之比应满足下式要求：

$$\frac{\Delta u}{h} \leqslant \frac{1}{800} \tag{8-1}$$

工程实践中常用值：$\dfrac{\Delta u}{h} = \dfrac{1}{1000} \sim \dfrac{1}{1600}$。

3. 剪力墙与柱内力比应匹配

当 $M_f/M_0 > 0.5$ 时，应按纯框架考虑框架的抗震等级；当 $V_f/V_0 < 0.2$ 时，框架总剪力应按 $0.2V_0$ 和 $1.5V_{f,max}$ 两者的较小值采用，不经济。为了能充分发挥框架-剪力墙结构体系的特性，剪力墙与柱内力比应匹配，其适宜范围为：

$$M_f/M_0 = 0.25 \sim 0.5 \tag{8-2}$$
$$V_f/V_0 = 0.2 \sim 0.4 \tag{8-3}$$

式中　　M_f——框架部分承受的地震倾覆力矩；

　M_0，V_0——结构总倾覆力矩、结构底层总剪力；

　　　V_f——框架承受的层间最大地震剪力；

　$V_{f,max}$——对框架柱数量从下至上基本不变的规则结构，应取对应于地震作用标准值且未经调整的各层框架承担的地震总剪力中的最大值；对框架柱数量从下至上分段有规律变化的结构，应取每段中对应于地震作用标准值且未经调整的各层框架承担的地震总剪力中的最大值。

8.1.2　剪力墙的间距

在框架-剪力墙结构中，由于框架和剪力墙的刚度相差悬殊，要求楼盖必须有足够的平面内刚度，框架与剪力墙才能协同工作，将大部分水平力传到剪力墙上去。因此，应优先采用现浇楼盖。剪力墙的间距与楼板宽度的比值 L/B 是保证楼盖平面外刚度的主要因素，其值与楼盖类型和构造有关，与地震烈度有关。横向剪力墙的间距宜满足表8-2的要求。

表8-2　横向剪力墙的间距

楼　面　类　型	非抗震设计	抗　震　设　计		
		6、7度	8度	9度
现　　　浇	≤5B 且≤60m	≤4B 且≤50m	≤3B 且≤40m	≤2B 且≤30m
装 配 整 体	≤3.5B 且≤50m	≤3B 且≤40m	≤2.5B 且≤30m	—

注：1. 表中 B 为楼面的宽度。

　　2. 装配整体楼面是指在预制梁、板装配好后，现浇混凝土面层以构成整体而成的楼面，现浇层应符合《高层建筑混凝土结构技术规程》JGJ 3—2002 4.5.3条的有关规定。

　　3. 现浇部分厚度大于60mm的预应力或非预应力叠合楼板可视为现浇板。

8.1.3 剪力墙的布置原则

1. 布置原则

剪力墙的平面布置应遵循"分散、均匀、对称、周边"的布置原则。"分散"就是希望剪力墙的片数多,每片剪力墙的抗侧刚度相差不大,避免一、二片刚度特大的剪力墙受力过于集中,而遭受较严重的震害。由于剪力墙的刚度较大,应均匀、对称布置,尽量使刚心与质心重合,减小房屋的扭转效应。剪力墙还应尽量靠近结构单元的外周布置,以增大房屋的抗扭刚度,减小扭转周期。

沿竖向,剪力墙宜贯通建筑物全高,厚度随高度逐渐减薄,避免刚度突变;剪力墙开洞时,洞口宜上下对齐。

2. 布置位置

(1)剪力墙宜均匀布置在建筑物的周边附近、楼梯间、电梯间、平面形状变化处及恒载较大的部位,抗震设计时,剪力墙的布置宜使结构两个主轴方向的侧向刚度接近;

(2)平面形状凹凸较大时,宜在凸出部分的端部附近布置剪力墙;

(3)纵、横向剪力墙宜布置成 L 形、T 形和匸形等型;

(4)纵向剪力墙宜布置在单元的中间区段内。

图 8-2 为国内典型框架-剪力墙结构工程平面图。

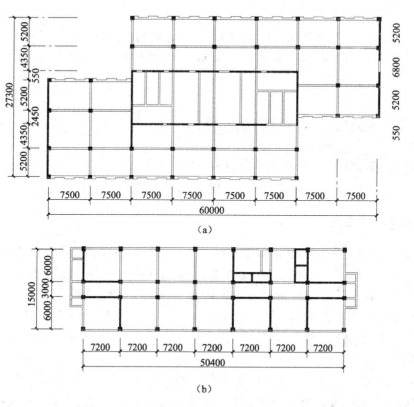

(a)

(b)

图 8-2 国内典型框架-剪力墙工程的平面图(一)

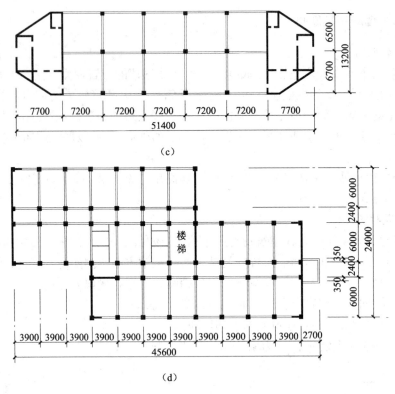

图 8-2 国内典型框架-剪力墙工程的平面图(二)

(a)上海宾馆(27层,91.5m);(b)沈阳东北电网调度中心(23层,105m)

(c)深圳医药大厦(26层,89m);(d)上海铁路局办公楼(17层,60m)

8.2 框架-剪力墙结构平面协同分析

在竖向荷载作用下,框架和剪力墙各自承受所在范围的荷载,其内力和位移的计算比较简单;但在水平荷载作用下,由于楼盖将两者连接在一起,计算时需要考虑剪力墙和框架协同工作。

8.2.1 框架与剪力墙的协同工作

框架-剪力墙结构体系中,框架和剪力墙的性能完全不同,如图 8-3a 所示的剪力墙如同一竖向悬臂梁,水平荷载作用下的变形曲线呈弯曲型,并示于图 8-3c 中(a 曲线);如图 8-3b 所示的框架在水平荷载作用下,其变形呈剪切型,并示于图 8-3c 中(b 曲线)。但框架剪力墙结构中的框架和剪力墙由楼面结构连接成整体,如图 8-4a 所示。由于刚性楼面的整体连接作用,使框架和剪力墙协同工作,彼此相互约束,框架剪力墙结构的变形曲线将介于弯曲型与剪切型之间呈弯剪型(图 8-3c 中的 c 曲线)。

对框架-剪力墙结构协同工作特点作进一步分析:在结构下部,剪力墙位移小,剪力墙把框架向左边拉(图 8-4b),使框架成弯曲型变形曲线(图 8-3c)中的 a 曲线,剪力墙承担大部分水平力;在结构上部,与之相反,框架把剪力墙向左边拉(图 8-4b),使剪力墙成剪切型变形曲线,框-剪结构变形曲线为反 S 型曲线。

146

由以上的初步分析可知,由于楼面的连接作用,框架-剪力墙协同工作,有共同的变形曲线。因此,在框架与剪力墙之间产生了相互作用力。作用力自上而下并不是相等的,有时甚至会改变方向(8-4b)。

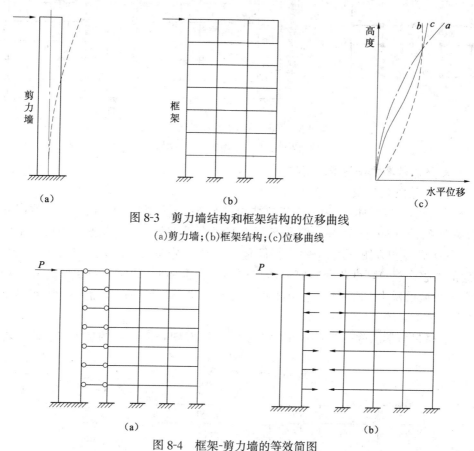

图 8-3 剪力墙结构和框架结构的位移曲线
(a)剪力墙;(b)框架结构;(c)位移曲线

图 8-4 框架-剪力墙的等效简图

框架-剪力墙结构协同工作的计算方法很多,但主要分两大类:一类是用矩阵位移法由计算机求解;一类是简化计算方法。下面介绍一种工程上常用的简化计算方法——弹性地基梁法。

8.2.2 铰结体系协同工作计算

1. 基本假定与计算简图

楼盖是框架和剪力墙协同工作的基础,为简化计算特作如下基本假定:

(1)楼盖在其自身平面内为刚度无限大的平板;

(2)房屋在水平荷载作用下不发生扭转。

在此基本假定的前提下,在水平荷载作用下,同一楼层标高处,框架和剪力墙的水平位移是相等的。为此,可将建筑区段内(图 8-5a)的所有框架和剪力墙各自综合在一起,分别形成纵、横向的综合框架和综合剪力墙,并以连梁代替楼盖来考虑框架和剪力墙的协同工作,按平面结构分析计算,横向抗侧力结构的计算简图,如图 8-5b 所示。连梁与墙刚结,与框架铰结,称为刚结体系。当连梁刚度较小时,对墙肢的约束弱,可忽略对墙肢的约束作用,把连梁处理为铰结(图 8-5c),称为铰结体系。

147

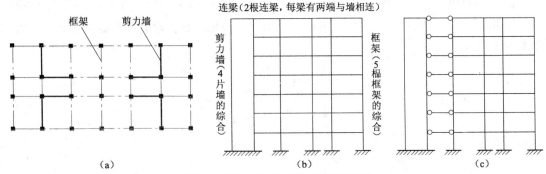

图 8-5　框架-剪力墙结构的计算简图

(a)平面图;(b)刚结体系;(c)铰结体系

2．铰结体系计算方法的基本思路

(1)基本方程的建立及其一般解

图 8-6a 所示的铰结体系,为一连杆拉结的多次超静定结构,内力分析时,可将连杆截断代之以未知力 P_{Fi}(图 8-6b),对综合剪力墙来说,除受外荷载外还有框架给剪力墙的集中反作用力 P_{Fi}。为了计算的方便,可以把集中力简化为连续的分布力 $P_F(x)$,如图 8-6c、图 8-6d 所示,相应的沿整个建筑高度范围内剪力墙与框架变形都相同,即两者的变形曲线 y 相同。这样,综合剪力墙可视为下端固定、上端自由,承受外荷载与框架弹性反力的一个"弹性地基梁",综合框架就是该梁的"弹性地基"。

1)根据材料力学悬臂杆件荷载与位移的关系式,对图 8-6c 所示的悬臂综合剪力墙则有:

$$EJ_W \frac{\mathrm{d}^4 y}{\mathrm{d}x^4} = p(x) - P_F(x) \tag{8-4}$$

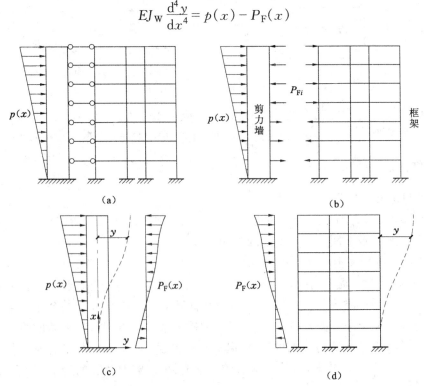

图 8-6　剪力墙铰结体系的内力分析

148

2)总框架的剪切刚度计算

框架在水平力作用下的变形曲线类似于梁的剪切变形曲线,如图 8-7 所示。令层间框架产生单位剪切变形所需要的剪力为 C_F(图 8-7a),称之为框架的剪切刚度。

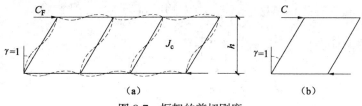

图 8-7　框架的剪切刚度

(a)层间框架的变形;(b)梁的剪切变形

框架某层第 j 根柱子的侧移刚度为 $D_j = \alpha \dfrac{12 i_{cj}}{h^2}$,则该层框架的侧移刚度值应为 $\sum D_j = 12 \sum \alpha \dfrac{i_{cj}}{h^2}$,根据 D 的物理意义(柱端产生单位水平位移时所需要的剪力)和框架剪切刚度的定义,由图 8-5 可得总框架的剪切刚度为:

$$C_F = \sum D_j h = \frac{12}{h} \sum \alpha i_{cj} \qquad (8-5)$$

C_F 的物理意义是楼层产生单位剪切变形时所需的剪力。

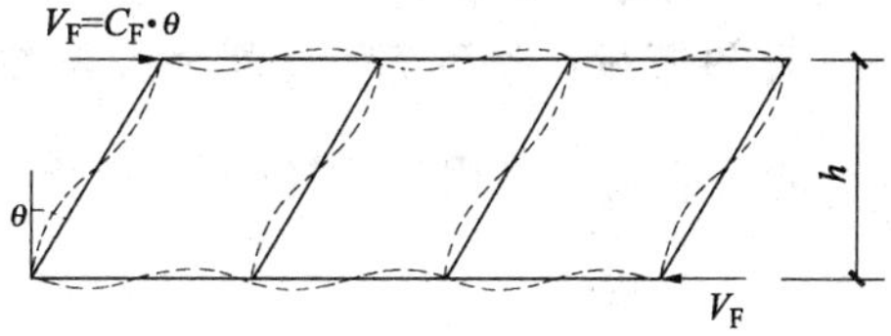

当剪切变形为 θ 时,框架所受的剪力为(图 8-8):

图 8-8　框架剪力计算

$$V_F = C_F \theta = C_F \frac{\mathrm{d}y}{\mathrm{d}x} \qquad (8-6)$$

微分一次得:$\dfrac{\mathrm{d}V_F}{\mathrm{d}x} = C_F \dfrac{\mathrm{d}^2 y}{\mathrm{d}x^2} = -p_F(x)$　　　　　　　　　　　　　　　　(8-7)

3)建立微分方程

将式(8-7)代入式(8-4)得:

$$EJ_w \frac{\mathrm{d}^4 y}{\mathrm{d}x^4} = p(x) + C_F \frac{\mathrm{d}^2 y}{\mathrm{d}x^2}$$

即:
$$\frac{\mathrm{d}^4 y}{\mathrm{d}x^4} - \frac{C_F}{EJ_w} \frac{\mathrm{d}^2 y}{\mathrm{d}x^2} = \frac{p(x)}{EJ_w} \qquad (8-8)$$

该式即为求解 y 的微分方程。为方便应用,引入结构刚度特征值 $\lambda = H \sqrt{\dfrac{C_F}{EJ_w}}$ 和系数 $\xi = \dfrac{x}{H}$,式(8-8)变为:

$$\frac{\mathrm{d}^4 y}{\mathrm{d}\xi^4} - \lambda^2 \frac{\mathrm{d}^2 y}{\mathrm{d}\xi^2} = \frac{p(\xi)H^4}{EJ_w} \qquad (8-9)$$

该四阶常系数线性微分方程的一般解为:

$$y = C_1 + C_2 \xi + A sh\lambda\xi + B ch\lambda\xi + y_1 \qquad (8-10)$$

149

式中 C_1、C_2、A、B 是任意常数。y_1 是式(8-9)的任意特解,视具体荷载而定。

(2)综合剪力墙和综合框架的内力及顶点位移的计算

求得位移曲线 $y(x)$ 后,利用下述的微分关系求综合剪力墙和综合框架的内力及总荷载。

综合剪力墙的弯矩: $\qquad M_w = \dfrac{EJ_w}{H^2} \dfrac{d^2 y}{d\xi^2}$(左边受拉为正) $\qquad\qquad$ (8-11)

综合剪力墙的剪力: $\qquad V_w = -\dfrac{EJ_w}{H^3} \dfrac{d^3 y}{d\xi^3}$ $\qquad\qquad\qquad\qquad$ (8-12)

荷载: $\qquad\qquad\qquad p_w = \dfrac{EJ_w}{H^4} \dfrac{d^4 y}{d\xi^4}$ $\qquad\qquad\qquad\qquad\qquad$ (8-13)

综合框架的剪力: $\qquad V_F = C_F \dfrac{dy}{dx} = \dfrac{C_F}{H} \dfrac{dy}{d\xi}$ $\qquad\qquad\qquad$ (8-14)

顶点位移: $\qquad\qquad \Delta = y(\xi = 1)$ $\qquad\qquad\qquad\qquad\qquad\qquad$ (8-15)

分别求出综合剪力墙和综合框架的内力和位移后,再按抗侧刚度的大小将内力分配给每榀框架或剪力墙。需要指出的是:无论框架的刚度如何,其底部的剪力总等于零。产生这种现象是由于将独立受力时变形曲线形状不同的剪力墙和框架(前者为弯曲型,后者为剪切型)连成整体因而变形必须协调的缘故。

3. 均布荷载作用下的计算公式与图表

均布荷载 q 作用时,式(8-9)的特解 $y_1 = -\dfrac{qH^2}{2C_F} \xi^2$,代入式(8-10),得方程的一般解为:

$$y = C_1 + C_2 \xi + A sh\lambda\xi + B ch\lambda\xi - \frac{Hq^2}{2C_F} \xi^2 \qquad (8-16)$$

式中四个任意常数由剪力墙上、下端的边界条件确定:

(1)当 $x = H$(即 $\xi = 1$)时,框架-剪力墙体系顶部总剪力为零,得:$C_2 = \dfrac{qH^2}{C_F}$;

(2)当 $x = 0$(即 $\xi = 0$)时,剪力墙转角为零,得:$A = -\dfrac{C_2}{\lambda} = -\dfrac{qH^2}{C_F \lambda}$;

(3)当 $x = H$(即 $\xi = 1$ 时),剪力墙弯矩 M_w 为零,得:$B = \dfrac{qH^2}{C_F \lambda^2} \left(\dfrac{\lambda sh\lambda + 1}{ch\lambda} \right)$;

(4)当 $x = 0$ 时,(即 $\xi = 0$ 时),$y = 0$,得:$C_1 = -B = -\dfrac{qH^2}{C_F \lambda^2} \left(\dfrac{\lambda sh\lambda + 1}{ch\lambda} \right)$。

将求得的积分常数代入式(8-16),整理后得:

$$y = \frac{qH^2}{C_F \lambda^2} \left[\left(\frac{\lambda sh\lambda + 1}{ch\lambda} (ch\lambda\xi - 1) \right) - \lambda sh\lambda\xi + \lambda^2 \left(\xi - \frac{\xi^2}{2} \right) \right] \qquad (8-17)$$

有了 y,由式(8-11)、式(8-12)、式(8-14),可求出剪力墙的弯矩、剪力及框架的剪力计算公式如下:

$$M_w = \frac{EJ_w}{H^2} \frac{d^2 y}{d\xi^2} = \frac{qH^2}{\lambda^2} \left[\left(\frac{\lambda sh\lambda + 1}{ch\lambda} \right) ch\lambda\xi - \lambda sh\lambda\xi - 1 \right] \qquad (8-18)$$

$$V_w = -\frac{dM_w}{Hd\xi} = \frac{qH}{\lambda} \left[\lambda ch\lambda\xi - \left(\frac{\lambda sh\lambda + 1}{ch\lambda} \right) sh\lambda\xi \right] \qquad (8-19)$$

$$V_F = C_F \frac{dy}{dx} = C_F \frac{dy}{Hd\xi} = qH \left[\left(\frac{\lambda sh - 1}{ch\lambda} \right) \frac{1}{\lambda} sh\lambda\xi - ch\lambda\xi + (1 - \xi) \right] \qquad (8-20)$$

框架的剪力也可以从总剪力减去剪力墙的剪力得到：

$$V_F = V - V_w = qH(1 - \xi) - V_w \tag{8-21}$$

为了使用方便，按式(8-17)、式(8-18)、式(8-19)分别作出了均布荷载的位移系数(图表 8-1)、均布荷载剪力墙的弯矩系数(图表 8-2)和剪力系数表(图表 8-3)，计算时可直接查用。图表是按下述公式给定不同的结构刚度特征值 λ 绘制的。

$$\frac{y(\xi)}{f_H} = \frac{8}{\lambda^4} \Big[\Big(\frac{\lambda sh + 1}{ch\lambda} \Big)(ch\lambda\xi - 1) - \lambda sh\lambda\xi + \lambda^2 \Big(\xi - \frac{1}{2}\xi^2 \Big) \Big] \tag{8-22}$$

$$\frac{M_w(\xi)}{M_0} = \frac{2}{\lambda^2} \Big[\Big(\frac{\lambda sh\lambda + 1}{ch\lambda} \Big) ch\lambda\xi - \lambda sh\lambda\xi - 1 \Big] \tag{8-23}$$

$$\frac{V_w(\xi)}{V_0} = \frac{1}{\lambda} \Big[\lambda ch\lambda\xi - \Big(\frac{\lambda sh\lambda + 1}{ch\lambda} \Big) sh\lambda\xi \Big] \tag{8-24}$$

有了剪力墙的剪力系数，框架的剪力系数可用下式计算：

$$\frac{V_F(\xi)}{V_0} = (1 - \xi) - \frac{V_w(\xi)}{V_0} \tag{8-25}$$

式中　f_H——剪力墙本身单独承受均布荷载时的顶部位移，$f_H = \dfrac{qH^4}{8EJ_w}$；

　　　M_0——均布荷载对底部的总弯矩，$M_0 = \dfrac{1}{2}qH^2$；

　　　V_0——均布荷载对底部的总剪力，$V_0 = qH$。

4. 倒三角形荷载和顶部集中力作用时的计算公式和图表

同理，可推导出倒三角形荷载和顶部集中力作用时的位移系数、剪力墙的弯矩、剪力系数公式如下：

(1)倒三角形荷载计算公式

$$\frac{y(\xi)}{f_H} = \frac{120}{11}\frac{1}{\lambda^2} \Big[\Big(\frac{sh\lambda}{2\lambda} - \frac{sh\lambda}{\lambda^3} + \frac{1}{\lambda^2} \Big) \Big(\frac{ch\lambda\xi - 1}{ch\lambda} \Big) + \Big(\xi - \frac{sh\lambda\xi}{\lambda} \Big) \Big(\frac{1}{2} - \frac{1}{\lambda^2} \Big) - \frac{\xi^3}{6} \Big] \tag{8-26}$$

$$\frac{M_w(\xi)}{M_0} = \frac{3}{\lambda^3} \Big[\Big(\frac{\lambda^2 sh\lambda}{2} - sh\lambda + \lambda \Big) \frac{ch\lambda\xi}{ch\lambda} - \Big(\frac{\lambda^2}{2} - 1 \Big) sh\lambda\xi - \lambda\xi \Big] \tag{8-27}$$

$$\frac{V_w(\xi)}{V_0} = -\frac{2}{\lambda^2} \Big[\Big(\frac{\lambda^2 sh\lambda}{2} - sh\lambda + \lambda \Big) \frac{sh\lambda\xi}{ch\lambda} - \Big(\frac{\lambda^2}{2} - 1 \Big) ch\lambda\xi - 1 \Big] \tag{8-28}$$

将总剪力减剪力墙的剪力就是框架的剪力，所以框架的剪力系数公式为：

$$\frac{V_F(\xi)}{V_0} = (1 - \xi^2) - \frac{V_w(\xi)}{V_0} \tag{8-29}$$

式中　f_H——剪力墙单独承受倒三角形荷载时顶部的位移，$f_H = \dfrac{11}{120}\dfrac{qH^4}{EJ_w}$；

　　　M_0——倒三角形荷载对底部的总弯矩，$M_0 = \dfrac{1}{3}qH^2$；

　　　V_0——倒三角形荷载对底部的总剪力，$V_0 = \dfrac{1}{2}qH$。

根据式(8-26)、式(8-27)、式(8-28)绘制的图表见图表8-4、图表8-5、图表8-6,计算时可以直接查用。

(2)顶部作用集中力计算公式

顶部集中力作用时的位移系数公式和剪力墙的弯矩、剪力系数公式如下:

$$\frac{y(\xi)}{f_{\mathrm{H}}} = 3\left[\frac{sh\lambda}{\lambda^3 ch\lambda}(ch\lambda\xi - 1) - \frac{sh\lambda\xi}{\lambda^3} + \frac{\xi}{\lambda^2}\right] \tag{8-30}$$

$$\frac{M_{\mathrm{w}}(\xi)}{M_0} = \frac{1}{\lambda}(th\lambda ch\lambda\xi - sh\lambda\xi) \tag{8-31}$$

$$\frac{V_{\mathrm{w}}(\xi)}{P} = ch\lambda\xi - th\lambda sh\lambda\xi \tag{8-32}$$

将总剪力减去剪力墙的剪力就是框架的剪力。所以框架的剪力系数公式为:

$$\frac{V_{\mathrm{F}}(\xi)}{P} = 1 - \frac{V_{\mathrm{w}}(\xi)}{P} \tag{8-33}$$

式中　f_{H}——剪力墙单独承受集中力时顶部的位移,$f_{\mathrm{H}} = \frac{PH^3}{3EJ_{\mathrm{w}}}$;

　　　M_0——集中力对底部的总弯矩 $M_0 = PH$。

根据式(8-30)、式(8-31)、式(8-32)绘制的图表见图表8-7、图表8-8 和图表8-9。

5. 铰结体系实用设计计算步骤

(1)计算总剪力墙、总框架,它们分别是各自类型单片结构刚度之和。

总剪力墙刚度:　　$EJ_{\mathrm{w}} = \sum EJ_{\mathrm{w}j}$

总框架抗侧刚度:　　$C_{\mathrm{F}} = \sum C_{\mathrm{F}j}$

式中　$EJ_{\mathrm{w}j}$——根据剪力墙的类型,取其各自的等效刚度;

　　　$C_{\mathrm{F}j}$——任一榀框架 j 的剪切刚度;

(2)计算结构刚度特征值 λ

$$\lambda = H\sqrt{\frac{C_{\mathrm{F}}}{EJ_{\mathrm{w}}}} \tag{8-34}$$

(3)由 λ 及楼层相对标高 $\xi = \frac{x}{H}$,根据三种不同水平荷载形式,从计算用图表8-3、图表8-9,查出相应的位移和内力系数:$\frac{y(\xi)}{f_{\mathrm{H}}}$、$\frac{M_{\mathrm{w}}(\xi)}{M_0}$、$\frac{V_{\mathrm{w}}(\xi)}{V_0}$。

(4)将位移、内力系数代入下式可求出位移和内力

$$y(\xi) = \left(\frac{y(\xi)}{f_{\mathrm{H}}}\right)f_{\mathrm{H}} \tag{8-35}$$

$$\left.\begin{aligned} M_{\mathrm{w}}(\xi) &= \left(\frac{M_{\mathrm{w}}(\xi)}{M_0}\right)M_0 \\ V_{\mathrm{w}}(\xi) &= \left(\frac{V_{\mathrm{w}}(\xi)}{V_0}\right)V_0 \\ V_{\mathrm{F}}(\xi) &= V_{\mathrm{P}}(\xi) - V_{\mathrm{w}}(\xi) \end{aligned}\right\} \tag{8-36}$$

(5)将总剪力墙的弯矩 M_w 和剪力 V_w 按各片剪力墙的等效抗弯刚度 EJ_{wj} 分配,得出各片剪力墙的内力 M_{wj} 及 V_{wj};知道了框架的剪力 V_F,则各柱及梁的内力,可用 D 值法按纯框架计算求得。

(6)进行单片框架和单片剪力墙的内力计算。

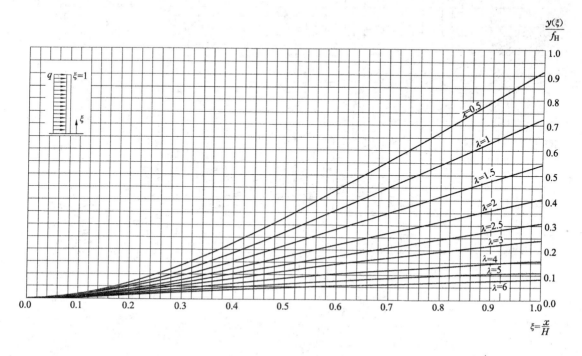

图表 8-1　均布荷载位移系数

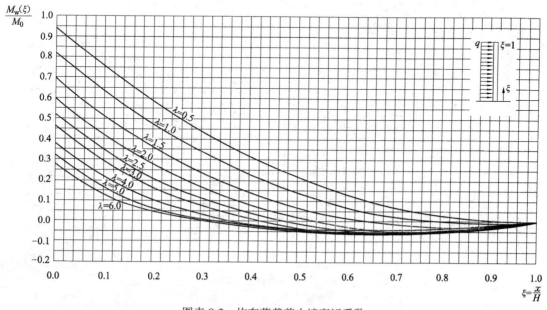

图表 8-2　均布荷载剪力墙弯矩系数

153

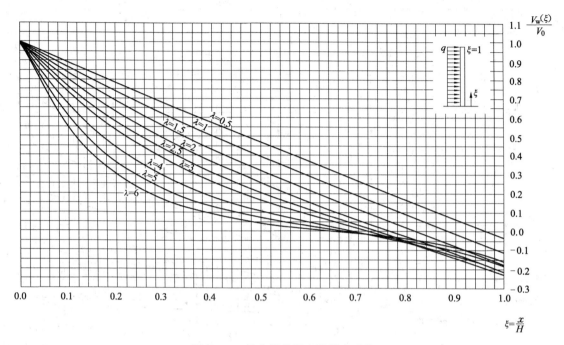

图表 8-3 均布荷载剪力墙剪力系数

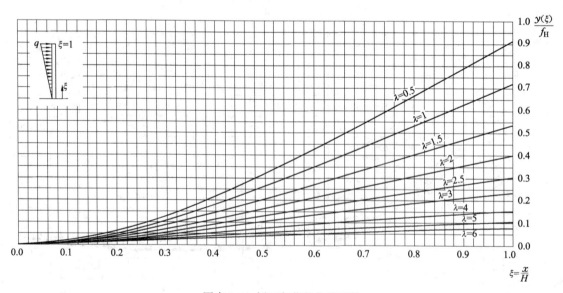

图表 8-4 倒三角荷载位移系数

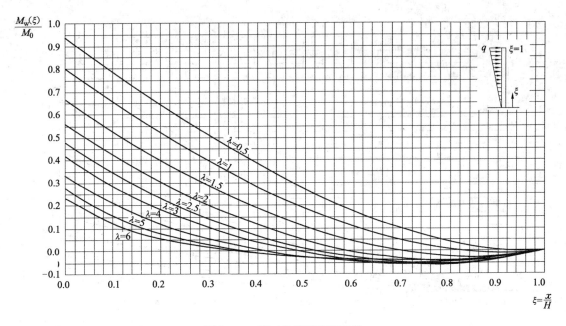

图表 8-5 倒三角荷载弯矩系数

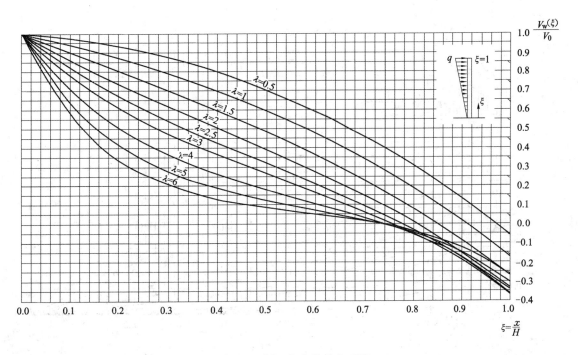

图表 8-6 倒三角荷载剪力系数

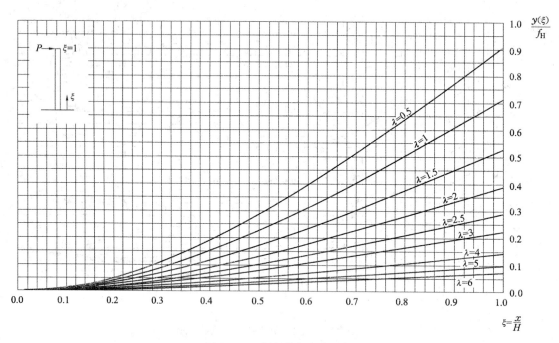

图表 8-7　集中荷载位移系数

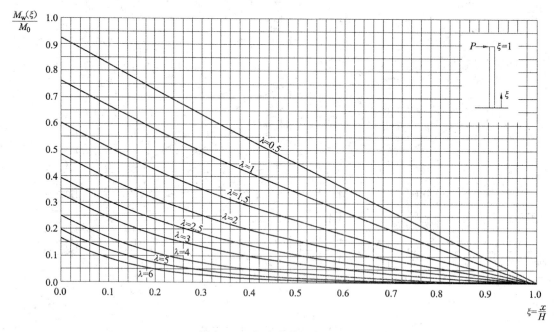

图表 8-8　集中荷载墙弯矩系数

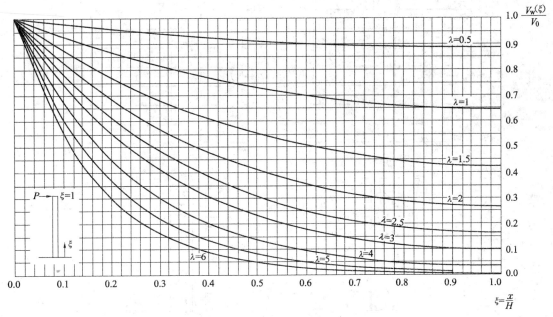

图表 8-9　集中荷载墙剪力系数

8.2.3　刚结体系协同工作计算

图 8-9a 所示为框架-剪力墙刚结体系的计算简图(考虑连梁对剪力墙的转动约束作用),将墙、框架分开后,在楼层标高处,剪力墙与框架间除有相互作用的集中水平力 P_{Fi} 外,还有剪力 V_i (8-9b),该剪力在剪力墙中产生弯矩 M_i (图 8-9c),将集中弯矩 M_i 和集中水平力 P_{Fi} 分别简化为分布的线力矩 $m(x)$ 和分布力 $p_F(x)$,得图 8-9d 所示的基本结构计算简图。从图中可以看出框架-剪力墙刚结体系与铰结体系不同之处是,除了相互间有水平作用力 $p_F(x)$ 外,墙还受有连梁作用的约束弯矩 $m(x)$。水平反力 $p_F(x)$ 前面已经讨论过了,下面讨论连梁的梁端约束弯矩 $m(x)$。

1.刚接连梁的两端约束弯矩系数

框架-剪力墙刚结体系的连梁,进入墙的部分刚度很大,可以视为无限大(图 8-10)。所以,刚结体系中与墙连接的连梁是带有刚域的梁(图 8-10a、图 8-10b)。

在水平荷载作用下,由于假设楼板在自身平面内刚度为无限大,协同工作时,同层墙与框架的水平位移相等;同时假设同层所有结点的转角 θ 也相同。我们把刚结体系的连梁两端都产生单位转角时,梁端所需施加的力矩,称为梁端约束弯矩系数,以 m 表示(图 8-10c),两端带有刚域的梁,梁端约束弯矩系数计算公式如下(忽略剪切变形的影响):

$$\left.\begin{aligned} m_{12} &= \frac{6EJ(1+a-b)}{l(1-a-b)^3} \\ m_{21} &= \frac{6EJ(1+b-a)}{l(1-a-b)^3} \end{aligned}\right\} \tag{8-37}$$

上式中令 $b=0$,就得到仅左边有刚性边段梁的梁端约束弯矩系数:

$$m_{12} = \frac{6EJ(1+a)}{l(1-a)^3} \tag{8-38}$$

157

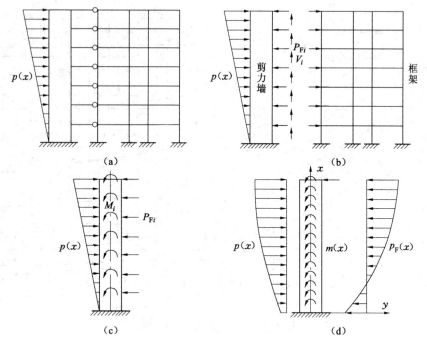

图 8-9　剪力墙刚结体系的内力分析

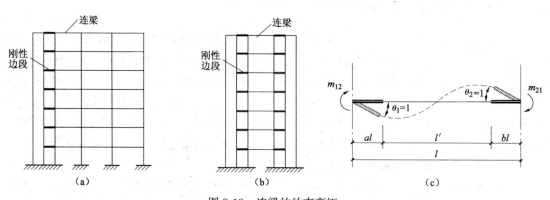

图 8-10　连梁的约束弯矩

(a)一端带刚域；(b)两端带刚域；(c)带刚域梁的约束弯矩

有了梁端约束弯矩系数 m_{12}、m_{21}，就可以求出梁端转角为 θ 时，梁端约束弯矩：

$$\left.\begin{aligned} M_{12} &= m_{12}\theta \\ M_{21} &= m_{21}\theta \end{aligned}\right\} \tag{8-39}$$

将集中约束弯矩连续化为沿层高均布的分布线弯矩：

$$m_k(x) = \frac{M_{ijk}}{h} = \frac{m_{ijk}}{h}\theta(x) \tag{8-40}$$

当一层内连梁有 n 个刚结点与剪力墙连接时，刚结梁给剪力墙的总线约束弯矩为：

$$m(x) = \sum_{k=1}^{n} m_k(x) = \sum_{k=1}^{n} \frac{m_{ijk}}{h}\theta(x) \tag{8-41}$$

式中 n——为梁与墙连接点的总数。

2. 基本方程及其解

如图 8-11 所示，刚结梁的约束弯矩使剪力墙 x 截面产生的弯矩为：

$$M_{\mathrm{m}} = -\int_x^H m(x)\,\mathrm{d}x \qquad (8\text{-}42)$$

相应的剪力及荷载分别为：

$$V_{\mathrm{m}} = -\frac{\mathrm{d}M_{\mathrm{m}}}{\mathrm{d}x} = m(x) = \sum_{k=1}^n \frac{m_{ijk}}{h}\frac{\mathrm{d}y}{\mathrm{d}x} \qquad (8\text{-}43)$$

$$p_{\mathrm{m}}(x) = -\frac{\mathrm{d}V_{\mathrm{m}}}{\mathrm{d}x} = -\frac{\mathrm{d}m(x)}{\mathrm{d}x} = -\sum_{k=1}^n \frac{m_{ijk}}{h}\frac{\mathrm{d}^2 y}{\mathrm{d}x^2} \qquad (8\text{-}44)$$

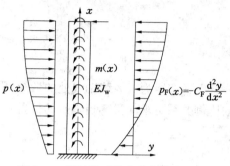

图 8-11　刚结体系剪力墙的受力关系

式(8-43)的剪力、式(8-44)的荷载称为"等代剪力"和"等代荷载"，其物理意义为刚结梁的弯矩约束作用所分担的剪力和荷载。因而，剪力墙的基本微分方程为：

$$EJ_{\mathrm{w}}\frac{\mathrm{d}^4 y}{\mathrm{d}x^4} = p(x) - p_{\mathrm{F}}(x) - p_{\mathrm{m}}(x) \qquad (8\text{-}45)$$

将式(8-7)和式(8-44)代入式(8-45)，并整理得 $y(x)$ 的基本微分方程：

$$\frac{\mathrm{d}^4 y}{\mathrm{d}x^4} - \frac{C_F + \sum\limits_{k=1}^n \dfrac{m_{ijk}}{h}}{EJ_W}\frac{\mathrm{d}^2 y}{\mathrm{d}x^2} = \frac{p(x)}{EJ_W} \qquad (8\text{-}46)$$

令：$C_{\mathrm{m}} = C_{\mathrm{F}} + \sum\limits_{k=1}^n \dfrac{m_{ijk}}{h}, \lambda = H\sqrt{\dfrac{C_F + \sum\limits_{k=1}^n \dfrac{m_{ijk}}{h}}{EJ_W}} = H\sqrt{\dfrac{C_{\mathrm{m}}}{EJ_{\mathrm{W}}}}, \xi = \dfrac{x}{H}$，式(8-46)转化为：

$$\frac{\mathrm{d}^4 y}{\mathrm{d}\xi^4} - \lambda^2 \frac{\mathrm{d}^2 y}{\mathrm{d}\xi^2} = \frac{p(\xi)H^4}{EJ_{\mathrm{W}}} \qquad (8\text{-}47)$$

对比式(8-9)与式(8-47)，形式完全一样，所不同的是结构刚度特征值 λ，式(8-47)中的 λ 考虑了刚结梁约束弯矩的影响。因此，上节图表均可应用。为此，引入广义剪力 $\overline{V}_{\mathrm{F}} = V_{\mathrm{F}} + m(x)$，则外荷载的总剪力：

$$V = V_{\mathrm{w}} + V_{\mathrm{F}} + V_{\mathrm{m}} = V_{\mathrm{w}} + V_{\mathrm{F}} + m(x) = V_{\mathrm{w}} + \overline{V}_{\mathrm{F}} \qquad (8\text{-}48)$$

V_{w} 及 $\overline{V}_{\mathrm{F}}$ 由上节图表求得。求得 $\overline{V}_{\mathrm{F}}$ 后，可由下式按刚度比求出框架的剪力 V_{F} 和梁端总约束弯矩 $m(x)$。

$$\left.\begin{array}{l} V_{\mathrm{F}} = \dfrac{C_{\mathrm{F}}}{C_{\mathrm{m}}}\overline{V}_{\mathrm{F}} \\[3ex] m(x) = \dfrac{\sum\limits_{k=1}^n \dfrac{m_{ijk}}{h}}{C_{\mathrm{m}}}\overline{V}_{\mathrm{F}} \end{array}\right\} \qquad (8\text{-}49)$$

159

3. 刚接连梁墙边弯矩和剪力的计算

按式(8-49)第二式求出总线约束弯矩后 $m(x)$，利用每根梁的约束弯矩系数 m_{ij} 值，按比例将总线约束弯矩分配给每根梁，得到每根梁的线约束弯矩 $m'_{ij} = \dfrac{m_{ijk}}{\sum\limits_{k=1}^{n} m_{ijk}} m(x)$，每根梁端的集中弯矩为：

$$M_{ijk} = m'_{ij}h \tag{8-50}$$

上式弯矩为剪力墙轴线处的弯矩，设计时应求出墙边的弯矩和剪力(图8-12)。由三角形的比例关系可求出梁弯矩零点的位置：

$$x = \frac{m_{12}}{m_{12} + m_{21}} l \tag{8-51}$$

墙边弯矩：

$$\left.\begin{array}{l} M_{1'2'} = \rho_1 M_{12} \\ M_{2'1'} = \rho_2 M_{21} \end{array}\right\} \tag{8-52}$$

$$\left.\begin{array}{l} \rho_1 = \dfrac{x - al}{x} \\ \rho_2 = \dfrac{l - x - bl}{x} \end{array}\right\} \tag{8-53}$$

连梁的剪力为：

$$V = \frac{M_{1'2'} + M_{2'1'}}{l'} \text{或 } V = \frac{M_{12} + M_{21}}{l} \tag{8-54}$$

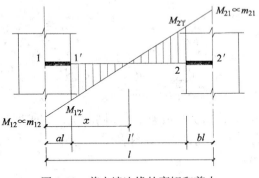

图 8-12　剪力墙边缘的弯矩和剪力

8.3　框架-剪力墙结构的受力和位移特性

框架-剪力墙结构的刚度特征值 λ，表达总框架、总连梁的刚度与总剪力墙刚度的比值。随着 λ 值的变化，变形与内力也随着变化，如表8-3、图8-13～图8-15所示。

表8-3　框架-剪力墙结构的受力和位移特性

刚度特征值	$\lambda < 1$	$\lambda = 1\sim6$	$\lambda > 6$
框架抗侧刚度	小	一般	大

160

刚度特征值		$\lambda<1$	$\lambda=1\sim6$	$\lambda>6$
结构特点		类似纯剪力墙结构	框架-剪力墙结构	类似纯框架结构
位移特征(图 8-13)		弯曲型变形曲线,最大层间位移在顶层	弯剪变形曲线,最大层间位移在中间层。	剪切型变形曲线,最大层间位移在底层
荷载分布特点 (图 8-14)	框架	荷载很小	框架与剪力墙协同工作,使框架荷载分布:下部为负,上部为正(同外荷载方向),顶部为正集中力	几乎承受全部均布荷载
	剪力墙	几乎承受全部均布荷载	下部正荷载值大于外荷载值,上部正荷载值小于外荷载值,顶部为负集中力。	荷载很小
剪力分配 (图 8-15)	框架	承担很少剪力	底部剪力为零,顶部剪力不为零,剪力最大值在结构中部 $\xi=0.3\sim0.6$ 处,其位置随 λ 的增大而下移。	几乎承担了全部剪力,剪力分布:下大上小顶部为零,控制截面在下部楼层。
	剪力墙	几乎承担了全部剪力	下部剪力为正值,底部剪力最大,上部为负值,顶部剪力不为零。	承担很少剪力

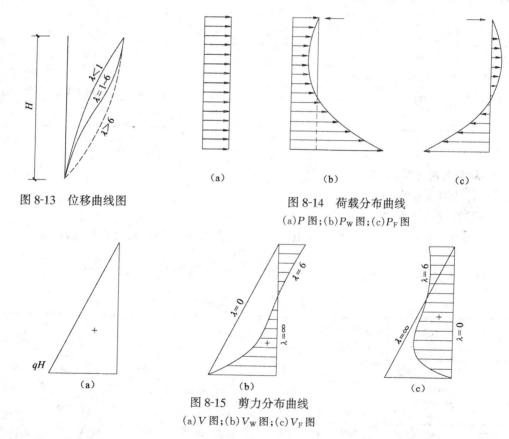

图 8-13 位移曲线图

图 8-14 荷载分布曲线
(a)P 图;(b)P_W 图;(c)P_F 图

图 8-15 剪力分布曲线
(a)V 图;(b)V_W 图;(c)V_F 图

【例 8-1】 某 12 层钢筋混凝土框架-剪力墙结构住宅楼,建筑平面尺寸如图 8-16 所示,结构简图及各层重力荷载代表值如图 8-17 所示,构件截面尺寸及材料如表 8-4 所示。建造在 Ⅱ 类场地上,结构阻尼比为 0.05。抗震设防烈度为 7 度,设计基本地震加速度为 0.10g,设计地震分组为第一组。按铰结体系做横向框架-剪力墙的协同工作计算。

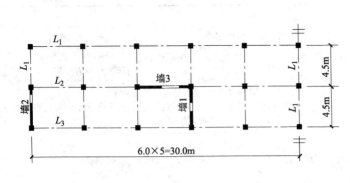

图 8-16 平面简图

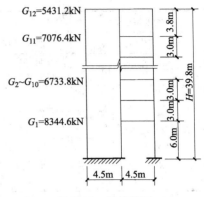

图 8-17 结构简图

表 8-4 构件截面尺寸及材料

层　号	层　高 h (mm)	柱　截　面 (mm)	柱混凝土 强度等级	E (kN/mm^2)	梁	剪　力　墙
12	3800	450×450	C20	26		
8～11	3000	450×450	C20	26	截面:250×550	厚度:120mm
4～7	3000	450×450	C30	30	跨度:l=4500mm	混凝土强度
2～3	3000	450×450	C40	33	混凝土:C20	等级同柱
1	6000	500×500	C40	33		

解:

1.结构刚度计算

(1)柱线刚度计算(表 8-5)

(2)梁线刚度计算(250mm×550mm)

$J_b = 1.2 \times 250 \times 550^3/12 = 4.16 \times 10^9 \text{mm}^4$ (1.2 为考虑 T 型截面乘的系数)

$$i_b = EJ_b/l = 26 \times 4.16 \times 10^9/4500 = 2.4 \times 10^7 \text{kN·mm} = 2.4 \times 10^4 \text{kN·m}$$

表 8-5 柱线刚度计算

层号	柱截面 (mm)	混凝土强 度等级	E (kN/mm^2)	J_c (mm^4)	层高 h (mm)	J_c/h (mm^3)	$i_c = EJ_c/h$ (kN·m)
12	450×450	C20	26	3.42×10^9	3800	9.00×10^5	2.34×10^4
8～11	450×450	C20	26	3.42×10^9	3000	1.14×10^6	2.96×10^4
4～7	450×450	C30	30	3.42×10^9	3000	1.14×10^6	3.42×10^4
2～3	450×450	C40	33	3.42×10^9	3000	1.14×10^6	3.76×10^4
1	500×500	C40	33	5.21×10^9	6000	8.68×10^5	2.87×10^4

(3)框架刚度计算

中柱 7 根,边柱 18 根,用 D 值法计算。

首层：$K=\dfrac{\sum i_b}{i_c}$，$\alpha=\dfrac{0.5+K}{2+K}$；其他层：$K=\dfrac{\sum i_b}{2i_c}$，$\alpha=\dfrac{K}{2+K}$

框架的剪切刚度：$C_F=Dh=\dfrac{12}{h}\sum\alpha_j i_{cj}$，计算结果如表8-6所示。

表8-6 框架剪切刚度计算

层号	中柱			边柱			总刚度
	K	α	$\dfrac{12}{h}\sum\limits_{j=1}^{7}\alpha i_{cj}$(kN)	K	α	$\dfrac{12}{h}\sum\limits_{j=1}^{18}\alpha i_{cj}$(kN)	C_F(kN)
12	$4\times2.4\times10^4/$ $(2\times2.34\times$ $10^4)=2.05$	$2.05/(2+$ $2.05)=0.506$	$7\times0.506\times2.34\times$ $10^4\times12/3.8=$ 2.62×10^5	$2\times2.4/(2\times$ $2.34)=1.025$	$1.025/3.025$ $=0.339$	$18\times0.339\times2.34\times$ $10^4\times12/3.8=$ 4.5×10^5	7.12×10^5
8~11	1.622	0.448	3.71×10^5	0.811	0.289	6.15×10^5	9.86×10^5
4~7	1.404	0.413	3.95×10^5	0.702	0.260	6.4×10^5	10.35×10^5
2~3	1.276	0.390	4.1×10^5	0.638	0.242	6.55×10^5	10.65×10^5
1	$2\times2.4/2.87$ $=1.672$	$(0.5+1.672)$ $/3.672=0.591$	2.374×10^5	0.836	$(0.5+0.836)$ $/2.836=0.471$	4.86×10^5	7.23×10^5

平均总刚度 $C_F=(7.12\times3.8+9.86\times12+10.35\times12+10.65\times6+7.23\times6)\times10^5/$ $39.8=94.7\times10^4$(kN)

（4）剪力墙刚度计算（图8-18）

墙1：

有效翼缘宽度取2.0m，厚度200mm。

首层$J_w=3.92\times10^{12}$mm^4，$EJ_w=33\times3.92\times$ $10^{12}\times10^6=12.9\times10^7$kN·m^2

2~3层 $J_w=3.435\times10^{12}$mm^4，$EJ_w=$ 11.3×10^7kN·m^2

4~7层 J_w同上，$EJ_w=10.3\times10^7$kN·m^2

8~12层 J_w同上，$EJ_w=8.9\times10^7$kN·m^2

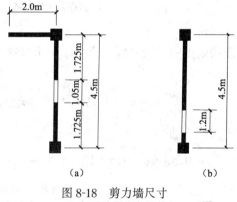

图8-18 剪力墙尺寸
(a)墙1；(b)墙2

墙1平均刚度：$EJ_w=(12.9\times6+11.3\times6+$ $10.3\times12+8.9\times15.8)\times10^7/39.8=10.9\times10^7$kN·m^2

墙2：

首层$J_w=3.18\times10^{12}$mm^4，$EJ_w=33\times3.18\times10^{12}\times10^6=10.5\times10^7$kN·m^2

2~3层 $J_w=2.71\times10^{12}$mm^4，$EJ_w=8.94\times10^7$kN·m^2

4~7层 $J_w=2.36\times10^{12}$mm^4，$EJ_w=7.08\times10^7$kN·m^2

8~12层 $J_w=2.36\times10^{12}$mm^4，$EJ_w=6.14\times10^7$kN·m^2

墙2平均刚度：$EJ_w=7.5\times10^7$kN·m^2

$$\sum EJ_w=(10.29+7.5)\times10^7\times2=35.6\times10^7 \text{kN·m}^2$$

2.地震作用计算

按《高层建筑混凝土结构技术规程》，基本周期 $T_1=1.7\psi_T\sqrt{u_T}$

163

$$\lambda = H\sqrt{\frac{C_F}{EJ_w}} = 39.8 \times \sqrt{\frac{94.7 \times 10^4}{35.6 \times 10^7}} = 2.05$$

$$q = \sum G_i / H = 81456.4/39.8 = 2047\text{kN/m}$$

均布荷载作用下框架-剪力墙的顶点位移

$$u_T = 0.424 \times \frac{qH^4}{8EI_{eq}} = 0.424 \times \frac{2047 \times 39.8^4}{8 \times 35.6 \times 10^7} = 0.765\text{m}(系数 0.424 由图表 8-1 查得)$$

考虑填充墙影响的自振周期折减系数 ψ_T 取 0.8,得 $T_1 = 1.7 \times 0.8 \times \sqrt{0.765} = 1.19\text{s}$

抗震设防烈度 7 度,设计基本地震加速度为 0.10g,水平地震影响系数最大值 $\alpha_{max} = 0.08$,特征周期 $T_g = 0.35\text{s}$。

$$\alpha_1 = \left(\frac{T_g}{T_1}\right)^{0.9} \cdot \alpha_{max} = \left(\frac{0.35}{1.19}\right)^{0.9} \times 0.08 = 0.03$$

按底部剪力法,总等效重力荷载代表值 $G_{eq} = 0.85G_E$,

$$F_{Ek} = \alpha_1 G_{eq} = 0.03 \times 0.85 \times 81456.4 = 2077.14\text{kN}$$

又因为 $T_1 = 1.19\text{s} > 1.4T_g = 1.4 \times 0.35 = 0.49\text{s}$,需考虑顶部附加地震作用 ΔF_n

$$\Delta F_n = \delta_n F_{Ek} = (0.08T_1 + 0.07)F_{Ek} = (0.08 \times 1.19 + 0.07) \times 2077.14 = 343.14\text{kN}$$

$\sum F_i = F_{Ek} \quad \Delta F_n = 2077.14 \quad 343.14 = 1734\text{kN}$,各层水平地震作用标准值计算如表 8-7 所示。

将楼层处集中力按基底等弯矩原则折算成倒三角荷载

$$M_0 = q \cdot H^2/3$$

$$q = 3M_0/H^2 = 3 \times 56092.42/39.8^2 = 106.23\text{kN/m}$$

相应的底部剪力

$V_0 = 0.5q \cdot H = 0.5 \times 106.23 \times 39.8 = 2113.98\text{kN}$,略大于原来的剪力值 2077.14kN。

表 8-7　各层地震作用标准值计算

层号	H_i (m)	G_i (kN)	G_iH_i (kN·m)	$\eta = \frac{G_iH_i}{\sum G_iH_i}$	$F_i = \eta \times F_{Ek}$ $(1 \quad \delta_n)$(kN)	F_iH_i (kN·m)
12	39.8	5431.2	216161.76	0.120	250.32	9962.90
11	36.0	7076.4	254750.40	0.142	295.01	10620.41
10	33.0	6733.8	222215.40	0.124	257.33	8492.04
9	30.0	6733.8	202014.00	0.113	233.94	7018.21
8	27.0	6733.8	181812.60	0.101	210.55	5684.75
7	24.0	6733.8	161611.20	0.090	187.15	4491.66
6	21.0	6733.8	141409.80	0.079	163.76	3438.92
5	18.0	6733.8	121208.40	0.068	140.36	2526.56
4	15.0	6733.8	101007.00	0.056	116.97	1754.55
3	12.0	6733.8	80805.60	0.045	93.58	1122.91

层号	H_i (m)	G_i (kN)	G_iH_i (kN·m)	$\eta = \dfrac{G_iH_i}{\sum G_iH_i}$	$F_i = \eta \times F_{Ek}$ $(1\ \delta_n)$(kN)	F_iH_i (kN·m)
2	9.0	6733.8	60604.20	0.034	70.18	631.64
1	6.0	8344.6	50067.60	0.028	57.98	347.88
$\sum$		81456.4	1793667.96	1.000	2077.14	56092.42

3．框架-剪力墙协同工作计算

(1)结构刚度特征值计算

考虑剪力墙和连系梁因塑性变形刚度的降低。刚度降低系数,对于墙取 0.8,对于梁取 0.6。不考虑梁的约束弯矩影响,

$$EJ_w = 0.8 \times 35.6 \times 10^7 = 28.5 \times 10^7 \text{kN·m}^2$$

结构刚度特征值：$\lambda = H\sqrt{\dfrac{C_F}{EJ_w}} = 39.8\sqrt{\dfrac{94.7 \times 10^4}{28.5 \times 10^7}} = 2.30$

(2)框架-剪力墙协同工作计算

计算过程列表进行,如表 8-7、表 8-8、表 8-9 所示。

1)倒三角形荷载,查图表 8-5、图表 8-6。系数 V_F/V_0 按式(8-29)计算,得表 8-8 所示弯矩、剪力计算结果。

2)顶部集中荷载、查图表 8-8、图表 8-9、得表 8-9 所示弯矩、剪力计算结果。

表 8-8　倒三角形荷载作用下的弯矩、剪力和侧移

层号	标高 x(m)	$\xi = \dfrac{x}{H}$	$M_0 = 62434.73$kN·m, $V_0 = 2325.91$kN, $f_H = 86.00$mm							
			$\dfrac{M_w}{M_0}$	M_w	$\dfrac{V_w}{V_0}$	V_w	$\dfrac{V_F}{V_0}$	V_F	$\dfrac{y(\xi)}{f_H}$	$y(\xi)$
12	39.8	1.000	0	0.00	0.3519	743.91	0.3519	743.91	0.340	29.24
11	36.0	0.905	0.03589	2013.16	0.1778	375.87	0.3588	758.50	0.304	26.14
10	33.0	0.829	0.05041	2827.62	0.0577	121.98	0.3705	783.23	0.280	24.08
9	30.0	0.754	0.04974	2790.04	0.0478	101.05	0.3837	811.13	0.251	21.59
8	27.0	0.679	0.04013	2250.99	0.1427	301.66	0.3963	837.77	0.219	18.83
7	24.0	0.603	0.01896	1063.51	0.2319	490.23	0.4045	855.10	0.188	16.17
6	21.0	0.528	0.01339	751.08	0.3166	669.29	0.4046	855.32	0.153	13.16
5	18.0	0.452	0.05344	2997.58	0.3989	842.63	0.3968	838.83	0.128	11.01
4	15.0	0.377	0.1031	5783.13	0.4819	1018.73	0.3760	794.86	0.092	7.91
3	12.0	0.302	0.1608	9019.66	0.5678	1200.32	0.3410	720.87	0.064	5.50
2	9.0	0.226	0.2308	12946.13	0.6602	1395.65	0.2887	610.31	0.044	3.78
1	6.0	0.151	0.3130	17556.93	0.7610	1608.74	0.2162	457.04	0.022	1.89
	0	0	0.5099	28601.52	1.0000	2113.98	0.000	0.00	0.000	0.00

表 8-9　顶部集中荷载作用下的弯矩、剪力和侧移

层号	标高 $x(m)$	$\xi=\dfrac{x}{H}$	$\dfrac{M_w}{M_0}$	M_w	$\dfrac{V_w}{V_0}$	V_w	$\dfrac{V_F}{V_0}$	V_F	$\dfrac{y(\xi)}{f_H}$	$y(\xi)$
			$P_n=457.52kN$, $M_0=457.52\times39.8=18209.30kN\cdot m$, $f_H=25.00mm$							
12	39.8	1.000	0	0.00	0.1982	68.00	0.8018	275.13	0.330	8.25
11	36.0	0.905	0.0191	260.85	0.2036	69.86	0.7964	273.28	0.282	7.05
10	33.0	0.829	0.0350	477.99	0.2145	73.60	0.7855	269.54	0.248	6.20
9	30.0	0.754	0.0517	706.07	0.2316	79.46	0.7684	263.67	0.214	5.36
8	27.0	0.678	0.0698	953.26	0.2553	87.60	0.7447	255.54	0.184	4.60
7	24.0	0.603	0.0899	1227.76	0.2864	98.27	0.7136	244.86	0.146	3.65
6	21.0	0.528	0.1133	1547.33	0.3275	112.37	0.6725	230.76	0.122	3.05
5	18.0	0.452	0.1397	1907.88	0.3776	129.56	0.6224	213.57	0.092	2.31
4	15.0	0.377	0.1705	2328.51	0.4395	150.80	0.5605	192.33	0.068	1.70
3	12.0	0.302	0.2061	2814.70	0.5740	196.95	0.4860	166.77	0.052	1.30
2	9.0	0.226	0.2484	3392.39	0.6048	207.51	0.3952	135.61	0.027	0.68
1	6.0	0.151	0.2982	4072.51	0.7140	244.98	0.2860	98.14	0.017	0.43
	0	0	0.4262	5820.60	1.0000	343.11	0	0.00	0.000	0.00

3）将倒三角形荷载及顶部集中荷载作用下的内力汇总于表 8-10。表中 $V_F>0.2V_0=0.2$ $(2113.98+343.14)=491kN$，满足要求。

表 8-10　弯矩、剪力和侧移汇总表

层号	$M_w(kN\cdot m)$			$V_w(kN)$			$V_F(kN)$			侧　移　（mm）			层间侧移
	倒三角力	顶部力	总计	倒三角力	顶部力	总计	倒三角力	顶部力	总计	倒三角力	顶部力	总计	
12	0.00	0.00	0.00	743.91	68.00	675.91	743.91	275.13	1019.04	29.24	8.25	37.49	4.30
11	2013.16	260.85	1752.31	375.87	69.86	306.01	758.50	273.28	1031.77	26.14	7.05	33.19	2.91
10	2827.62	477.99	2349.62	121.98	73.60	48.38	783.23	269.54	1052.77	24.08	6.20	30.28	3.33
9	2790.04	706.07	2083.97	101.05	79.46	180.51	811.13	263.67	1074.80	21.59	5.36	26.95	3.51
8	2250.99	953.26	1297.73	301.66	87.60	389.26	837.77	255.54	1093.31	18.92	4.60	23.43	3.62
7	1063.51	1227.76	164.25	490.23	98.27	588.50	855.10	244.86	1099.97	16.00	3.65	19.82	3.61
6	751.08	1547.33	2298.41	669.29	112.37	781.65	855.32	230.76	1086.08	13.07	3.05	16.21	2.89
5	2997.58	1907.88	4905.46	842.63	129.56	972.19	838.83	213.57	1052.40	11.01	2.31	13.32	3.70
4	5783.13	2328.51	8111.64	1018.73	150.80	1169.52	794.86	192.33	987.19	7.91	1.70	9.61	2.81
3	9019.66	2814.70	11834.36	1200.32	196.95	1397.26	720.87	166.77	887.63	5.50	1.30	6.80	2.35
2	12946.13	3392.39	16338.52	1395.65	207.51	1603.16	610.31	135.61	745.91	3.78	0.68	4.46	2.14
1	17556.93	4072.51	21629.44	1608.74	244.98	1853.72	457.04	98.14	555.18	1.89	0.43	2.32	2.32
	28601.52	5820.60	34422.13	2113.98	343.11	2457.09	0.00	0.00	0.00	0.00	0.00	0.00	0.00

（3）侧移计算

倒三角形荷载：$f_H=\dfrac{11qH^4}{120EJ_w}=86mm$，查图表 8-4，得表 8-8 所示侧移计算结果；

顶部集中荷载：$f_H = \dfrac{PH^3}{3EJ_w} = 25\text{mm}$，查图表 8-7，得表 8-9 所示侧移计算结果；

将倒三角形荷载及顶部集中荷载作用下的侧移汇总于表 8-10，并计算其层间位移，得层间最大侧移：

$\Delta u = 4.3\text{mm}$，相应层高 $h = 3800\text{mm}$，$\dfrac{\Delta u}{h} = \dfrac{4.3}{3800} = \dfrac{1}{884} < \left[\dfrac{\Delta u}{h}\right] = \dfrac{1}{800}$

顶点侧移 $f_H = 37.49\text{mm}$

4. 简单讨论

(1)以上求得的是墙和框架的总内力，须根据剪力墙和各框架的刚度进行第二步的分配计算。对框架来说，知道了框架的剪力 V_F，则各柱及梁的内力，可用 D 值法按纯框架计算求得。对剪力墙来说，当墙无洞口时，可根据弯曲刚度（EJ）进行分配；当墙有洞口时，可用折算弯曲刚度进行分配。

(2)本题 $H/B > 4$，按规定应考虑轴向变形的影响。本题只作为本章计算方法的示例，计算时未考虑轴向变形的影响。

8.4 框架-剪力墙结构的构造要求

框架-剪力墙结构中，剪力墙竖向和水平分布钢筋的配筋率，抗震设计时不应小于 0.25%，非抗震设计时不应小于 0.20%，并应至少双排布置。各排分布钢筋之间应设拉筋，拉筋直径不应小于 6mm，间距不应大于 600mm。

带边框剪力墙的构造应符合下列要求：

(1)带边框剪力墙的截面厚度应符合下列规定：

①抗震设计时，一、二级剪力墙的底部加强部位不应小于 200mm，且不应小于层高的 1/16；

②除第①项以外的其他情况下不应小于 160mm，且不应小于层高的 1/20。

(2)剪力墙的水平钢筋应全部锚入边框柱内，锚固长度抗震设计时不应小于 l_{aE}，非抗震设计时不应小于 l_a。

(3)带边框剪力墙的混凝土强度等级宜与边框柱相同。

(4)与剪力墙重合的框架梁可保留，也可做成宽度与墙厚相同的暗梁，暗梁截面高度可取墙厚的 2 倍或与该片框架梁截面等高，暗梁的配筋可按构造配置且应符合一般框架梁相应抗震等级的最小配筋要求。

(5)剪力墙截面宜按工字形设计，其端部的纵向受力钢筋应配筋在边框柱截面内。

(6)边框柱截面宜与该榀框架其他柱的截面相同，边框柱应符合第 6.4 节框架柱构造配筋的规定；剪力墙底部加强部位边框柱的箍筋宜全高加密；当带边框剪力墙上的洞口紧邻边框柱时，边框柱的箍筋宜全高加密。

(7)剪力墙约束边缘构件和构件边缘构件的设置和构件应按第 7.3.3 节第 2 条的要求。

框架-剪力墙的其他构造要求分别与相应的框架和剪力墙构造要求相同。

第9章 钢筋混凝土现浇楼盖设计

9.1 概述

楼盖、屋盖(以下简称"楼盖")是组成建筑结构的水平分体系,是结构的重要组成部分。

在建筑结构中,混凝土楼盖的造价约占土建总造价的 20%～30%;在高层建筑中,混凝土楼盖的自重约占总自重的 50%～60%,因此,合理进行楼盖设计,对降低建筑物的造价、减轻结构自重、减小地震作用至关重要。

楼盖有以下三方面的结构功能和作用:①竖向传力作用:将作用在楼盖、屋盖上的竖向荷载传递给竖向分体系;②水平隔板作用:将水平作用分配并传递给竖向分体系构件;③连接和支撑作用:是竖向结构构件的水平联系和支撑,对提高建筑结构的整体刚度起着关键作用。

楼盖结构的设计应满足以下三方面的要求:①在竖向荷载作用下,满足承载力、变形和裂缝宽度要求;②楼盖在自身平面内要有足够的水平刚度和整体性;③与竖向结构构件有可靠连接。其中第①条通过结构计算得以满足,第②、③条主要通过楼盖的结构选型、布置和构造措施来保证。本章主要介绍楼盖结构的设计计算方法。

楼盖结构是典型的梁板结构(由梁和板组成的水平承重结构),其设计原理具有代表性。工程中广泛采用的桥面结构、挡土墙、筏式基础以及水池的顶盖、池壁、底板等均属于梁板结构。

9.1.1 楼盖类型

楼盖的类型有三种分类方法:

①按结构形式,可分为单向板肋梁楼盖、双向板肋梁楼盖、扁梁楼盖、井式楼盖、密肋楼盖和无梁楼盖等,分别如图 9-1a、图 9-1b、图 9-1c、图 9-1d、图 9-1e 和图 9-1f 所示。

由板和支撑梁组成的肋梁楼盖是最常见的楼盖结构形式。梁通常双向正交布置,将板划分为矩形区格,形成四边支撑的连续或单块板。受垂直荷载作用的四边支撑板,其两个方向均发生弯曲变形,同时将板上荷载传递给四边的支撑梁。四边支撑矩形板的长边和短边的比值不同,板的受力不同。根据板的受力特点,肋梁楼盖又分为单向板肋梁楼盖、双向板肋梁楼盖。肋梁楼盖结构布置灵活,施工方便,广泛应用于各类建筑中。

为了降低构件的高度,增加建筑的净高或提高建筑的空间利用率,楼板的支承主梁做成宽扁形式,梁宽大于柱宽,就像放倒的梁,这样的楼盖称为扁梁楼盖。

井式楼盖结构采用方形或近似方形(也有采用三角形或六边形)的板格,两个方向的梁的截面相同,不分主次梁。其特点是跨度较大,具有较强的装饰性,多用于公共建筑的门厅或大厅。

密肋楼盖又分为单向和双向密肋楼盖。密肋楼盖可视为在实心板中挖凹槽,省去了受拉区混凝土,没有挖空部分就是小梁或称为肋,而柱顶区域一般保持为实心,起到柱帽的作用,也有柱间板带都为实心的,这样在柱网轴线上就形成了暗梁。密肋楼盖的肋距一般为 0.9～1.5m,采用预制模壳(由塑料、钢、玻璃钢或钢筋混凝土制成)现浇混凝土形成密肋楼盖,适用于中等或大跨度的公共建筑。对于普通混凝土结构,跨度一般不大于9m,对于预应力混凝土结构,跨度不大于12m。

无梁楼盖不设梁,将板直接支撑在柱上,通常在柱顶设置柱帽以提高柱顶处平板的冲切承载力及降低板中的弯矩。不设梁可以增大建筑的净高,故多用于对空间利用率要求较高的冷库、藏书库等建筑。震害表明,无梁楼盖的板与柱连接节点抗震性能差,因此在地震区,此类楼板应与剪力墙结合,形成板柱—剪力墙结构。

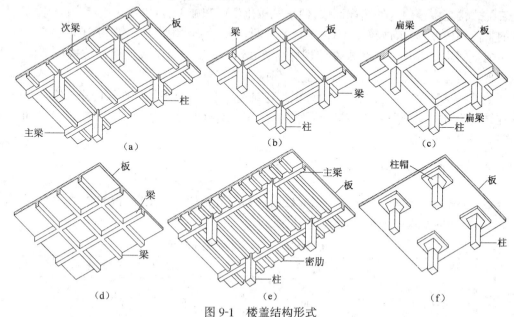

图 9-1 楼盖结构形式
(a)单向板肋梁楼盖;(b)双向板肋梁楼盖;(c)扁梁楼盖;(d)井式楼盖;(e)密肋楼盖;(f)无梁楼盖

现浇空心板无梁楼盖是为减轻楼盖结构自重而研发的一种新型楼盖结构体系。它是一种由高强复合薄壁管现浇成孔的空心楼板和暗梁组成的楼盖,它减轻了结构自重,增加了建筑的净高,通风、电器、水道管道的布置也很方便,具有较好的综合效益。

②按预加应力情况,可分为普通钢筋混凝土楼盖和预应力钢筋混凝土楼盖两种。

预应力混凝土楼盖具有降低层高和减轻自重,增大楼板的跨度,改善结构的使用功能,节约材料等优点。它成为适应于大开间、大柱网、大空间要求的多、高层及超高层建筑的主要楼盖结构体系之一。预应力混凝土结构分有粘结预应力混凝土和无粘结预应力混凝土结构两种,在预应力混凝土楼盖结构中,多采用无粘结预应力混凝土结构。

预应力空腹楼盖是一种新型楼盖结构体系,它是一种由上、下薄板和连接于其中用以保证上、下层板共同工作的短柱所组成的结构,上、下层板为预应力混凝土平板或带肋平板。这样的结构具有截面效率高、重量轻等特点。预应力空腹楼盖是一种综合经济指标较好、可以满足大跨度需要的楼盖结构。

混合配筋预应力混凝土框架扁梁楼盖利用扁梁和柱形成框架,具有降低结构层高,减轻结构自重的特点。

③按施工方法,可分为现浇式、装配式和装配整体式楼盖。

现浇楼盖的刚度大,整体性好,抗震和抗冲击性能好,对不规则平面的适应性强,楼板开洞方便,其缺点是模板消耗量大,施工工期长。由于商品混凝土以及工具式模板的广泛应用,国内外的钢筋混凝土结构大多采用现浇式楼盖。《高层建筑混凝土结构技术规程》规定,房屋高度超过 50m 时,框架-剪力墙结构、筒体结构及复杂高层建筑结构应采用现浇楼盖结构,剪力墙结构和框架结构宜采用现浇楼盖结构。当房屋高度不超过 50m 时,6、7 度抗震设计的框架-剪力墙结构可采用装配整体式楼盖,8、9 度抗震设计的框架-剪力墙结构宜采用现浇楼盖。房屋的顶层、结构转换层、平面复杂或开洞过大的楼层,以及作为上部结构嵌固部位的地下室楼层应采用现浇楼盖结构。我国的钢筋混凝土高层建筑中,多采用现浇楼盖。

装配式楼盖由预制构件装配而成,便于机械化生产和施工,可以缩短工期。但装配式楼盖结构的整体性较差,防水性较差,不便于板上开洞。多用于结构简单、规则的工业建筑。

装配整体式楼盖是由预制构件装配好后,由现浇混凝土面层或连接部位构成整体而成。它兼具现浇楼盖和装配式楼盖的部分优点,但施工较复杂。

楼盖结构选型要满足房屋的使用要求和建筑造型要求,合理控制楼层的净高度。

在结构设计方面楼盖结构应满足承载力、刚度及裂缝宽度限值要求,并应具有良好的整体性,有利于抗风与抗震。

9.1.2 楼盖构件的截面尺寸

在进行内力分析之前,必须参考已有经验和相关资料初步拟定梁、板的截面尺寸。钢筋混凝土梁、板截面的常规参考尺寸如表 9-1 所示。

表 9-1 钢筋混凝土梁、板截面的常规尺寸

构 件 类 别		参考截面高度(h)	最 小 截 面 尺 寸 要 求
单向板	两端简支	$\geqslant l/35$	
	多跨连续	$\geqslant l/40$	
双向板	单跨简支	$\geqslant l/45$(l 为短向跨度)	
	多跨连续	$\geqslant l/50$(l 为短向跨度)	高层建筑板厚的最小尺寸:
密肋板	单跨简支	$\geqslant l/45$(h 为肋高)	①一般楼层应$\geqslant 80$mm;
	多跨连续	$\geqslant l/50$(h 为肋高)	②板内有暗管时不宜小于 100mm;
悬 臂 板		$\geqslant l/12$	③顶层楼板不宜小于 120mm;
无梁楼板	无柱帽	$\geqslant l/30$	④一般地下室顶板厚度不宜小于 160mm,作为上部结构嵌固部位的地下室顶板厚度不宜小于 180mm;
	有柱帽	$\geqslant l/35$	⑤现浇预应力楼板不宜小于 150mm
多跨连续次梁		$l/18\sim l/12$	
多跨连续主梁		$l/14\sim l/8$	
单跨简支梁		$l/14\sim l/8$	
扁 宽 梁		$\geqslant l/25$	

9.1.3 楼盖上的荷载

作用在板和梁上的荷载分为以下几种:

①永久荷载是指在结构使用期间内不随时间变化,或变化与平均值相比可以忽略不计的荷载,如结构自重、构造层重量等。

②可变荷载是指在结构使用期间内随时间变化,且变化与平均值相比不能忽略不计的荷载,如楼面活荷载(包括人群、家具及可移动的设备等)、屋面活荷载、积灰荷载和雪荷载等。

③高层建筑施工中的爬塔、附墙塔等施工荷载。

永久荷载一般为均布荷载,如结构自重,其标准值可根据梁板几何尺寸求得;而可变荷载的分布通常是不规则的,一般折合成等效均布荷载计算,其标准值可由荷载规范查得。

170

在设计民用房屋楼盖梁时,考虑到当梁的负荷面积较大时,全部满载的可能性较小,故楼面活荷载可进行折减,使其值更能符合实际情况,具体计算按荷载规范进行。

9.2 单向板肋梁楼盖

9.2.1 单向板与双向板的概念

肋梁楼盖由板、次梁和主梁构成,肋梁楼盖每一区格板的四边一般支承在梁或墙上,板将作用于其上的荷载传递给四边支承构件的同时,自身将承受弯曲作用。为统计板传给四边支承构件的荷载,了解板的弯曲状况,首先作如下分析。

如图9-2所示,在承受均布荷载 q 的四边简支板的跨中,截出两个互相垂直的宽度均为1m的板带。假定不计相邻板带的影响,由跨中挠度 f_A 相等的条件,可求得荷载 q 在 l_1、l_2 方向的分配值 q_1、q_2:

$$f_A = \frac{5}{384}\frac{q_1 l_{01}^4}{EI} = \frac{5}{384}\frac{q_2 l_{02}^4}{EI} \tag{9-1}$$

$$q = q_1 + q_2 \tag{9-2}$$

$$\left.\begin{array}{l} q_1 = \dfrac{l_{02}^4}{l_{01}^4 + l_{02}^4}q \\[3mm] q_2 = \dfrac{l_{01}^4}{l_{01}^4 + l_{02}^4}q \end{array}\right\} \tag{9-3}$$

式中　l_{01}, l_{02}——相应 l_1、l_2 的简支板带的计算跨度;

E——混凝土的弹性模量;

I——1m 宽板带的截面惯性矩。

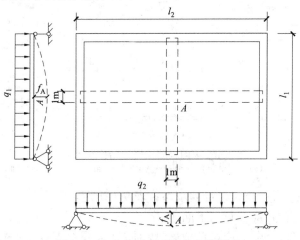

图 9-2　四边支承板受力及荷载传递

以上分析中,忽略了相邻板带的影响,因此是近似的。由式(9-3)可知,四边支承板上的荷载主要是通过两个方向的弯曲把荷载传递到两个方向上。当四边支承板两个方向的计算跨度之比等于2时,在长跨方向分配到的荷载仅为5%。可见,当四边支承板的长短边之比超过一定数值时,荷载主要沿板的短边方向传递,沿长边方向传递的荷载可以忽略不计。因此,主要在一个方向受力的板,称为单向板。单向板的计算方法与梁相同,故又称为梁式板。而双向板是指同时向两个方向传递荷载,且各向荷载均不可忽略的板。

沿两对边有支承的板应按单向板计算。四边有支承板,当长边与短边之比大于或等于3.0时,可按沿短边方向受力的单向板计算;当长边与短边之比小于或等于2.0时,应按双向板计算;当长边与短边之比介于2.0和3.0之间时,宜按双向板计算,也可按沿短边方向的单向板计算,但应沿长边方向布置足够数量的构造钢筋。

9.2.2 单向板肋梁楼盖的设计步骤

单向板肋梁楼盖,可按以下步骤进行设计:
①结构平面布置,确定板厚和主、次梁的截面尺寸;
②确定板和主、次梁的计算简图;
③荷载及内力计算;
④截面承载力计算,对跨度大、荷载大或情况特殊的梁、板还需进行变形和裂缝宽度验算;
⑤根据计算结果及构造要求绘制施工图。

9.2.3 结构平面布置及构件尺寸的初定

单向板肋梁楼盖由板、次梁和主梁构成。次梁间距决定板的跨度,主梁间距决定次梁的跨度,柱网尺寸则决定主梁的跨度。梁格及柱网的布置应力求简单、规整、统一,方便设计和施工。通常单向板的跨度取 1.7~2.6m,不宜超过 3m,次梁的跨度取 4~6m,主梁的跨度取6~8m。

肋梁楼盖的主梁一般宜布置在整个结构刚度较弱的方向,同时还应考虑建筑效果和使用方面的要求。图 9-3 为常见的单向板肋梁楼盖的三种结构平面布置方案,即主梁沿横向布置(图 9-3a);主梁沿纵向布置(图 9-3b);有中间走廊(图 9-3c)。

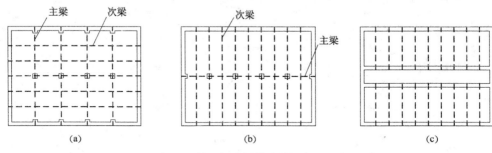

图 9-3　单向板肋梁楼盖结构布置方案
(a)主梁沿横向布置;(b)主梁沿纵向布置;(c)有中间走廊

板、梁的截面尺寸,可根据设计经验或参考表 9-1 确定。

楼盖结构平面布置时,应注意以下问题:

①要考虑建筑效果。例如,应避免把梁,特别是把主梁搁置在门、窗过梁上,否则将增大过梁的负担,建筑效果也差。

②要考虑其他专业工种的要求。例如,在旅馆建筑中,要设置管线检查井,若次梁不能贯通,就需在检查井两侧放置两根小梁。

③在楼面、屋面上有机器设备、冷却塔、悬吊装置和隔墙等地方,宜设梁承重。

172

④楼板上开有较大尺寸的洞口时,应在洞边设置小梁。

9.2.4　板和主、次梁的计算简图

为进行结构内力分析,首先应将实际结构根据基本假定,简化为力学模型,即结构或构件的计算简图。单向板肋梁楼盖是由板、次梁、主梁和柱及墙体浇筑在一起的结构体系,由于板的竖向刚度很小,次梁刚度又比主梁刚度小,整个楼盖体系可以分解为板、次梁、主梁,分别进行内力分析和计算。楼面竖向荷载的传递路线为:竖向荷载→板→次梁→主梁→墙或柱。

1.基本假定

(1)取单位宽度的板带(图 9-4),并将其和梁均视为弹性杆件。

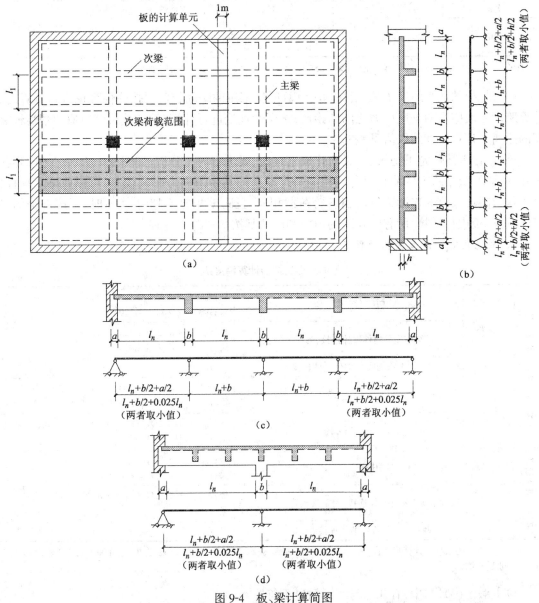

图 9-4　板、梁计算简图
(a)平面图;(b)板计算简图;(c)次梁计算简图;(d)主梁计算简图

173

(2)在计算板传给次梁及次梁传给主梁的荷载时,为计算简便,可忽略次梁和板的连续性,按简支板、梁进行传荷。板、次梁主要承受均布线荷载,主梁主要承受由次梁传来的集中荷载和自重。由于主梁的自重在荷载中所占比例不大,为了计算方便,也可将其换算成集中荷载加到次梁传来的集中荷载内。

(3)梁、板的支承情况按表9-2采用。

表 9-2　连续板、梁的支承

构件类型	边　支　座		中　间　支　座	
	砌　体	梁或柱	梁或砌体	柱
板	简支	固端	支承链杆	
次梁	简支	固端	支承链杆	
主梁	简支	$i_l/i_c>5$ 简支		$i_l/i_c>5$ 支承链杆
		$i_l/i_c\leqslant5$ 框架梁		$i_l/i_c\leqslant5$ 框架梁

注:i_l、i_c 分别为主梁和柱的抗弯线刚度;支承链杆是位于支座宽度中点的能自由转动的刚杆。

(4)梁、板的计算跨度 l_0 是指在内力计算时所采用的跨间长度。按弹性理论进行计算时,计算跨度一般应取两支座反力之间的距离;按塑性理论进行计算时,计算跨度应取两塑性铰之间的距离。计算跨度的取值见表9-3。

(5)根据上述假定可把板、次梁简化成连续板、梁进行内力分析,如图9-4所示。考虑到作用在连续梁、板某跨上的荷载对与它相隔两跨以上的其余跨内力影响较小,可以忽略。这样,对于跨数超过五跨的连续梁、板,当各跨荷载相同,且跨度相差不超过10%时,可按五跨的等跨连续梁、板进行计算,所有中间跨的内力和配筋都按第三跨来处理。

2. 简化假定的误差分析及修正

表 9-3　梁、板的计算跨度 l_0

按弹性理论计算	单跨	两端搁置	板:$l_0=l_n+a$ 且 $l_0\leqslant l_n+h$ 梁:$l_0=l_n+a$ 且 $l_0\leqslant1.05l_n$
		一端与支承构件整体连接,另一端搁置	板:$l_0=l_n+a/2$ 且 $l_0\leqslant l_n+h/2$ 梁:$l_0=l_n+a/2$ 且 $l_0\leqslant1.025l_n$
		两端与支承构件整体连接	$l_0=l_n$
	多跨	边　跨	板:$l_0=l_n+a/2+b/2$ 且 $l_0\leqslant l_n+h/2+b/2$ 梁:$l_0=l_n+a/2+b/2$ 且 $l_0\leqslant1.025l_n+b/2$
		中　间　跨	板:$l_0=l_c$ 且 $l_0\leqslant1.1l_n$ 梁:$l_0=l_c$ 且 $l_0\leqslant1.05l_n$
按塑性理论计算		两端搁置	板:$l_0=l_n+a$ 且 $l_0\leqslant l_n+h$ 梁:$l_0=l_n+a$ 且 $l_0\leqslant1.05l_n$
		一端与支承构件整体连接,另一端搁置	板:$l_0=l_n+a/2$ 且 $l_0\leqslant l_n+h/2)$ 梁:$l_0\leqslant1.025l_n$
		两端与支承构件整体连接	$l_0=l_n$

注:表中的 l_0 为梁板的计算跨度;l_c 为支座中心线间的距离;l_n 为净跨;h 为板厚;a 为板、梁在墙上的支承长度;b 为中间支座宽度。

以上假定(3)(4)中,有几点与实际情况不符:

①端支座大多有一定的嵌固作用,故配筋时应在梁、板端支座的顶部放置一定数量的构

造钢筋,以承受可能产生的负弯矩,构造钢筋的数量一般不小于跨中受力钢筋面积的四分之一。

②支承链杆可自由转动的假定,忽略了次梁对板、主梁对次梁的约束作用。由此引起的误差将用折算荷载的方式来加以修正。

③链杆支座没有竖向位移,假定成链杆实质上就是忽略了次梁的竖向变形对板的影响,也忽略了主梁的竖向变形对次梁的影响。

④支座总是有一定宽度的,并不像计算简图中那样只集中在一点上,所以要对按弹性理论计算的支座弯矩和剪力进行调整。

9.2.5 按弹性理论方法计算内力

1. 活荷载的最不利布置及内力包络图

活荷载的位置是可变的,并非活荷载在各跨满布时截面内力最大。为求得截面内力的最大值,应进行活荷载不利布置。图 9-5 为单跨满布荷载时,五跨连续梁的弯矩 M 和剪力 V 的图形,据此可得出活荷载最不利布置的规律:

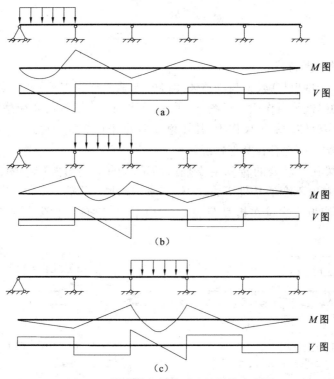

图 9-5 单跨满布荷载时连续梁的内力图

①求某一跨的跨内截面最大正弯矩时,应在该跨布置活荷载,然后向左、右隔跨布置;

②求某一跨的跨内截面最大负弯矩(或最小正弯矩)时,该跨不布置活荷载,而在其左右邻跨布置活荷载,然后向左、右隔跨布置;

③求某一支座截面最大负弯矩或最大剪力时,应在该支座的左右两跨布置活荷载,然后向左、右隔跨布置。

根据以上原则可以确定活荷载各种最不利布置,将它们分别与恒载(满布各跨)组合,便得

175

到荷载的最不利组合。

　　将同一结构在各种荷载组合作用下的内力图(弯矩图和剪力图)叠画在同一张图上,其外包线所形成的图形称为内力包络图,它反映出各截面可能产生的最大内力值。内力包络图是结构构件设计时选择计算截面和布置钢筋的依据。

　　现以承受均布荷载的五跨连续梁为例,说明弯矩包络图的绘制方法。根据活荷载的不同布置情况,每一跨都可以画出四种弯矩图,分别对应于跨内最大正弯矩、跨内最小正弯矩(或负弯矩)和左、右支座截面的最大负弯矩。当边支座为简支时,边跨只能画出三种弯矩图形,把这些弯矩图形全部叠画在一起,依次逐跨进行,可得到整个连续梁在各种不利荷载组合下的叠合弯矩图,其外包线所构成的图形即为弯矩包络图,它完整地给出了一个截面可能出现的弯矩设计值的上、下限,如图9-6a所示。同样可绘出剪力包络图,如图9-6b所示。

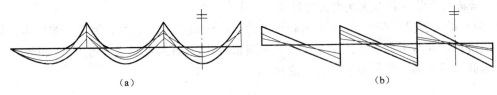

(a)　　　　　　　　　　　　　　(b)

图9-6　内力包络图

(a)弯矩包络图;(b)剪力包络图

2. 连续梁、板的折算荷载

　　选取计算简图时,将板与梁、梁与梁整体连接的支承假定为支承链杆,实质是忽略了次梁对板、主梁对次梁的弹性约束作用。对图9-7所示承受隔跨布置的可变荷载的板,考虑次梁的扭转刚度对板在支座处转动的约束作用,其转角 θ' 将小于计算简图中简化为铰支座时的转角 θ。同理,次梁与主梁之间也存在类似情况。

　　考虑到板或次梁在支承处的转动主要是由活荷载的不利布置产生的,因此比较简便的修正方法是在荷载总值不变的条件下,增大恒荷载,减小活荷载,即在计算板和次梁的内力时,采用折算荷载,使板或次梁在折算荷载 q' 作用下,支座转角大致与实际情况接近,如图9-7所示。

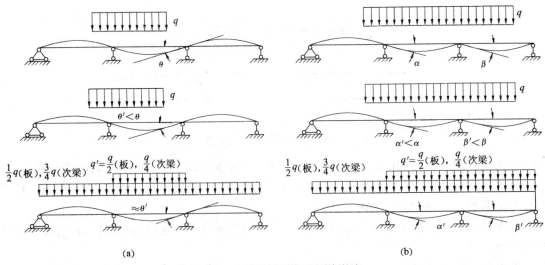

(a)　　　　　　　　　　　　　　(b)

图9-7　次梁扭转刚度对板的影响

连续板的折算荷载

$$g' = g + \frac{q}{2}, q' = \frac{q}{2} \tag{9-4}$$

连续梁的折算荷载

$$g' = g + \frac{q}{4}, q' = \frac{3q}{4} \tag{9-5}$$

式中　g, q——单位长度上恒荷载、活荷载设计值；

　　g', q'——单位长度上折算恒荷载、折算活荷载设计值。

当主梁按连续梁计算时,主梁的抗弯刚度通常比较大,对主梁荷载一般不作调整。当连续板或次梁搁置在砌体或钢结构上也不作调整。

3. 支座弯矩及剪力的修正

按弹性理论计算连续梁、板内力时,中间跨的计算跨度取支座中心线间的距离,这样求得的支座弯矩及剪力都是支座中心处的。而支座中心截面比支座边缘截面大得多,一般不会首先发生破坏。因此应取支座边缘的内力作为设计依据。

支座边缘截面的弯矩设计值 M_b(图 9-8):

$$M_b = M - V_0 \frac{b}{2} \tag{9-6}$$

式中　M——支座中心处的弯矩设计值；

　　V_0——按简支梁计算的支座中心处的剪力设计值(取绝对值)；

　　b——支座宽度。

支座边缘截面的剪力设计值 V_b:

均布荷载

$$V_b = V - (g + q) \frac{b}{2} \tag{9-7}$$

集中荷载

$$V_b = V \tag{9-8}$$

式中　V——支座中心处的剪力设计值。

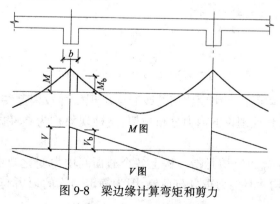

图 9-8　梁边缘计算弯矩和剪力

9.2.6 连续梁、板考虑塑性内力重分布的计算

1. 钢筋混凝土梁中的塑性铰

图 9-9a 为一跨中受一集中力作用的钢筋混凝土适筋简支梁,图 9-9b、图 9-9c 分别为梁弯矩图和从加载到破坏的跨中截面的弯矩—曲率关系图。在加载初期,弯矩—曲率呈直线关系,随荷载的增加、裂缝的出现,弯矩—曲率逐渐呈曲线关系。当受拉钢筋达到屈服后,弯矩—曲率关系曲线的斜率急剧减小,在截面弯矩增加很小的情况下,截面相对转角剧增,直至截面受压区混凝土达到极限压应变值被压碎,构件宣告破坏。构件中塑性变形较集中发展的区域(梁跨中最大弯矩附近的局部区域内),犹如一个能够转动的"铰",称之为塑性铰。钢筋混凝土塑性铰具有如下特点:

(1)只能沿弯矩作用方向,绕不断上升的中和轴发生单向转动;

(2)只能在受拉区钢筋开始屈服到受压区混凝土压坏的荷载范围内转动;

(3)在转动的同时,能承担截面的极限弯矩;

(4)塑性铰为一"区域",而不是一个点。

2. 内力重分布的概念

超静定结构的内力不仅与荷载有关,而且还与结构的计算简图以及各部分(截面)抗弯刚度的比值有关。由于钢筋混凝土结构材料的非线性、带裂缝的工作特点及塑性铰的形成,在其整个工作过程中,截面的抗弯刚度比和计算简图将发生改变,内力分布也将随之变化。

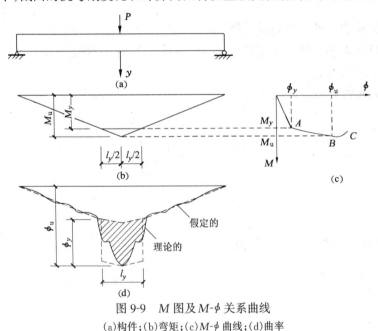

图 9-9 M 图及 M-ϕ 关系曲线

(a)构件;(b)弯矩;(c)M-ϕ 曲线;(d)曲率

混凝土结构由于各截面抗弯刚度比值的改变或出现塑性铰引起结构计算简图的改变,从而使结构内力不再服从弹性理论的内力分布规律,这种现象称为塑性内力重分布或内力重分布。

混凝土结构内力重分布实质是指结构上各个截面间内力变化规律不同于弹性理论而言的,并且只有超静定结构才有内力重分布现象,因为静定结构的内力与截面刚度无关,而且静

178

定结构出现一个塑性铰就意味着结构的破坏。

3．内力重分布过程

两端固定的单跨等截面钢筋混凝土梁,承受均布荷载 q,计算跨度为 l,根据弹性理论,支座弯矩 $M_c = ql^2/12$,跨中弯矩 $M_0 = ql^2/24$。若支座和跨中截面都按平均值 $(M_c + M_0)/2 = ql^2/16$ 配筋,则支座和跨中截面的极限弯矩 $M_{cu} = M_{0u} = ql^2/16$。当荷载由零逐渐增至 q 时,梁的整个工作过程和内力重分布全过程,如表 9-4 所示。当荷载较小时梁处于弹性工作状态,支座弯矩与跨中弯矩之比为 2:1。继续加荷至支座截面处出现裂缝(此时跨中截面尚未开裂),该截面刚度下降。当加荷至跨中截面开裂但支座截面并未出现塑性铰时,由于跨中截面刚度的突然下降,其弯矩增长速度减慢。当支座截面出现塑性铰(跨中截面未出现塑性铰)后,支座截面弯矩不再随荷载的增加而增加,梁成为一简支梁,跨中截面弯矩按简支梁继续增加,直至跨中截面出现塑性铰,梁变为可变体系而宣告破坏。

从上面的分析可知,超静定结构的内力重分布贯穿于裂缝产生到结构破坏的整个过程。这个过程又可分为截面开裂到出现第一个塑性铰,以及第一个塑性铰形成到结构破坏两个阶段。第一阶段的内力重分布主要是各截面的刚度变化所引起的,第二阶段的内力重分布主要是塑性铰的转动(计算简图的改变)所引起的。第二阶段的内力重分布比第一阶段更为明显。在连续梁、板考虑内力重分布的内力计算中,对承载力计算是指第二阶段,对变形裂缝验算是指第一阶段。

塑性铰出现后,内力重分布的程度主要取决于塑性铰的转动能力。如果已出现的塑性铰都具有足够的转动能力,能够保证最后一个使结构成为几何可变体系的塑性铰形成,称为完全的内力重分布;如果在塑性铰转动过程中出现混凝土被压碎,而此时结构尚未成为几何可变体系则称为不完全的内力重分布。塑性铰的转动能力与配筋率的大小有关。如果配筋率过大,难以形成塑性铰或出现塑性铰的转动能力不足,难以保证结构实现完全的内力重分布。

表 9-4 内力重分布过程

工作阶段		工作特点	内力重分布过程	计 算 简 图	荷载—弯矩图
弹性阶段		开裂前弹性工作阶段	内力与荷载成正比,$M_c = ql^2/12$, $M_0 = ql^2/24$, $\|M_c : M_0\| = 2$		
带裂缝工作阶段	第一过程:由截面刚度比变化引起	支座截面受拉区混凝土开裂,跨中未开裂	支座截面刚度下降,弯矩增长减缓;而跨中截面刚度不变,弯矩增长相对支座加快		
		跨中截面开裂,支座截面钢筋未屈服	支座截面弯矩增长比跨中为快;而跨中截面刚度突减,弯矩增长相对跨中减缓		

179

工作阶段	工作特点	内力重分布过程	计 算 简 图	荷载—弯矩图
第二过程：由计算简图改变（塑性铰的转动）而引起 塑性发展阶段	支座截面钢筋屈服，形成塑性铰	荷载增加到 q_1 时，支座截面弯矩达到 M_u，荷载继续增加，弯矩不变 $M_c = M_u = ql^2/16 \approx q_1 l^2/12$ 跨中截面弯矩：$M_{01} = q_1 l^2/24$ 此时，计算简图发生改变，在继续施加的荷载 q_2 作用下，跨中弯矩按简支梁规律增长：$M_{02} \approx q_2 l^2/8$	q_1 作用下的弯矩图（M_c，M_{01}）；q_2 作用下的弯矩图（M_c，M_{02}）	荷载—弯矩曲线图（M 对 q），标注 M_u、M_c、M_{ccr}、M_0、q_{0cr}、q_{ccr}、q_1
	支座、跨中截面钢筋均屈服，形成塑性铰	结构变为可变体系，宣告破坏 $M_c = M_u = ql^2/16 \approx q_1 l^2/12$ $M_0 = M_{01} + M_{02}$ $= q_1 l^2/24 + q_2 l^2/8$ $= ql^2/16$ $q = q_1 + q_2,\ q_1 = 3q_2$	$q = q_1 + q_2$ 作用下的弯矩图（M_c，M_0）	

4．内力重分布的应用

（1）塑性内力重分布分析方法与弹性分析方法的比较

试验表明，无论是钢筋混凝土材料还是不同加载阶段的结构，均具有非弹性性质。按弹性理论计算超静定钢筋混凝土结构内力，不能完全反映结构内力随荷载增加而变化的特点，也与已考虑材料塑性性能的截面计算理论不相协调。所以在混凝土连续梁、板的设计中，考虑结构的内力重分布，建立弹塑性的内力计算方法，可以使结构的内力分析与截面设计相协调，使设计更加合理：

①能够正确计算结构的承载力和验算使用阶段的变形与裂缝宽度；

②可以使结构在破坏时有较多的截面达到极限承载力，从而充分发挥结构的潜力，更有效地节约材料；

③利用结构的内力重分布现象，可以合理调整钢筋布置，缓解支座钢筋拥挤现象，简化配筋构造，方便混凝土浇捣，从而提高施工效率和质量；

④根据结构的内力重分布现象，在一定条件下可以人为控制结构中的弯矩分布，从而使设计得以简化。

考虑内力重分布的计算方法是以形成塑性铰为前提的，对于直接承受动力荷载的构件，以及处于侵蚀性环境或要求不能出现裂缝的结构，不应采用塑性内力重分布的分析方法。

（2）用弯矩调幅法计算连续梁、板的内力

目前，工程中常用的考虑塑性内力重分布的分析方法是弯矩调幅法。所谓弯矩调幅法，是在弹性理论分析方法所求得弯矩包络图基础上，对选定的某些首先出现塑性铰的截面弯矩进行适当的调整，然后再进行配筋计算。截面的弯矩调整幅度用弯矩调幅系数 β 来表示，则

$$M = (1 - \beta)M_c \tag{9-9}$$

式中　M——调整后的弯矩设计值；

　　　M_c——按弹性理论计算的弯矩设计值。

1)弯矩调幅法的原则

根据理论分析、试验研究结果及工程实践经验,对弯矩进行调幅时应遵循以下原则:

①必须保证塑性铰具有足够的转动能力,使整个结构或局部形成机动可变体系才丧失承载力。按弯矩调幅法设计的结构,钢筋宜采用 HRB335 级和 HRB400 级热轧带肋钢筋,也可采用 HPB235 级和 RRB400 级热轧光面钢筋,混凝土强度等级宜在 C20~C45 范围内选用;弯矩调幅后的截面相对受压区高度系数 ξ 不应大于 0.35,也不宜小于 0.10;

②为了避免塑性铰出现过早、转动幅度过大,致使梁的裂缝宽度及变形过大,应控制支座截面的弯矩调整幅度。调幅系数 β 不宜超过 0.25,不等跨连续梁、板不宜超过 0.20;

③不等跨连续梁、板各跨中截面的弯矩不宜调整;

④在可能产生塑性铰的区段,考虑弯矩调幅后,连续梁下列区段内按规范算得的箍筋用量,一般应增大 20%,增大的范围为:对于集中荷载,取支座边至最近一个集中荷载之间的区段;对于均布荷载,取支座边至距支座边 $1.05h_0$ 的区段(h_0 为截面的有效高度);

⑤为了防止构件发生斜拉破坏,箍筋的配箍率应满足下式要求:

$$\rho_{sv} \geq 0.03 f_c / f_{yv} \tag{9-10}$$

式中　ρ_{sv}——箍筋的配箍率;

　　f_c, f_{yv}——分别为混凝土抗压强度设计值和箍筋抗拉强度设计值。

⑥连续梁、板弯矩经调幅后,仍应满足静力平衡条件,梁、板的任意一跨调幅后的两支座弯矩平均值的绝对值与跨中弯矩之和应不小于该跨按简支梁计算的弯矩值,且不小于按弹性方法求得的考虑荷载最不利布置的跨中最大弯矩。

2)连续梁、板承载力按调幅法的计算

①弯矩设计值

对于承受均布荷载的等跨连续梁,各跨跨中及支座截面的弯矩设计值可按下列公式计算:

$$M = \alpha_{mb}(g + q) l_0^2 \tag{9-11}$$

式中　M——弯矩设计值;

　　α_{mb}——连续梁、板考虑塑性内力重分布的弯矩系数,按表 9-5 采用;

　　g, q——分别为沿梁单位长度上的恒荷载和活荷载设计值;

　　l_0——计算跨度,根据表 9-3 确定。

表 9-5　连续梁、板考虑塑性内力重分布的弯矩系数 α_{mb}

边支座情况	截　面				
	边支座	边跨跨中	第一内支座	中间支座	中间跨跨中
搁置在墙上	0	1/11	−1/10(用于两跨连续板、梁) −1/11(用于多跨连续板、梁)	−1/14	1/16
与梁整体连接	−1/16(板) −1/24(梁)	1/14			

注:表中弯矩系数适用于荷载比 $q/g > 0.3$ 的等跨连续梁、板。

②剪力设计值

在均布荷载作用下,等跨连续梁的剪力设计值可按以下公式计算

$$V = \alpha_{vb}(g + q)l_n \tag{9-12}$$

式中 V——剪力设计值；

α_v——考虑塑性内力重分布的剪力系数，按表 9-6 采用；

l_n——净跨度。

表 9-6　连续梁考虑塑性内力重分布的剪力系数 α_{vb}

荷载情况	边支座情况	截面				
		边支座右侧	第一内支座左侧	第一内支座右侧	中间支座左侧	中间支座右侧
均布荷载	搁置在墙上	0.45	0.60	0.55	0.55	0.55
	梁与梁或梁与柱整体连接	0.50	0.55			
集中荷载	搁置在墙上	0.42	0.55	0.60	0.55	0.55
	与梁整体连接	0.50	0.60			

均布荷载下，$q/g>0.3$ 时，对于边支座搁置在墙上的五跨连续板、梁的 α_{mb} 和 α_{vb} 数值如图9-10所示。

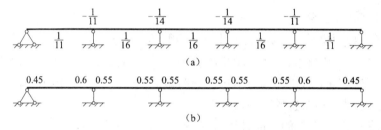

图 9-10　搁置在墙上的连续板、次梁考虑内力重分布的弯矩、剪力系数

(a)板和次梁的 α_{mb}；(b)次梁的 α_{vb}

9.2.7　单向板肋梁楼盖的截面设计与配筋构造

1. 单向板的截面设计和配筋构造

(1)截面设计

板的计算宽度可取单位宽度 1m，按单筋矩形截面设计。在极限状态时，板支座塑性铰绕截面下部受压区旋转，跨中塑性铰则绕截面上部受压区旋转，当板的支座不能自由移动时，板在每一跨内受力类似于三铰拱，如图 9-11 所示。这种三铰拱的作用将减小截面的水平弯矩设计值。因此，对于周边与梁整体连接的板，可减小弯矩设计值，单向板中间跨的跨中截面弯矩及支座截面弯矩可各减少 20%，单向板边跨的跨中截面及支座截面弯矩则不考虑减小。

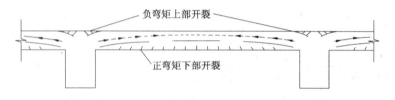

图 9-11　单向板的三铰拱作用

182

(2)配筋构造

1)板中受力钢筋

板中受力钢筋有板面承受负弯矩的受力筋和板底承受正弯矩的受力筋两种,前者简称负钢筋,后者简称正钢筋。一般常用钢筋的直径为 6、8、10、12mm 等。为了防止施工时,负钢筋过细而被踩下,负钢筋直径一般不小于 8mm。对于绑扎钢筋,当板厚 $h \leqslant 150mm$ 时,间距不应大于 200mm;$h > 150mm$ 时,不应大于 $1.5h$,也不宜大于 250mm。深入支座的受力钢筋间距不应大于 400mm,且截面面积不得少于受力钢筋截面积的 1/3。当端支座是简支时,下部正钢筋伸入支座的长度不应小于 $5d$。

连续板内受力钢筋的配筋方式有连续式和分离式两种,分别如图 9-12a、图 9-12b、图 9-12c 和图 9-12d 所示。连续式配筋的受力钢筋有弯起钢筋和直的正、负钢筋三种。弯起钢筋可先按跨中确定所需正钢筋的直径和间距,然后在支座附近弯起总钢筋面积的 $1/2 \sim 2/3$,如果还不满足所要求的负钢筋需要,再另加直的负钢筋。连续式配筋又称弯起式配筋,钢筋锚固较好,可节约钢材,但施工较复杂。

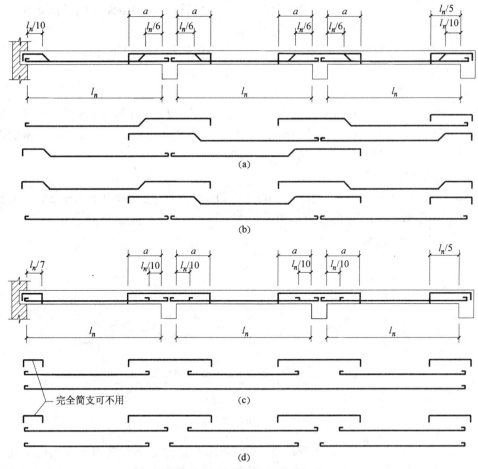

图 9-12 连续单向板的配筋方式
(a)一端弯起式;(b)两端弯起式;(c)、(d)分离式

分离式配筋的钢筋锚固稍差,耗钢量略高,设计和施工都较方便,是目前常用的配筋方法。当板厚超过 120mm 且承受的动荷载较大时,不宜采用分离式配筋。

连续单向板内受力钢筋的弯起点和截断点原则上应按弯矩包络图确定。当连续板的相邻跨度之差不超过20%，各跨荷载相差不大时，可按图9-12所示的确定。图中 a 的取值为：当板上均布活荷载 q 与均布恒荷载 g 的比值 $q/g \leqslant 3$ 时，$a = 1/4l_n$；当 $q/g > 3$ 时，$a = 1/3l_n$，l_n 为板的净跨长。

2)板中构造钢筋

连续单向板除了按计算配置受力钢筋外，通常还应布置以下四种构造钢筋。

①分布钢筋。与受力钢筋垂直，平行于单向板的长跨，放在正、负受力钢筋的内侧。分布钢筋的截面面积不宜少于受力钢筋截面面积的15%，间距也不宜大于250mm，在受力钢筋弯折处也宜布置分布钢筋。

分布钢筋的主要作用是：a)浇筑混凝土时固定受力钢筋的位置；b)承受混凝土收缩和温度变化所产生的内力；c)承受并分布板上局部荷载产生的内力；d)承受在计算中未考虑的其他因素所产生的内力，如承受板沿长跨实际存在的弯矩。

②与主梁垂直的附加短负筋

前面章节中已讲过，力是按最短路线传递的，因此靠近主梁的板面荷载将就近直接传给主梁。为此必须在主梁上部配置板面附加短钢筋，其数量沿主梁面积不宜小于 $\phi8@200$，且不宜小于该向跨中受力钢筋截面面积的1/3，伸入板中的长度从主梁边算起每边不小于板的计算跨度 l_0 的1/4。

③与承重墙垂直的附加短负筋

嵌入承重墙内的单向板，计算时是按简支考虑的，但实际上有部分嵌固作用，将产生局部负弯矩。为此，沿受力方向配置的上部构造钢筋，面积不宜小于该向跨中受力钢筋截面面积的1/3，其伸出墙边的长度应不小于短边跨度的1/7。

④板角部附加短负筋

两边嵌入墙内的板角部分，应在板面双向配置的附加短钢筋，间距不大于200mm，直径与角部板的负钢筋相同，每一方向伸出墙边的长度应不小于 $l_0/4$，如图9-13所示。

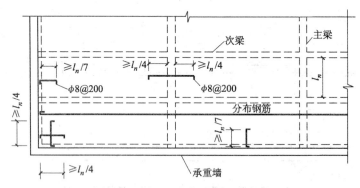

图9-13 墙边和角部附加短负钢筋

近年来，现浇板的裂缝问题比较严重，其主要原因是混凝土收缩和温度变化在现浇楼板内引起的约束拉应力，其值超过了混凝土的抗拉强度而产生裂缝。为减少产生收缩和温度裂缝的可能性，可采取以下构造措施：①对于支承结构整体浇筑的混凝土板，应沿支承周边合理配置构造钢筋；②在与单向板受力方向垂直的方向布置分布钢筋；③在温度、收缩应力较大的现浇板区域内，钢筋间距宜为150~200mm，并应在板的未配筋表面布置温度收缩钢筋，板的上、下表面沿纵、横两个方向的配筋率均不宜小于 0.1%。温度收缩钢筋可利用原有钢筋贯通布置，也可另行设置构造钢筋网，并与原有钢筋按受拉钢筋的要求搭接或在周边构件中锚固。

2. 次梁、主梁的截面设计和配筋构造

(1)次梁和主梁的截面设计

1)由于梁与板是整浇在一起的，故承受正弯矩的跨中截面按宽度为 b'_f 的 T 形截面计算，b'_f 的取值见表 9-7。通常 b'_f 较大，受压区位于板内，跨中可按宽度为 b'_f 的矩形截面计算。

2)在计算主梁支座截面配筋时，由于板、次梁及主梁承受负弯矩的钢筋相互交叠，见图 9-14，使主梁的截面有效高度有所减小。因此，计算主梁支座负钢筋时，其截面有效高度 h_0 一般按下列规定取值：一排钢筋时应取 $h_0 = h - (50 \sim 60)$ mm，两排钢筋时应取 $h_0 = h - (70 \sim 80)$ mm，h 是截面高度。

当主、次梁的支座截面需按双筋截面考虑时，可用跨中伸入支座的正钢筋来作受压钢筋，其锚固长度不应小于受拉钢筋锚固长度的 0.7 倍。

表 9-7 T 形及倒 L 形截面受弯构件翼缘计算宽度 b'_f

项次	考 虑 情 况		T 形截面		倒 L 形截面
			肋形梁(板)	独立梁	肋形梁(板)
1	按计算跨度 l_0 考虑		$1/3 l_0$	$1/3 l_0$	$1/6 l_0$
2	按梁(肋)净距 S_n 考虑		$b + S_n$	—	$b + S_n/2$
3	按翼缘高度 h'_f 考虑	当 $h'_f/h_0 \geq 0.1$	—	$b + 12h'_f$	—
		当 $0.1 > h'_f/h_0 \geq 0.05$	$b + 12h'_f$	$b + 6h'_f$	$b + 5h'_f$
		当 $h'_f/h_0 < 0.05$	$b + 12h'_f$	b	$b + 5h'_f$

注：①表中 b 为梁(肋)的腹板宽度；
②对有加腋的 T 形和倒 L 形截面，当受压区加腋的高度 $h_h \geq h'_f$ 且加腋的宽度 $b_h \leq 3h'_f$ 时，则其翼缘计算宽度可按表中项次 3 的规定分别增加 $3b_h$(T 形截面)和 b_h(倒 L 形截面)；
③如肋形梁在梁跨内设有间距小于纵肋间距的横肋时，可不遵守表中项次 3 的规定；
④独立梁受压区的翼缘板在荷载作用下，经验算沿纵肋方向可能产生裂缝时，则计算宽度取为腹板宽度。

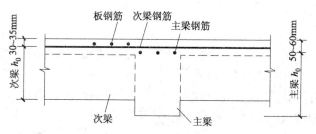

图 9-14 主梁与次梁节点处的截面有效高度

(2)次梁和主梁的配筋构造

1)配筋方式

与单向连续板一样，梁的配筋也有连续式和分离式两种方式，前者有弯起钢筋，后者没有弯起钢筋。为了设计与施工方便，工程中主、次梁常采用分离式配筋。采用绑扎钢筋骨架的一般梁中，宜优先采用箍筋作为斜截面抗剪钢筋。采用连续式配筋时，通常先按跨中正弯矩确定

185

跨中钢筋的直径和根数,然后在支座附近将跨中钢筋弯起一部分,以承担支座一部分负弯矩和剪力,不足部分再由支座上筋和箍筋来承受。弯起钢筋不能采用浮筋,即由梁下方弯起后不再弯下,直接在梁顶支座附近截断的Z字形钢筋。

2)受力钢筋的弯起和截断

主、次梁受力钢筋的弯起和截断位置原则上应按内力包络图确定,但在等跨或跨度相差不超过20%的次梁中,当活荷载与恒荷载之比 $q/g \leqslant 3$ 时,可按图9-15所示布置。

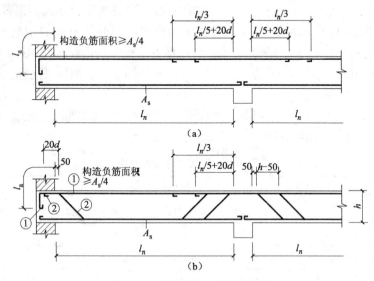

图9-15 连续梁纵向钢筋示意图
(a)没有弯起钢筋时;(b)有弯起钢筋时

3)架立筋和腰筋

当梁的跨度小于4m时,架立钢筋的直径不宜小于8mm;当梁的跨度为4~6m时,不宜小于10mm;当梁的跨度大于6m时,不宜小于12mm。当梁的截面尺寸较大时,有可能在梁侧面产生垂直于梁轴线的收缩裂缝。因此,当梁的腹板高度大于或等于450mm时,应在梁的两侧设置纵向构造钢筋(即腰筋),其截面面积不应小于梁腹板截面面积的0.1%,腰筋的间距也不宜大于200mm。

4)箍筋

箍筋的形式有封闭式和开口式两类,一般采用封闭式。现浇或装配整体式T形梁当不承受扭矩或动荷载时,跨中可采用开口式。

箍筋的肢数有单肢、双肢、三肢和四肢等,一般采用双肢箍,当梁宽大于400mm,一排中的受拉钢筋超过4根时或配有计算的受压钢筋,且这种受压钢筋在一排中超过3根时应采用四肢箍。

箍筋一般采用HPB235级钢筋,当梁高 $h \leqslant 800$mm 时,箍筋最小直径为6mm,当 $h > 800$mm 时,箍筋最小直径为8mm。当配有计算受压钢筋时,箍筋的直径尚应不小于受压钢筋最大直径的1/4。

梁中配有计算的受压钢筋时,箍筋应做成封闭式,且箍筋间距在绑扎骨架中不应大于15d,在焊接骨架中不应大于20d(d为受压钢筋中的最小直径);同时在任何情况下不应大于400mm。梁中箍筋的最大间距见表9-8。

186

表 9-8 梁中箍筋的最大间距(mm)

梁 高 h	$150<h\leqslant300$	$300<h\leqslant500$	$500<h\leqslant800$	$h>800$
$V>0.7f_tbh_0$	150	200	250	300
$V\leqslant0.7f_tbh_0$	200	300	350	400

高度大于300mm的梁,应沿梁全长设置箍筋;高度为150~300mm的梁,可仅在梁端部各1/4跨度范围内设置箍筋,但当梁中部1/2跨度范围内有集中荷载时,仍应沿梁全长设置箍筋;高度为150mm以下的梁,可不设箍筋。

绑扎骨架中非焊接的搭接接头长度范围内,当搭接钢筋受拉时,箍筋间距不应大于$5d$(d为受力钢筋中的最小直径),且不应大于100mm;当搭接钢筋受压时,箍筋间距不应大于$10d$,且不应大于200mm。

当 $V>0.7f_tbh_0$ 时,箍筋应满足最小配箍率的要求,即:

$$\rho_{sv}=\frac{nA_{sv1}}{bs}\geqslant0.24\frac{f_t}{f_{yv}} \tag{9-13}$$

式中 n——箍筋肢数;

A_{sv1}——单肢箍筋截面面积;

s——箍筋间距;

b——梁宽;

f_t,f_{yv}——分别为混凝土和箍筋抗拉强度设计值。

5)纵筋的锚固

梁内纵向受力钢筋必须有一定的数量伸入支座,并具有一定的锚固长度 l_{as},否则可能由于锚固不足而使钢筋滑移过大,甚至会从混凝土中拔出,造成锚固破坏。为了防止这种情况,应满足以下要求:

①纵向受力钢筋伸入支座的数量,当梁宽 $b\geqslant100$mm 时,不宜少于2根,$b<100$mm 时,可为1根。

②简支梁或连续梁简支端的下部纵向受拉钢筋伸入支座内的锚固长度 l_{as}(图9-16),应符合下列条件:当 $V\leqslant0.7f_tbh_0$ 时,$l_{as}\geqslant5d$;当 $V>0.7f_tbh_0$ 时,带肋钢筋 $l_{as}\geqslant12d$,光面钢筋 $l_{as}\geqslant15d$。

如纵向受力钢筋伸入支座的锚固长度不符合上述规定时,应采取在钢筋上加焊横向钢筋、锚固钢板,或将钢筋端部焊接在预埋件上等有效锚固措施。

对于混凝土强度等级小于或等于C25的简支梁,在距支座边1.5倍梁高范围内作用有集中荷载(包括作用有多种荷载,且其中集中荷载的数值对支座截面所产生的剪力占总剪力值的75%以上的情况),且 $V>0.7f_tbh_0$ 时,对带肋钢筋取锚固长度 $l_{as}\geqslant15d$,或采用附加锚固措施。

光面钢筋受拉时应在钢筋末端做弯钩,受压时可不做弯钩。

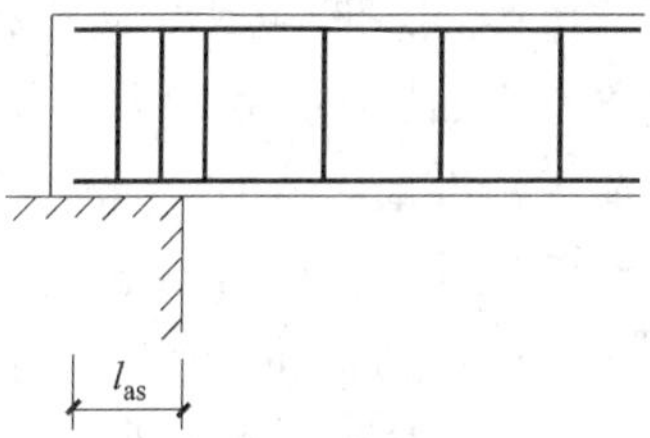

图 9-16 纵向受力钢筋伸入
简支梁支座的锚固

6)附加箍筋和吊筋

当在主梁高度范围内作用有集中荷载,如次梁支座反力或悬吊荷重时,可能在主梁上引起斜裂缝,特别是当此集中荷载作用在主梁的受拉区内时。为此应设置附加箍筋或吊筋,以把此集中力传递到主梁顶部受压区,且宜优先采用附加箍筋。附加箍筋和吊筋的设置范围应与集中力的有效分布范围 s 一致,$s = 2h_1 + 3b$,如图 9-17 所示。

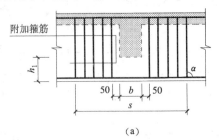 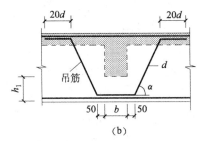

(a)　　　　　　　　　　　　(b)

图 9-17　附加箍筋和吊筋

(a)附加箍筋;(b)附加吊筋

附加箍筋或吊筋的总截面面积应满足下式要求:

$$F_l \leqslant f_{yv} A_{sv} \sin\alpha \tag{9-14}$$

式中　F_l——传递的集中荷载设计值;

　　　f_{yv}——附加箍筋或吊筋的抗拉强度设计值;

　　　A_{sv}——附加箍筋或吊筋的总截面面积。当采用吊筋时,A_{sv} 为左、右弯起段面积之和;

　　　α——附加箍筋或吊筋与梁轴线间的夹角。

7)梁的加腋支托

为了减小梁的高度或满足支座截面受剪承载力的要求,可在梁的支座处加腋以加大梁高。由于施工比较困难,在一般情况下,主、次梁加腋不常采用。当需要加腋时,支托的倾斜度不应大于 1:3,从支座轴线算起的支托长度应为 $1/10 \sim 1/6$ 跨度,支托的高度不应大于梁高的 40%,如图 9-18 所示。为了使支托与梁柱可靠连接,在支座倾斜面处应设置架立钢筋,当支座沉降时,此钢筋还可承担一定拉力。

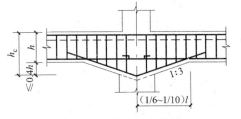

图 9-18　梁的加腋支托

【例 9-1】　试设计图 9-19 所示的单向板肋梁楼盖,板和次梁按考虑塑性内力重分布的方法计算内力,主梁按弹性理论设计。楼面构造做法:板顶 20mm 厚水泥砂浆面层,板底 20mm 厚混合砂浆顶棚抹灰;楼面活荷载标准值为 6.0kN/m^2。混凝土强度等级为 C25,柱截面尺寸为 500mm × 500mm。

采用单向板肋梁盖,X 方向每柱网间均匀布置两道次梁,Y 方向布置主梁。外檐梁沿柱边设置,其他梁居中设置(图 9-20)。

1. 板的设计(考虑塑性内力重分布)

(1)板的计算跨度及荷载

高层结构的单向板的最小厚度为 80mm,且多跨

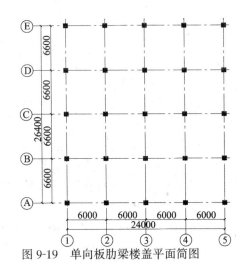

图 9-19　单向板肋梁楼盖平面简图

连续板板厚$\geq l/40 = 2200/40 = 55mm$，取板厚为80mm。

次梁高 $h = (1/12 \sim 1/18)l = (1/12 \sim 1/18) \times 6000 = 500 \sim 333$，取 $h = 450mm$。次梁宽 $b = (1/2 \sim 1/3)h = (1/2 \sim 1/3) \times 450 = 225 \sim 150$，取 $b = 200mm$。

考虑板两端与梁固接，按调幅法计算时板的计算跨度取净跨。

边跨：$l_0 = l_n = 2200 - 100 = 2100mm$

中间跨：$l_0 = l_n = 2200 - 200 = 2000mm$

恒荷载标准值：

20厚水泥砂浆面层	$20 \times 0.02 = 0.4kN/m^2$
80厚现浇楼板：	$25 \times 0.08 = 2.0kN/m^2$
20厚混合砂浆顶棚抹灰	$17 \times 0.02 = 0.34kN/m^2$
	$2.74kN/m^2$

恒荷载的设计值：$g = 1.2 \times 2.74 = 3.3kN/m^2$

活荷载设计值：$q = 1.4 \times 6 = 8.4kN/m^2$

恒、活荷载设计值合计：$g + q = 3.3 + 8.4 = 11.7kN/m^2$

(2)弯矩设计值及配筋：

取板宽为1m，按支座为固定的五跨连续板计算。中间区格板带中的板 B5、B6 的四周都与梁相连，考虑到拱的有利作用，将弯矩设计值降低20%。边区格 B1、B2、B3 以及中间区格板带中的边区格 B4 的弯矩则不降低。采用 HPB235 级钢筋、分离式配筋。

钢筋除满足计算要求外，还应满足构造要求。为避免板面负钢筋在施工中被踩下，钢筋最小直径采用8mm。钢筋的最小配筋率为0.2%和$45f_t/f_y$(%)两者中的较大值。

C25 混凝土，$f_t = 1.27N/mm^2$；HPB235 级钢，$f_y = 210N/mm^2$。$45f_t/f_y = 45 \times 1.27/210 = 0.272 > 0.2$，因此每米板宽的受力钢筋的最小截面面积 $A_{s,min} = 0.00272 \times 1000 \times 80 = 218mm^2$。计算如表9-9所示，配筋如图9-20所示。分布钢筋取不小于受力钢筋面积的15%，取$\phi6@250$。

表 9-9　连续单向板按调幅法设计的截面弯矩及配筋

截　面	边区格板带 B1、B2、B3					中间区格板带 B4、B5、B6				
	端支座	边跨跨中	第一内支座	中间跨跨中	中间支座	端支座	边跨跨中	第一内支座	中间跨跨中	中间支座
计算跨度(m)	2.1	2.1	2.1	2.0	2.0	2.1	2.1	2.1	2.0	2.0
弯矩系数 a_{mb}	$-1/16$	$1/14$	$-1/11$	$1/16$	$-1/14$	$-1/16$	$1/14$	$-1/11$	$1/16$	$-1/14$
弯矩(kN·m)	-3.2	3.7	-4.7	2.9	-3.3	-3.2	3.7	-4.7	2.3	-2.7
计算配筋(mm²)	264	308	396	239	273	264	308	396	188	222
实配钢筋	$\phi8@180$	$\phi8@150$	$\phi10@200$	$\phi8@200$	$\phi8@150$	$\phi8@180$	$\phi8@150$	$\phi10@200$	$\phi8@200$	$\phi8@200$
实配钢筋面积(mm²)	279	335	393	252	335	279	335	393	252	252

2.次梁设计

(1)次梁的计算跨度及荷载

1)计算跨度

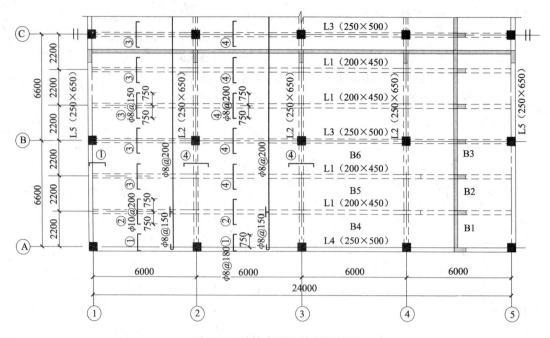

图 9-20　结构布置及楼板配筋图

主梁高：$h = (1/8 \sim 1/14)L = (1/8 \sim 1/14) \times 6600 = 825 \sim 471\text{mm}$，取主梁截面 250mm × 650mm，考虑次梁两端与主梁固接，计算跨度取净跨。次梁截面为 450mm，截面计算高度 $h_0 = h - 35 = 415\text{mm}$。

边跨：$L_0 = L_n = 6000 - 250/2 = 5875\text{mm}$

中间跨：$L_0 = L_n = 6000 - 250 = 5750\text{mm}$

2）荷载

板传恒载	$3.3 \times 2.2 = 7.26\text{kN/m}$	
自重	$25 \times (0.45 - 0.08) \times 0.20 \times 1.2 = 2.22\text{kN/m}$	

梁表面抹灰 20 厚

$$20 \times [(0.45 - 0.08) \times 2 + 0.20] \times 0.02 \times 1.2 = 0.45\text{kN/m}$$

合计　9.93kN/m

板传活载　　　　　$8.4 \times 2.2 = 18.48\text{kN/m}$

板传荷载合计　　　$9.93 + 18.48 = 28.4\text{kN/m}$

（2）次梁正截面弯矩承载力计算

因跨度相差小于 10%，故次梁按端支座是固定的等跨连续梁计算。承受正弯矩的跨中截面按 T 形截面计算，按表 9-7 取翼缘宽度，$b'_f = 2000\text{mm}$。受力纵向钢筋采用 HRB335 级，箍筋采用 HPB235 级。钢筋的最小配筋率为 0.2% 和 $45f_t/f_y$（%）两者中的较大值，$A_{s,\min} = 0.00272 \times 200 \times 415 = 226\text{mm}^2$。

次梁正截面承载力计算见表 9-10。

（3）次梁斜截面受剪承载力及箍筋计算

端支座剪力设计值 $V_A = \alpha_{vb}(g + q)l_0 = 0.5 \times 28.4 \times 5.875 = 83.4\text{kN}$

第一支座左侧截面剪力设计值 $V_b = \alpha_{vb}(g+q)l_0 = 0.55 \times 28.4 \times 5.875 = 91.8\text{kN}$

第一支座右侧截面及中间截面的剪力设计值 $V_{bm} = \alpha_{vb}(g+q)l_0 = 0.55 \times 28.4 \times 5.75 = 89.8\text{kN}$

验算最小截面尺寸：$0.25 f_c b h_0 = 0.25 \times 11.9 \times 200 \times 415 \times 10^{-3} = 246.9\text{kN} > 91.8\text{kN}$，符合要求。

表 9-10　次梁正截面受弯承载力及配筋计算

截　　面	端支座	边跨跨中	第一内支座	中间跨中	第二内支座
$b \times h_0$	200×415	2000×415	200×415	2000×415	200×415
a_{mb}	$-1/24$	$1/14$	$-1/11$	$1/16$	$-1/14$
计算跨度(m)	5.875	5.875	5.875	5.75	5.75
弯矩(kN·m)	-40.8	70.0	-89.1	58.7	-67.1
计算配筋(mm²)	346	567	817	474	592
配筋	2 Φ 16	3 Φ 16	2 Φ 16+1 Φ 25	2 Φ 14+1 Φ 16	3 Φ 16
实配钢筋面积(mm²)	402	603	893	507	603

设只配箍筋，不配弯起筋：

$$V \leqslant 0.7 f_t b h_0 + 1.25 f_{yv} h_0 A_{sv}/s$$

$91.8 \times 10^3 \leqslant 0.7 \times 1.27 \times 200 \times 415 + 1.25 \times 210 \times 415 A_{sv}/s$，得 $A_{sv}/s \geqslant 0.165$。

另外，当 $V > 0.7 f_t b h_0$ 时，梁的最小配箍率为 $\rho_{sv,min} = 0.24 f_t/f_{yv} = 0.24 \times 1.27/210 = 0.00145$

$A_{sv}/s_{min} = \rho_{sv,min} \times b = 0.00145 \times 200 = 0.29$，因此取 $A_{sv}/s \geqslant 0.29$

设箍筋直径为 $\phi 6$ 间距最大值 $s = 28.3 \times 2/0.29 = 195\text{mm}$，实配箍筋 $\phi 6@180$。次梁 L1 配筋见图 9-21。

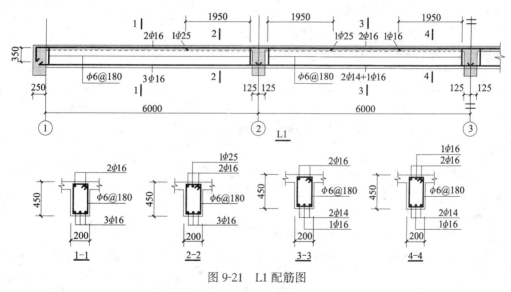

图 9-21　L1 配筋图

3. 主梁的设计(按弹性理论计算)

(1)主梁的计算跨度及荷载

191

按弹性理论计算,计算跨度取轴线间的距离,即 $l_0 = 6600mm$。

集中活荷载:$Q = 8.4 \times 2.2 \times 6.0 = 110.9kN$

集中恒荷载 G:次梁传荷　$9.93 \times 6.0 = 59.58kN$

梁自重 $(0.65 - 0.08) \times 0.25 \times 25 \times 6.6 \times 1.2/2 = 14.11kN$

梁抹面重 $[0.25 + 2 \times (0.65 - 0.08)] \times 0.02 \times 6.6 \times 20 \times 1.2/2 = 2.20kN$

合　计 $G = 75.9kN$

$$G + Q = 75.9 + 110.9 = 186.8kN$$

(2)主梁的内力计算

考虑端支座为铰支座的多跨等截面连续梁,采用弯矩分配法计算。

1)固端弯矩

荷载作用在 AB 跨

恒荷载作用:$M_G = 1.5Ga(1 - a/l) = 1.5 \times 75.9 \times 2.2 \times (1 - 2.2/6.6) = 167.0kN \cdot m$

活荷载作用:$M_Q = Qa(1 - a/l) = 1.5 \times 110.9 \times 2.2 \times (1 - 2.2/6.6) = 244.0kN \cdot m$

荷载作用在 BC 跨

恒荷载作用:$M_G = Ga(1 - a/l) = 75.9 \times 2.2 \times (1 - 2.2/6.6) = 111.3kN \cdot m$

活荷载作用:$M_Q = Qa(1 - a/l) = 110.9 \times 2.2 \times (1 - 2.2/6.6) = 162.7kN \cdot m$

2)分别求以下三种荷载工况的支座弯矩

①恒荷载满布各跨;②活荷载布置在 AB 跨;③活荷载布置在 BC 跨(图 9-22);

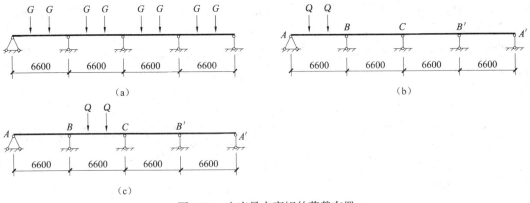

图 9-22　支座最大弯矩的荷载布置

(a)恒荷载满布各跨;(b)活荷载布置在 AB 跨;(c)活荷载布置在 BC 跨

恒荷载满布各跨,计算采用弯矩分配法,计算过程见表 9-11。活荷载分别布置在 AB 跨和 BC 跨,计算过程分别见表 9-12、表 9-13。活荷载不利布置计算过程见表 9-14。

3)梁弯矩和剪力

根据表 9-14,梁支座的最大弯矩分别为:

$M_B = -378.5kN \cdot m, M_C = -304.6kN \cdot m$。梁端剪力值可根据弯矩图求出:

$$V_A = -247.3/6.6 + 186.8 = 149.3kN$$

$$V_{B,l} = -378.5/6.6 - 186.8 = -244.1kN$$

$$V_{B,r} = (378.5 - 130.4)/6.6 + 186.8 = 224.4kN$$

$$V_{C,l} = (212.9 - 304.6)/6.6 - 186.8 = -200.7\text{kN}$$

$$V_{C,r} = (304.6 - 212.9)/6.6 + 186.8 = 200.7\text{kN}$$

AB 跨、BC 跨跨中最大弯矩 M_1、M_2 可由叠加法求出：

$$M_1 = 186.8 \times 2.2 - 247.3/3 = 328.5\text{kN·m}$$

$$M_2 = 186.8 \times 2.2 - (248.0 - 165.2)/3 - 165.2 = 218.2\text{kN·m}$$

(3)绘制主梁弯矩包络图

根据表 9-14 所计算出的支座弯矩，分别根据叠加法求出跨中集中荷载作用点 1、2、3、4 处的弯矩值，见表 9-15，然后据此作出主梁的弯矩包络图(图 9-23)。

表 9-11　恒荷载布置在各跨支座弯矩计算

支座	A	B		C		B′	A′
分配系数		0.429	0.571	0.5	0.5	0.571	0.429
固端弯矩		167.0	−111.3	+111.3	−111.3	+111.3	−167.0
B、B′一次分传		−23.9	−31.8			31.8	23.9
				−15.9	15.9		
C 一次分配				0	0		
支座弯矩		143.1	−143.1	95.4	−95.4	143.1	−143.1

表 9-12　活荷载布置在 AB 跨支座弯矩计算

支座	A	B		C		B′	A′
分配系数		0.429	0.571	0.5	0.5	0.571	0.429
固端弯矩		244.0					
B 一次分传		−104.7	−139.3				
				−69.7			
C 一次分传				34.9	34.8		
			17.5			17.4	
B 二次分传 B′一次分传		−7.5	−10.0			−9.9	−7.5
				−5.0	−5.0		
C 二次分传				5.0	5.0		
			2.5			2.5	
B 三次分传 B′二次分传		−1.1	−1.4			−1.4	−1.1
				−0.7	−0.7		
C 三次分传				0.7	0.7		
			0.4			0.4	
B 四次分配		−0.2	−0.2			−0.2	−0.2
支座弯矩		130.5	−130.5	−34.8	34.8	8.8	−8.8

表 9-13　活荷载布置在 *BC* 跨支座弯矩计算

支座	A	B	C	C	B'	A'
分配系数	0.429	0.571	0.5	0.5	0.571	0.429
固端弯矩		−162.7	+162.7			
B、C 一次分传	69.8	92.9	−81.4	−81.3		
		−40.7	46.5		−40.7	
B 二次分传　B' 一次分传	17.5	23.2			23.2	17.5
			11.6	11.6		
C 一次分传			−34.8	−34.9		
		−17.4			−17.5	
B 三次分传　B' 二次分传	7.5	9.9			10.0	7.5
			5.0	5.0		
C 三次分传			−5.0	−5.0		
		−2.5			−2.5	
B 四次分传　B' 三次分传	1.1	1.4			1.4	1.1
			0.7	0.7		
C 四次分传			−0.7	−0.7		
		−0.4			−0.4	
B 五次分配	0.2	0.2			0.2	0.2
支座弯矩	96.1	−96.1	104.6	−104.6	−26.3	26.3

表 9-14　活荷载不利布置计算（kN·m）

	荷载	M_{AB}	M_{BA}	M_{BC}	M_{CB}	$M_{CB'}$	$M_{B'C}$	$M_{B'A'}$	$M_{A'B'}$
①	恒荷载满布各跨		143.1	−143.1	95.4	−95.4	143.1	−143.1	
②	活荷载布在 AB 跨		130.5	−130.5	−34.8	34.8	8.8	−8.8	
③	活荷载布在 BC 跨		96.1	−96.1	104.6	−104.6	−26.3	26.3	
④	活荷载布在 CB' 跨		−26.3	26.3	104.6	−104.6	96.1	−96.1	
⑤	活荷载布在 B'A' 跨		8.8	−8.8	−34.8	34.8	130.5	−130.5	
B 支座 M 最大	①＋②＋③＋⑤		378.5	−378.5	130.4	−130.4	256.1	−256.1	
C 支座 M 最大	①＋③＋④		212.9	−212.9	304.6	−304.6	212.9	−212.9	
AB 跨中 M 最大	①＋②＋④		247.3	−247.3	165.2	−165.2	248.0	−248.0	
BC 跨中 M 最大	①＋③＋⑤		248.0	−248.0	165.2	−165.2	247.3	−247.3	

表 9-15　各荷载组合下弯矩设计值（kN·m）

荷载组合	M_A	M_1	M_2	M_B	M_3	M_4	M_C
①＋②＋③＋⑤	0	284.8	158.6	−378.5	115.2	197.9	−130.4
①＋③＋④	0	96.0	25.0	−212.9	167.5	136.9	−304.6
①＋②＋④	0	328.5	246.1	−247.3	−53.0	−25.6	−165.2
①＋③＋⑤	0	84.3	1.6	−248.0	190.6	218.2	−165.2

注：表中弯矩值梁截面下端受拉为正,上端受拉为负。

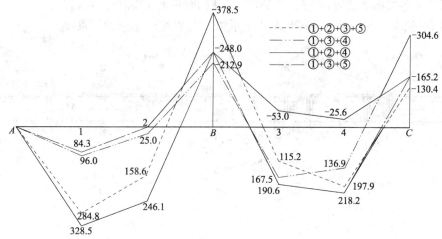

图 9-23 主梁的弯矩包络图

(4)梁正截面承载力计算

根据公式 $\alpha = M/(f_c b h_0^2)$，$\gamma = (1+\sqrt{1-2\alpha})/2$ 和 $A_s = M/(\gamma f_y h_0)$，计算过程见表 9-16。

表 9-16 正截面受弯承载力及配筋计算

截面	支　　座		跨　　中	
	B	C	AB	BC
弯矩设计值(kN·m)	-378.5	-304.6	328.5	218.2
$b \times h_0$ 或 $b'_f \times h_0$	250×580	250×580	2200×615	2200×615
α	0.378	0.304	0.033	0.022
γ	0.747	0.813	0.983	0.989
计算配筋 A_s(mm²)	2912	2153	1811	1196
实配钢筋	6 Φ 25	2 Φ 25 + 4 Φ 20	4 Φ 25	4 Φ 20
实配钢筋面积(mm²)	2945	2238	1964	1256

(5)梁斜截面承载力计算及配筋

因梁各支座剪力值相差不大,为计算简化,取支座剪力最大值 $V = 244.1\text{kN}$

$0.25 f_c b h_0 = 0.25 \times 11.9 \times 250 \times 580 \times 10^{-3} = 431.4\text{kN} > V = 244.1\text{kN}$,满足最小截面要求。

$$V \leqslant 1.75/(\lambda + 1) f_t b h_0 + f_{yv} h_0 A_{sv}/s$$

$$244.1 \times 10^3 \leqslant 1.75/(2.2/0.65 + 1) \times 1.27 \times 250 \times 580 + 210 \times 580 A_{sv}/s$$

得　$A_{sv}/s \geqslant 1.40$

设双肢箍筋 $\phi 10@100$ 间距,$A_{sv}/s = 1.57$。

(6)集中荷载两侧附加箍筋计算

考虑只设附加箍筋,不设置吊筋。传递的集中力设计值不包括主梁自重,所以

$$F = 186.8 - 14.1 - 2.2 = 170.5\text{kN}$$

$$A_{sv} = F/f_{yv} = 170.5 \times 10^3/210 = 812\text{mm}^2$$

195

采用一侧各加密 3 道 $\phi10$ 双肢箍筋(实际箍筋面积为 $12 \times 78.5 = 942\text{mm}^2$)

主梁 L2 的配筋如图 9-24 所示,其中上筋断点位置按弯矩包络图求得。

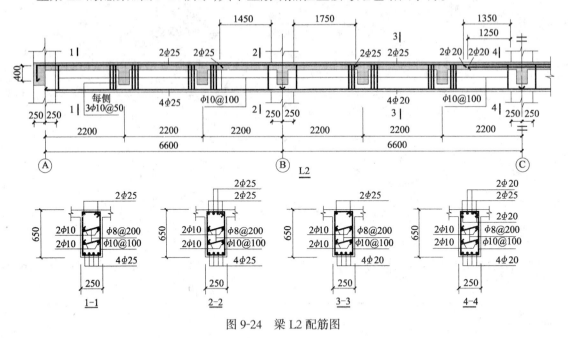

图 9-24　梁 L2 配筋图

9.3　双向板肋梁楼盖

9.3.1　双向板试验研究结果及配筋方式

双向板的支承形式可以是四边支承(包括简支边、固定边)、三边支承或两邻边支承;承受的荷载可以是均布荷载、局部荷载或三角形分布荷载;板的平面形状可以是矩形、圆形、三角形或其他形状。在楼盖设计中,常见的是均布荷载作用下的四边支承矩形板。双向板具有沿两个方向传递荷载,并沿两个方向弯曲的受力特点,四边简支双向板在均布荷载作用下的试验结果表明:

①两个方向配筋相同的四边简支正方形板,由于跨中正弯矩的作用,板的第一批裂缝出现在底面中间部分;随着荷载的不断增加,裂缝将沿着对角线方向向板四角发展,如图 9-25a 所示。荷载不断增加,板底裂缝继续向四角扩展,当板接近破坏时,板顶面靠近四角附近,出现了垂直于对角线方向的、大体上呈圆形的裂缝。这些裂缝的出现,又促进了板底对角线方向裂缝的进一步扩展,直至板的底部钢筋屈服,板面混凝土被压碎而宣告破坏。

②两个方向配筋相同的四边简支矩形板,由于短跨跨中的正弯矩 M_{01} 大于长跨跨中的正弯矩 M_{02},板底的第一批裂缝出现在板的中部,平行于长边方向。随着荷载进一步加大,这些板底的跨中裂缝逐渐延长,并沿 45° 角向板的四角扩展,如图 9-25b 所示。同时,板顶四角也出现大体呈圆形的裂缝,如图 9-25c 所示。最终因板底裂缝处受力钢筋屈服而破坏。

③竖向位移曲面呈碟形。若为矩形双向板,沿长跨的挠度曲线,挠度最大处不在跨中而在离板边约 1/2 短跨长度处,所以沿长跨最大正弯矩并不发生在跨中截面上,而发生在挠度最大处。

④加载过程中,在裂缝出现之前,双向板基本上处于弹性工作阶段。

196

⑤四边简支的正方形或矩形双向板,当荷载作用时,板的四角有翘起的趋势,板传给四边支座的压力不是均匀分布的,中部大、两端小,大致按正弦曲线分布。

⑥板中钢筋的布置方向对破坏荷载影响不大。平行于四边配置钢筋的板,其开裂荷载比平行于对角线方向配筋的板要大些。

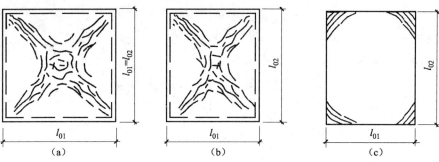

图 9-25　均布荷载下双向板的裂缝分布

(a)四边简支方形板板底裂缝分布;

(b)四边简支矩形布板板底裂缝分布;(c)四边简支矩形板板面裂缝分布

⑦含钢率相同时,较细的钢筋有利。在钢筋数量相同时,板中间部分钢筋排列较密的比均匀排列的有利。

由于四边简支的正方形或矩形双向板,当荷载作用时,板的四角有翘起的趋势,当板的四角被压住或板边为固定边,板顶将在角部和支承处,产生负弯矩。

从上述双向板的试验结果可知,在双向板中应按图 9-26 所示配置钢筋:

①在跨中板底双向配置平行于板边的正钢筋,以承担跨中正弯矩;

②沿支座边板面配置负钢筋,以承担支座负弯矩;

③对于单跨矩形双向板,在角部板面应配置对角线方向的斜钢筋,以承担负主弯矩,在角部板底配置垂直于对角线方向的斜筋以承受正弯矩。由于斜筋长短不一,施工不便,通常用平行于两板边的钢筋所构成的钢筋网来代替斜筋。

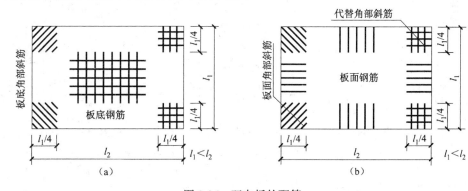

图 9-26　双向板的配筋

(a)板底配筋;(b)板面配筋

9.3.2　按弹性理论计算双向板内力

1. 单区格双向板内力计算

若把双向板视为各向同性的,且板厚 h 远小于平面尺寸、挠度不超过 $h/6$ 时,则双向板可

197

按弹性薄板小挠度理论计算。由于其内力分析很复杂,在工程应用中,通常将这一理论分析的结果编制成计算表格。表 9-16 给出了均布荷载作用下四边支承双向板在泊松比 $\mu = 0$ 时的弯矩系数与挠度系数。

当 μ 不等于零时,其挠度和支座中点弯矩仍可按上表查得;但求跨内弯矩时,可按下式计算

$$m_x^{(v)} = m_x + \mu m_y \tag{9-15}$$
$$m_y^{(v)} = m_y + \mu m_x$$

对于钢筋混凝土板,可取 $\mu = 1/6$ 或 0.2。

表 9-16 双向板按弹性分析的计算系数表
符 号 说 明

表中　B_c——板的截面抗弯刚度, $B_C = \dfrac{Eh^3}{12(1 - \nu^2)}$;

　　　　E——弹性模量;

　　　　h——板厚;

　　　　μ——泊松比;

　f, f_{max}——分别为板中心点的挠度和最大挠度系数;

$m_x, m_{x max}$——分别为平行于 l_x 方向板中心点单位板宽内的弯矩和板跨内最大弯矩系数;

$m_y, m_{y max}$——分别为平行于 l_y 方向板中心点单位板宽内的弯矩和板跨内最大弯矩系数;

　　　m_x——固定边中点沿 l_x 方向单位板宽内的弯矩系数;

　　　m_y——固定边中点沿 l_y 方向单位板宽内的弯矩系数;

〰〰〰〰——表示固定边;

————表示简支边。

正负号的规定:

　　弯矩——使板的受荷面受压时为正;

　　挠度——竖向位移与荷载方向相同时为正。

　　挠度 = 表中系数 $\times ql^4/B_c$,

　　$\mu = 0$,弯矩 = 表中系数 $\times ql^2$,

　　式中 l 取用 l_x 和 l_y 中的较小值。

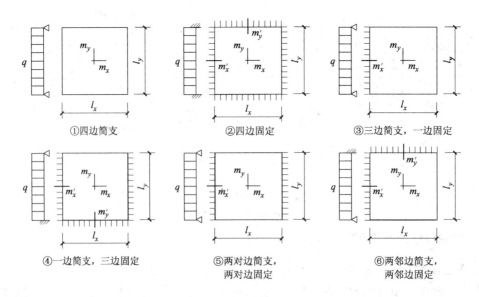

①四边简支　　　　②四边固定　　　　③三边简支,一边固定

④一边简支,三边固定　　　⑤两对边简支,两对边固定　　　⑥两邻边简支,两邻边固定

l_x/l_y	m_x	m_y	f	l_x/l_y	m_x	m_y	f
0.50	0.0965	0.0174	0.01013	0.80	0.0561	0.0334	0.00603
0.55	0.0892	0.0210	0.00940	0.85	0.0506	0.0348	0.00547
0.60	0.0820	0.0242	0.00867	0.90	0.0456	0.0358	0.00496
0.65	0.0750	0.0271	0.00796	0.95	0.0410	0.0364	0.00449
0.70	0.0683	0.0296	0.00727	1.00	0.0368	0.0368	0.00406
0.75	0.0620	0.0317	0.00663				

②四边固定   表 9-16-2

l_x/l_y	m_x	m_y	m'_x	m'_y	f
0.50	0.0400	0.0038	− 0.0829	− 0.0570	0.00253
0.55	0.0385	0.0056	− 0.0814	− 0.0571	0.00246
0.60	0.0367	0.0076	− 0.0793	− 0.0571	0.00236
0.65	0.0345	0.0095	− 0.0766	− 0.0571	0.00224
0.70	0.0321	0.0113	− 0.0735	− 0.0569	0.00211
0.75	0.0296	0.0130	− 0.0701	− 0.0565	0.00197
0.80	0.0271	0.0144	− 0.0664	− 0.0559	0.00182
0.85	0.0246	0.0156	− 0.0626	− 0.0551	0.00168
0.90	0.0221	0.0165	− 0.0588	− 0.0541	0.00153
0.95	0.0198	0.0172	− 0.0550	− 0.0528	0.00140
1.00	0.0176	0.0176	− 0.0513	− 0.0513	0.00127

③三边简支,一边固定   表 9-16-3

l_x/l_y	l_y/l_x	m_x	$m_{x,max}$	m_y	$m_{y,max}$	m'_x	f	f_{max}
0.50		0.0583	0.0646	0.0060	0.0063	− 0.1212	0.00488	0.00504
0.55		0.0563	0.0618	0.0081	0.0087	− 0.1187	0.00471	0.00492
0.60		0.0539	0.0589	0.0104	0.0111	− 0.1158	0.00453	0.00472
0.65		0.0513	0.0559	0.0126	0.0133	− 0.1124	0.00432	0.00448
0.70		0.0485	0.0529	0.0148	0.0154	− 0.1087	0.00410	0.00422
0.75		0.0457	0.0496	0.0168	0.0174	− 0.1048	0.00388	0.00399
0.80		0.0428	0.0463	0.0187	0.0193	− 0.1007	0.00365	0.00376
0.85		0.0400	0.0431	0.0204	0.0211	− 0.0965	0.00343	0.00352
0.90		0.0372	0.0400	0.0219	0.0226	− 0.0922	0.00321	0.00329
0.95		0.0345	0.0369	0.0232	0.0239	− 0.0880	0.00299	0.00306
1.00	1.00	0.0319	0.0340	0.0243	0.0249	− 0.0839	0.00279	0.00285
	0.95	0.0324	0.0345	0.0280	0.0287	− 0.0882	0.00316	0.00324
	0.90	0.0328	0.0347	0.0322	0.0330	− 0.0926	0.00360	0.00368
	0.85	0.0329	0.0347	0.0370	0.0378	− 0.0970	0.00409	0.00417
	0.80	0.0326	0.0343	0.0424	0.0433	− 0.1014	0.00464	0.00473
	0.75	0.0319	0.0335	0.0485	0.0494	− 0.1056	0.00526	0.00536
	0.70	0.0308	0.0323	0.0553	0.0562	− 0.1096	0.00595	0.00605
	0.65	0.0291	0.0306	0.0627	0.0637	− 0.1133	0.00670	0.00680
	0.60	0.0268	0.0289	0.0707	0.0717	− 0.1166	0.00752	0.00762
	0.55	0.0239	0.0271	0.0792	0.0801	− 0.1193	0.00838	0.00848
	0.50	0.0205	0.0249	0.0880	0.0888	− 0.1215	0.00927	0.00935

④一边简支,三边固定   表 9-16-4

l_x/l_y	l_y/l_x	m_x	$m_{x,max}$	m_y	$m_{y,max}$	m'_x	m'_y	f	f_{max}
0.50		0.0408	0.0409	0.0028	0.0089	− 0.0836	− 0.0569	0.00257	0.00258
0.55		0.0398	0.0399	0.0042	0.0093	− 0.0827	− 0.0570	0.00252	0.00255

l_x/l_y	l_y/l_x	m_x	$m_{x,\max}$	m_y	$m_{y,\max}$	m'_x	m'_y	f	$f_{\max}$
0.60		0.0384	0.0386	0.0059	0.0105	−0.0814	−0.0571	0.00245	0.00249
0.65		0.0368	0.0371	0.0076	0.0116	−0.0796	−0.0572	0.00237	0.00240
0.70		0.0350	0.0354	0.0093	0.0127	−0.0774	−0.0572	0.00227	0.00229
0.75		0.0331	0.0335	0.0109	0.0137	−0.0750	−0.0572	0.00216	0.00219
0.80		0.0310	0.0314	0.0124	0.0147	−0.0722	−0.0570	0.00205	0.00208
0.85		0.0289	0.0293	0.0138	0.0155	−0.0693	−0.0567	0.00193	0.00196
0.90		0.0268	0.0273	0.0159	0.0163	−0.0663	−0.0563	0.00181	0.00184
0.95		0.0247	0.0252	0.0160	0.0172	−0.0631	−0.0558	0.00169	0.00172
1.00	1.00	0.0227	0.0231	0.0168	0.0180	−0.0600	−0.0500	0.00157	0.00160
	0.95	0.0229	0.0234	0.0194	0.0207	−0.0629	−0.0599	0.00178	0.00182
	0.90	0.0228	0.0234	0.0223	0.0238	−0.0656	−0.0653	0.00201	0.00206
	0.85	0.0225	0.0231	0.0255	0.0273	−0.0683	−0.0711	0.00227	0.00233
	0.80	0.0219	0.0224	0.0290	0.0311	−0.0707	−0.0772	0.00256	0.00262
	0.75	0.0208	0.0214	0.0329	0.0354	−0.0729	−0.0837	0.00286	0.00294
	0.70	0.0194	0.0200	0.0370	0.0400	−0.0748	−0.0903	0.00319	0.00327
	0.65	0.0175	0.0182	0.0412	0.0446	−0.0762	−0.0970	0.00352	0.00365
	0.60	0.0153	0.0160	0.0454	0.0493	−0.0773	−0.1033	0.00386	0.00403
	0.55	0.0127	0.0133	0.0496	0.0541	−0.0780	−0.1093	0.00419	0.00437
	0.50	0.0099	0.0103	0.0534	0.0588	−0.0784	−0.1146	0.00449	0.00463

⑤两对边简支,两对边固定　　　　　　　　　　　　　　　　　　　　　表 9-16-5

l_x/l_y	l_y/l_x	m_x	m_y	m'_x	f
0.50		0.0416	0.0017	−0.0843	0.00261
0.55		0.0410	0.0028	−0.0840	0.00259
0.60		0.0402	0.0042	−0.0834	0.00255
0.65		0.0392	0.0057	−0.0826	0.00250
0.70		0.0379	0.0072	−0.0814	0.00243
0.75		0.0366	0.0088	−0.0799	0.00236
0.80		0.0351	0.0103	−0.0782	0.00228
0.85		0.0335	0.0118	−0.0763	0.00220
0.90		0.0319	0.0133	−0.0743	0.00211
0.95		0.0302	0.0146	−0.0721	0.00201
1.00	1.00	0.0285	0.0158	−0.0698	0.00192
	0.95	0.0296	0.0189	−0.0746	0.00223
	0.90	0.0306	0.0224	−0.0797	0.00260
	0.85	0.0314	0.0256	−0.0850	0.00303
	0.80	0.0319	0.0316	−0.0904	0.00354
	0.75	0.0321	0.0374	−0.0959	0.00413
	0.70	0.0318	0.0441	−0.1013	0.00482
	0.65	0.0308	0.0518	−0.1066	0.00560
	0.60	0.0292	0.0604	−0.1114	0.00647
	0.55	0.0267	0.0698	−0.1156	0.00743
	0.50	0.0234	0.0798	−0.1191	0.00844

⑥两邻边简支,两邻边固定　　　　　　　　　　　　　　　　　　　　　表 9-16-6

l_x/l_y	m_x	$m_{x,\max}$	m_y	$m_{y,\max}$	m'_x	m'_y	f	$f_{\max}$
0.50	0.0559	0.0562	0.0079	0.0135	−0.1179	−0.0786	0.00468	0.00471
0.55	0.0529	0.0530	0.0104	0.0153	−0.1140	−0.0785	0.00445	0.00454
0.60	0.0496	0.0498	0.0129	0.0169	−0.1095	−0.0782	0.00419	0.00429
0.65	0.0461	0.0465	0.0151	0.0183	−0.1045	−0.0777	0.00391	0.00399

l_x/l_y	m_x	$m_{x,max}$	m_y	$m_{y,max}$	m'_x	m'_y	f	f_{max}
0.70	0.0426	0.0432	0.0172	0.0195	-0.0992	-0.0770	0.00363	0.00368
0.75	0.0390	0.0396	0.0189	0.0206	-0.0938	-0.0760	0.00335	0.00340
0.80	0.0356	0.0361	0.0204	0.0218	-0.0883	-0.0748	0.00308	0.00313
0.85	0.0322	0.0328	0.0215	0.0229	-0.0829	-0.0733	0.00281	0.00286
0.90	0.0291	0.0297	0.0224	0.0238	-0.0776	-0.0716	0.00256	0.00261
0.95	0.0261	0.0267	0.0230	0.0244	-0.0720	-0.0698	0.00232	0.00237
1.00	0.0234	0.0240	0.0234	0.0249	-0.0677	-0.0677	0.00210	0.00215

2. 多跨连续双向板的实用计算法

精确计算连续双向板内力十分复杂,实用计算方法是通过对连续双向板上可变荷载的最不利布置以及支承情况的简化,将多区格连续双向板转化为单区格板,并查内力系数表进行计算。该方法假设支承梁的抗弯刚度很大,其竖向变形可忽略不计,同时假定其抗扭刚度很小,可以转动。当同一方向相邻最大跨度之差不大于20%时,一般可按该方法计算。

(1)跨中最大正弯矩

当求某区格板跨中最大正弯矩,恒荷载 g 满布,且应在该区格及其左右前后分别隔跨布置活荷载 q,即所谓棋盘式活荷载布置如图 9-27 所示。为了将多区格连续双向板转化为单区格板,将棋盘形布置的活荷载分解成各跨满布的对称活载 $q/2$(图 9-27a)和各跨向上向下相间作用的反对称活载 $\pm q/2$(图 9-27b)。

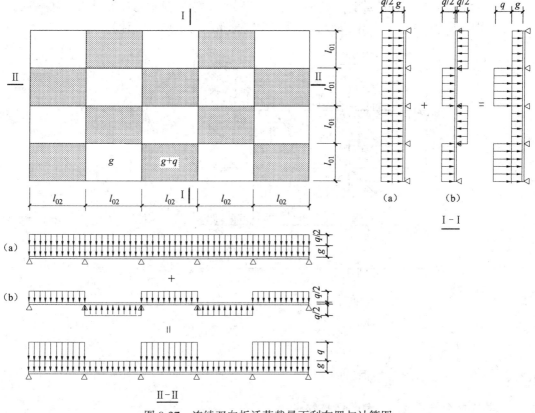

图 9-27　连续双向板活荷载最不利布置与计算图
(a)满布荷载 $g+q/2$;(b)间隔布置荷载 $\pm q/2$

201

在满布荷载 $g+q/2$ 的作用下,所有中间支座两侧荷载相同,忽略远跨荷载的影响,可近似认为支座截面处转角为零,即将所有中间支座均视为固定支座,所有中间区格的板均可视为四边固定的双向板,边区格板的边支承按实际支承情况采用。

在反对称荷载 $\pm q/2$ 作用下,相邻区格板在支座处的转角方向相同、大小相等,中间支座不产生弯矩,可认为各区格板中中间支座都是简支支座,而边区格的边支承按实际支承情况采用。

对上述两种荷载情况,按单区格双向板内力系数表,分别求出其跨中弯矩,而后叠加,即得到各区格板跨中的最大弯矩。

(2)支座最大负弯矩

支座最大负弯矩可近似地按满布活荷载布置,即按 $g+q$ 求得。这时认为各区格板中间支座都是固定支座,楼盖周边仍按实际支承情况考虑。然后按单区格双向板计算出各支座的负弯矩。当求得的相邻区格板在同一支座的负弯矩不相等时,可取绝对值较大者作为该支座的最大负弯矩。

9.3.3 双向板支承梁的内力计算

精确确定双向板传给支承梁的荷载是困难的,在工程中也不必要。在确定双向板传给支承梁的荷载时,可根据荷载传递路线最短的原则,按如下方法近似确定,即从每一区格的四角作45°线与平行于底边的中线相交,把整块板分为四块,每块小板上的荷载就近传至其支承梁上。因此,短跨支承梁上的荷载为三角形分布,长跨支承梁上的荷载为梯形分布,如图9-28所示。支承梁的内力可按弹性理论或考虑塑性内力重分布的弯矩调幅法计算。

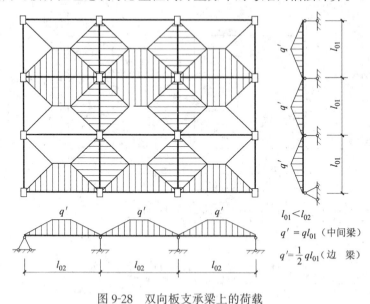

$l_{01} < l_{02}$

$q' = ql_{01}$(中间梁)

$q' = \dfrac{1}{2} ql_{01}$(边 梁)

图 9-28 双向板支承梁上的荷载

9.3.4 按塑性铰线法计算双向板内力

1. 单跨双向板的破坏过程及塑性铰线

四边简支的钢筋混凝土双向板,在均布荷载作用下,当荷载逐渐增加时,首先在板底中央出

202

现裂缝,矩形板的第一批裂缝出现在板底中央且平行于长边方向(图9-25),当荷载继续增加时,这些裂缝逐渐延伸,并沿45°方向向四角扩展,在接近破坏时,板的顶面四角附近出现了圆弧形裂缝,它促使板底对角线方向裂缝进一步扩展,当最大裂缝处的受拉钢筋达到屈服强度时,反映出一定的塑性性质。随着荷载的不断增大,与裂缝截面相交的钢筋陆续屈服,可以认为板的塑性变形(转动)是集中发生在图9-29所假定的"塑性铰线"(也称屈服线)上。"塑性铰线"将板分成许多板块,形成破坏机构,板顶压区混凝土压坏,板达到其极限承载力。与"正弯矩"和"负弯矩"相对应,位于板底和板面的塑性铰线分别称为"正塑性铰线"和"负塑性铰线"。

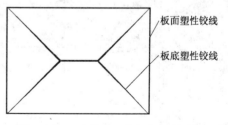

板面塑性铰线

板底塑性铰线

图9-29 四边简支双向板的塑性铰线

2.均布荷载下连续双向板按塑性铰线法的计算

塑性铰线法,又称极限平衡法,是在塑性铰线位置确定的前提下,利用虚功原理建立外荷载与作用在塑性铰线上弯矩之间的关系式,从而求出各塑性铰线上的弯矩值,并依此进行截面配筋计算。

(1)基本假定

1)板即将破坏时,最大弯矩处形成"塑性铰线";

2)形成塑性铰线的板是机动可变体系(破坏机构);

3)分布荷载下,塑性铰线为直线;

4)塑性铰线将板分成若干个板块,可将各板块视为刚性,整个板的变形都集中在塑性铰线上,破坏时各板块都绕塑性铰线转动;

5)塑性铰线上只存在一定值的极限弯矩,其扭矩和剪力忽略;

6)板在理论上存在多种可能的塑性铰线形式,但只有相应于极限荷载为最小的塑性铰线形式才是最危险的。

塑性铰线位置与板的平面形状、边界条件、荷载形式、配筋等多种因素有关。通常最危险塑性铰线位置的规律是:

①负塑性铰线发生在固定边界处;

②正塑性铰线通过相邻板块转动轴(支承线)的交点;

③双向板较短跨的跨中最大弯矩处为塑性铰线的起点,如图9-30所示。

(2)按塑性铰线法计算板弯矩

一块四边固定的双向板长短边分别为 l_x 和 l_y,承受永久均布荷载 g 和可变均布荷载 q 作用,假定其破坏时在四周固定边处产生负塑性铰线,跨内产生正塑性铰线,且正塑性铰线与板边的夹角为45°,即形成如图9-31所示的倒锥形机构。

设板内沿两个方向等间距、等直径配筋,沿短跨和长跨方向单位板宽的跨中极限弯矩分别为 m_x 和 m_y,支座极限弯矩分别为 m'_x、m''_x 和 m'_y、m''_y。

如果破坏机构在跨中发生向下的单位竖向位移1,则均布荷载 $g+q$ 所做的外功为:

$$W_{ex} = (g+q)\left[\frac{1}{2} \times l_y \times 1 \times (l_x - l_y) + 2 \times \frac{1}{3} \times l_y \times \frac{l_y}{2} \times 1\right] = (g+q)\frac{l_y}{6}(3l_x - l_y)$$

(9-16)

根据图9-32所示的几何关系,负塑性铰线的转角均为 $2/l_y$;正塑性铰线 ef 上,板块 A 与

C 的相对转角为 $4/l_y$；斜向正塑性铰线沿长跨和短跨方向的转角均为 $2/l_y$。因此，负塑性铰线上极限弯矩所做的内功为：

$$\left[(m'_x + m''_x) l_y + (m'_y + m''_y) l_x \right] \frac{2}{l_y} \tag{9-17}$$

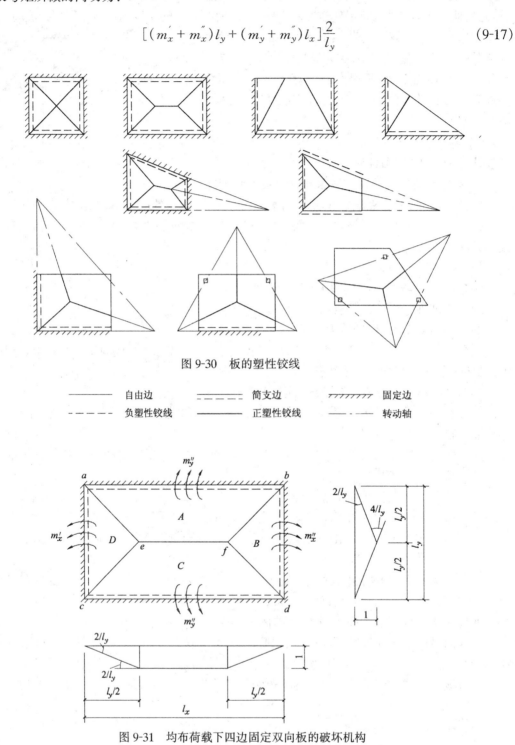

图 9-30　板的塑性铰线

——— 自由边	– – – 简支边	//////// 固定边
– · – · 负塑性铰线	——— 正塑性铰线	— · · — 转动轴

图 9-31　均布荷载下四边固定双向板的破坏机构

正塑性铰线 ef 上极限弯矩所做的内功为：

$$m_y(l_x - l_y)\frac{4}{l_y} \tag{9-18}$$

四条斜向正塑性铰线沿长跨方向极限弯矩所做的内功为：

$$4m_x \frac{l_y}{2}\frac{2}{l_y} = 4m_x \tag{9-19}$$

四条斜向正塑性铰线沿短跨方向极限弯矩所做的内功为：

$$4m_y \frac{l_y}{2}\frac{2}{l_y} = 4m_y \tag{9-20}$$

故由塑性铰线上极限弯矩所做的总内功为：

$$\begin{aligned}
W_{in} &= \left[(m'_x + m''_x)l_y + (m'_y + m''_y)l_x\right]\frac{2}{l_y} + m_y(l_x - l_y)\frac{4}{l_y} + 4(m_x + m_y) \\
&= \frac{2}{l_y}\left[2(m_x l_y + m_y l_x) + (m'_y l_x + m''_y l_x) + m'_x l_y + m''_x l_y)\right]
\end{aligned} \tag{9-21}$$

根据虚功原理,当形成破坏机构时,由极限均布荷载 $g + q$ 所做的外功应等于由塑性铰上的极限弯矩所做的内功。令

$$\begin{aligned}
m_x l_y = M_x, \quad m'_x l_y = M'_x, \quad m''_x l_y = M''_x \\
m_y l_x = M_y, \quad m'_y l_x = M'_y, \quad m''_y l_x = M''_y
\end{aligned} \tag{9-22}$$

则可得双向板按塑性铰线法计算的基本公式：

$$2M_x + 2M_y + M'_x + M'_y + M''_x + M''_y = \frac{1}{12}(g + q)l_y^2(3l_x - l_y) \tag{9-23}$$

假定极限弯矩之间的比值为：

$$\alpha = \frac{m_y}{m_x}, \quad \alpha = \left(\frac{l_x}{l_y}\right)^2, \quad \beta = \frac{m'_x}{m_x} = \frac{m''_x}{m_x} = \frac{m'_y}{m_y} = \frac{m''_y}{m_y} \tag{9-24}$$

考虑到节约钢材及配筋方便,根据经验,宜取 $\beta = 1.5 \sim 2.5$,通常取 $\beta = 2.0$。这样,即可对式(9-23)求解。当双向板的周边为简支时,总极限弯矩值按实际情况计算。为了充分利用钢筋,通常将两个方向承受跨中正弯矩的钢筋,在距支座不大于 $l_y/4$ 范围内切断一半(遇到简支边时不能切断),或将它们弯起充当部分承受支座负弯矩的钢筋,此时在距支座 $l_y/4$ 以内的跨中塑性铰线上单位板宽的极限弯矩可分别取 $m_x/2$ 和 $m_y/2$,两个方向的跨中总弯矩则为：

$$M_x = m_x \frac{l_y}{2} + \frac{m_x}{2} \times \frac{l_y}{2} = \frac{3}{4}m_x l_y \tag{9-25}$$

$$M_y = m_y\left(l_x - \frac{l_y}{2}\right) + \frac{m_y}{2} \times \frac{l_y}{2} = m_y\left(l_x - \frac{l_y}{4}\right) \tag{9-26}$$

支座总弯矩仍为：

$$m'_x l_y = M'_x, \quad m''_x l_y = M''_x$$

$$m'_x l_x = M'_y, \quad m''_x l_x = M''_y \tag{9-27}$$

对连续双向板,可以首先从中间区格板开始,按四边固定的单区格板进行计算。根据前述配筋形式,可将上述塑性铰线上总弯矩的计算公式重新写为如下形式:

$$M_x = \frac{3}{4} m_x l_y \tag{9-28}$$

$$M_y = \alpha m_x \left(l_x - \frac{l_y}{4} \right) \tag{9-29}$$

$$M'_x = M''_x = \beta m_x l_y \tag{9-30}$$

$$M'_y = M''_y = \alpha \beta m_x l_x \tag{9-31}$$

将上述关系代入式(9-23),即可求得 m_x,然后根据关系式(9-24),可相继求出 m_y、m'_x、m''_x 和 m'_y、m''_y。对中间区格计算完毕后,可将中间区格板计算得出的各支座弯矩值作为计算相邻区格板支座的已知弯矩值。这样,依次由内向外各区格弯矩可一一解出。对边、角区格板,按边界的实际支承情况进行计算。

与弹性理论计算方法相比,用塑性铰线方法计算双向板一般可节约钢筋约 20%~30%。塑性铰线法的适用范围同单向板塑性内力重分布法。

9.3.5 双向板楼盖的截面设计与构造

1. 截面设计

(1)截面的弯矩设计值

对于周边与梁整体连接的双向板,除角区格外,可考虑周边支承梁对板的有利影响,即周边支承梁对板形成的拱作用,将截面的计算弯矩乘以下列折减系数:

1)对于连续板的中间区格,其跨中截面及中间支座截面折减系数为 0.8。

2)对于边区格跨中截面及第一内支座截面,当 $l_b/l_0 < 1.5$ 时,折减系数为 0.8;当 $1.5 \leqslant l_b/l_0 < 2$ 时,折减系数为 0.9,其中 l_0 和 l_b 分别为垂直于楼板边缘方向和平行于楼板边缘方向板的计算跨度。

3)楼板的角区格不应折减。

(2)截面有效高度 h_0

由于板内上、下钢筋都是纵横叠置的,同一截面处通常有四层。故计算时在两个方向应分别采用各自的截面有效高度 h_{01} 和 h_{02}。考虑到短跨方向的弯矩比长跨方向大,应将短跨方向钢筋放在长跨方向钢筋的外侧。通常 h_{01} 和 h_{02} 的取值如下:

短跨 l_{01} 方向:$h_{01} = h - 20mm$

长跨 l_{02} 方向:$h_{02} = h - 30mm$

式中 h 为板厚(mm)

(3)配筋计算

单位宽度的截面弯矩设计值 m,按下列计算受拉钢筋截面积

$$A_s = m / (\gamma_s h_0 f_y) \tag{9-32}$$

式中 γ_s——内力臂系数。一般情况下板的受压区高度较小,为方便计算,γ_s 可近似取 0.9~0.95。

206

2．双向板的构造

双向板的配筋方式有分离式和连续式两种。若按弹性理论计算，其跨中弯矩不仅沿板长变化，且沿板宽向两边逐渐减小；但板底钢筋却是按最大跨中正弯矩求得的，故应向两边逐渐减小。考虑到施工方便，其减小方法为：将板在 l_1 及 l_2 方向各分为三个板带（图 9-32），两个边板带的宽度均为板短向跨度 l_{01} 的 1/4，其余则为中间板带。在中间板带均匀配置按最大正弯矩求得的板底钢筋，边板带内侧减少一半，但每米宽度内不得少于三根，对于支座边界板顶负钢筋，为了承受四角扭矩，钢筋沿全支座宽度均匀分布，即按最大支座负弯矩求得的钢筋沿全支座均匀分布，并不在边板带内减少。

按塑性铰线法计算时，其配筋应符合内力计算的假定，跨中钢筋的配置可采用两种方式，一种是全板均匀配置；另一种是将板划分成中间及边缘板带，分别按计算值的 100% 和 50% 均匀配置，跨中钢筋的全部或一半伸入支座下部，支座上的负弯矩钢筋按计算值沿支座均匀配置。

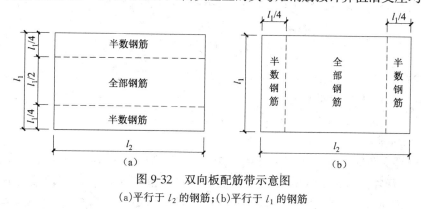

图 9-32　双向板配筋带示意图

(a)平行于 l_2 的钢筋；(b)平行于 l_1 的钢筋

在简支的双向板中，考虑支座的实际约束情况，每个方向的正钢筋可弯起 1/3。在固定支座的双向板及连续的双向板中，板底钢筋可弯起 1/2～1/3 作为支座负钢筋，不足时再另加板面直钢筋。因为在边板带内钢筋数量减少，故角部尚应放置两个方向的附加钢筋。

受力筋的直径、间距和弯起点、切断点的位置，以及沿墙边、墙角处的构造钢筋，均与单向板楼盖的有关规定相同。

【例 9-2】　某双向板楼盖结构平面布置如图 9-33 所示，楼面活荷载标准值为 2.0kN/m^2，采用 C20 混凝土，HPB235 级钢筋，梁截面均为 $400\text{mm}\times600\text{mm}$。试按弹性理论进行设计。

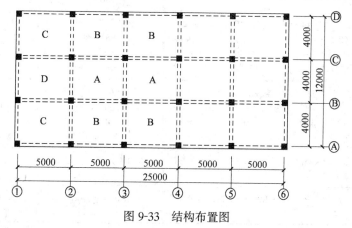

图 9-33　结构布置图

1.荷载

(1)活荷载

活荷载标准值 $2.0kN/m^2$，设计值为 $q = 1.4 \times 2.0 = 2.8kN/m^2$

(2)恒荷载

拟定板厚 120mm

板面 20mm 厚水泥砂浆抹面	$0.02 \times 20 = 0.4kN/m^2$
自重 120mm 厚钢筋混凝土板	$0.12 \times 25 = 3.0kN/m^2$
板底 15mm 厚混合砂浆天棚抹灰	$0.015 \times 20 = 0.3kN/m^2$

$$\text{小 \quad 计} \qquad 3.7kN/m^2$$

恒荷载设计值 $g = 1.2 \times 3.7 = 4.44kN/m^2$

$$g + q = 4.44 + 2.8 = 7.24kN/m^2$$
$$q/2 = 2.8/2 = 1.4kN/m^2$$
$$g + q/2 = 4.44 + 2.8/2 = 5.84kN/m^2$$

2.计算跨度

内跨：$l_0 = l_c$，l_c 为轴线间距离。

边跨：$l_0 = l_n + b/2 + h/2$。l_n 为净跨，b 为梁宽，h 为板厚。

3.板弯矩计算

边支座按简支考虑。计算各区格支座弯矩时，按荷载$(g + q)$满布各区格考虑，中间支座按固端考虑；计算各区格跨中弯矩时，将荷载分解为等效恒荷$(g + q/2)$与等效活荷 $q/2$，前者中间支座按固端考虑，后者中间支座按简支考虑。计算区格跨中弯矩时，考虑混凝土泊松比 $\nu = 0.2$。计算过程见表 9-17，表中 M_1、M'_1 分别为 l_{01} 方向跨中和支座弯矩，M_2、M'_2 分别为 l_{02} 方向跨中和支座弯矩。

表 9-17 弯矩计算(kN·m)

		A 区格	B 区格	C 区格	D 区格
l_{01}(m)		4.0	$4 - 0.2 + 0.06 = 3.86$	3.86	4.0
l_{02}(m)		5.0	5.0	$5 - 0.2 + 0.06 = 4.86$	4.86
l_{01}/l_{02}		0.8	0.772	0.794	0.823
跨中弯矩	M_1	$(0.0271 + 0.2 \times 0.0144) \times 5.84 \times 4^2 + (0.0561 + 0.2 \times 0.0334) \times 1.4 \times 4^2 = 4.21$	$(0.0312 + 0.2 \times 0.0212) \times 5.84 \times 3.86^2 + (0.0594 + 0.2 \times 0.0324) \times 1.4 \times 3.86^2 = 4.46$	$(0.0360 + 0.2 \times 0.0202) \times 5.84 \times 3.86^2 + (0.0568 + 0.2 \times 0.0332) \times 1.4 \times 3.86^2 = 4.81$	$(0.0300 + 0.2 \times 0.0130) \times 5.84 \times 4^2 + (0.0535 + 0.2 \times 0.0340) \times 1.4 \times 4^2 = 4.40$
	M_2	$(0.0144 + 0.2 \times 0.0271) \times 5.84 \times 4^2 + (0.0334 + 0.2 \times 0.0561) \times 1.4 \times 4^2 = 2.85$	$(0.0212 + 0.2 \times 0.0312) \times 5.84 \times 3.86^2 + (0.0324 + 0.2 \times 0.0594) \times 1.4 \times 3.86^2 = 3.31$	$(0.0202 + 0.2 \times 0.0360) \times 5.84 \times 3.86^2 + (0.0332 + 0.2 \times 0.0568) \times 1.4 \times 3.86^2 = 3.31$	$(0.0130 + 0.2 \times 0.0300) \times 5.84 \times 4^2 + (0.0340 + 0.2 \times 0.0535) \times 1.4 \times 4^2 = 2.78$
支座弯矩	M'_1	$-0.0664 \times 7.24 \times 4^2 = -7.69$	$-0.0719 \times 7.24 \times 3.86^2 = -7.76$	$-0.0890 \times 7.24 \times 3.86^2 = -9.60$	$-0.0709 \times 7.24 \times 4^2 = -8.21$
	M'_2	$-0.0559 \times 7.24 \times 4^2 = -6.48$	$-0.0808 \times 7.24 \times 3.86^2 = -8.72$	$-0.0749 \times 7.24 \times 3.86^2 = -8.08$	$-0.0569 \times 7.24 \times 4^2 = -6.59$

4. 截面设计

计算配筋时,考虑拱作用,中间跨跨中和支座弯矩乘以折减系数 0.8。配筋计算按公式 $A_s = M/(\gamma_s f_y h_0)$,内力臂系数近似取 $\gamma_s = 0.95$,$f_y = 210 \text{N}/\text{mm}^2$。板最小配筋率 $\rho_{\min}$ 取 0.2% 和 $45 f_t/f_y$% 两者中的较小值,因此 $A_{s,\min} = 45 \times 1.1/210 \times 0.01 \times 1000 \times 120 = 0.002357 \times 1000 \times 120 = 283 \text{mm}^2$

楼板配筋计算过程见表 9-18,配筋图如图 9-34 所示。

表 9-18　板配筋计算

		h_0(mm)		M(kN·m)	计算钢筋面积(mm^2)	实配钢筋	实配钢筋面积(mm^2)
跨中弯矩配筋	A 区格	l_{01}方向	100	$4.21 \times 0.8 = 3.37$	169	$\phi8@170$	296
		l_{02}方向	90	$2.85 \times 0.8 = 2.28$	127	$\phi8@170$	296
	B 区格	l_{01}方向	100	$4.46 \times 0.8 = 3.57$	179	$\phi8@170$	296
		l_{02}方向	90	$3.31 \times 0.8 = 2.65$	148	$\phi8@170$	296
	C 区格	l_{01}方向	100	$4.81 \times 0.8 = 3.85$	193	$\phi8@170$	296
		l_{02}方向	90	$3.31 \times 0.8 = 2.65$	148	$\phi8@170$	296
	D 区格	l_{01}方向	100	$4.40 \times 0.8 = 3.52$	176	$\phi8@170$	296
		l_{02}方向	90	$2.78 \times 0.8 = 2.22$	124	$\phi8@170$	296
支座弯矩配筋	A－A	l_{02}方向	100	$-6.48 \times 0.8 = -5.18$	260	$\phi8@170$	302
	A－B	l_{01}方向	100	-7.76	389	$\phi10@200$	393
	A－D	l_{02}方向	100	-6.59	330	$\phi8@150$	335
	B－B	l_{02}方向	100	-8.72	437	$\phi10@180$	436
	B－C	l_{02}方向	100	-8.72	437	$\phi10@180$	436
	D－C	l_{01}方向	100	-9.60	481	$\phi10@160$	491

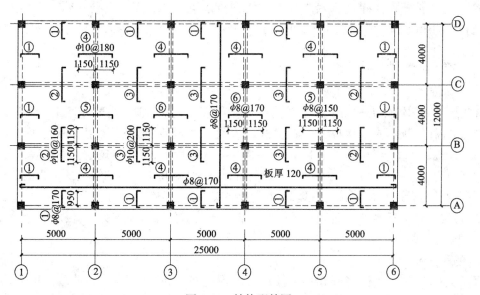

图 9-34　结构配筋图

9.4 无梁楼盖

9.4.1 概述

所谓无梁楼盖,就是在楼盖中不设梁肋,而将板直接支承在柱上,它与柱组成板柱结构体系。无梁楼盖与相同柱网尺寸的双向板肋梁楼盖相比,其板厚要大。根据经验,当楼面可变荷载标准值在 5kN/m² 以上、跨度在 6m 以内时,无梁楼盖较肋梁楼盖经济。

无梁楼盖的主要优点是结构高度小、板底平整、构造简单、施工方便、无梁楼盖常用于多层厂房、商场、库房等建筑。

无梁楼盖结构的主要缺点是由于取消了肋梁,无梁楼盖的抗弯刚度减小、挠度增大;柱子周边的剪应力高度集中,可能会引起板的局部冲切破坏。通过在柱的上端设置柱帽、托板(图9-35)可以减小板的挠度,提高板柱连接处的受冲切承载力。当冲切承载力不能满足要求时,可采取在板柱连接处配置抗冲切钢筋或节点处采用钢纤维混凝土等措施来满足要求。通过施加预应力或采用密肋板也能有效增加板的刚度、减小板的挠度,而不增加自重。柱和柱帽的截面形状可根据建筑使用要求设计成矩形或圆形。

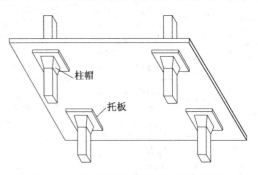

图 9-35 设置柱帽和托板的无梁楼盖

无梁板与柱构成的板柱结构体系,由于侧向刚度较差,只有在层数较少的建筑中才靠板柱结构本身来抵抗水平荷载。高层建筑有抗震设防要求时,一般需设置剪力墙、筒体等来增加侧向刚度。

无梁楼盖是一种双向受力楼盖,每一方向的跨数一般不少于三跨,可为等跨或不等跨。柱网通常布置成正方形或矩形,以正方形最为经济。楼盖的四周可支承在墙或边梁上,或悬臂伸出边柱以外。悬臂板挑出适当的距离,能减小边跨的跨中弯矩。无梁楼盖可以是整浇的,也可以是预制装配的。

9.4.2 无梁楼盖的受力特点及内力计算

1. 破坏特征

试验表明,在均布荷载作用下,有柱帽无梁楼盖在开裂前,基本处于弹性工作阶段。随着荷载增加,在柱帽顶面先出现裂缝。继续加载,在柱帽顶面边缘的板上,出现沿柱列轴线的裂缝。随着荷载的增加,板顶裂缝不断发展,在跨中 1/3 跨度内,相继出现成批的板底裂缝,这些裂缝相互正交,且平行于柱列轴线。即将破坏时,在柱帽顶上和柱列轴线上的板顶裂缝以及跨中的板底裂缝出现一些特别大的主裂缝,在这些裂缝处,受拉钢筋屈服,受压混凝土达到极限压应变,最终导致楼板破坏。破坏时的板面裂缝分布情况如图 9-36a 所示,板底裂缝分布情况如图 9-36b 所示。

2. 受力特点

直接支承于柱上的无梁板(亦称平板)是双向受力的。图 9-37 为均布荷载作用下,无梁楼盖中一个区格的变形示意图,板在柱顶为抛物线形的凸曲面(即板面受拉),在区格中部为抛物线形凹曲面(即板底受拉);柱上板带的跨中挠度为 f_1,跨中板带相对于柱上板带的跨中挠度为 f_2,故此区格的实际跨中挠度为 f_1+f_2,它比相同柱网尺寸的肋梁楼盖的挠度大。

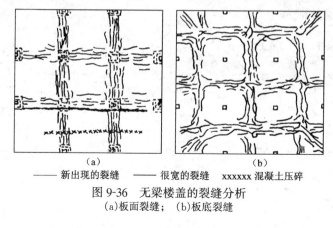

—— 新出现的裂缝　—— 很宽的裂缝　xxxxxx 混凝土压碎

图 9-36　无梁楼盖的裂缝分析
(a)板面裂缝；　(b)板底裂缝

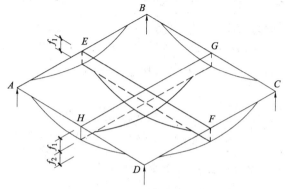

图 9-37　无梁楼盖一个区格的变形示意图

为了解无梁楼盖的受力特点,根据其破坏、变形特点,可将无梁楼盖按柱网划分成若干区格,将其视为由支承在柱上的"柱上板带"和弹性支承于"柱上板带"的"跨中板带"组成的水平结构,如图 9-38 所示。柱轴线两侧各 $l_x/4$(或 $l_y/4$)范围内的板带称为"柱上板带(宽 $l_x/2$ 或 $l_y/2$)"。柱距中间 $l_x/2$(或 $l_y/2$)范围内的板带称为"跨中板带"。"柱上板带"相当于以柱为支承点的连续梁(柱的线刚度相对较小时)或与柱整体连接的框架扁梁(柱的线刚度相对较大时),而"跨中板带"则相当于弹性支承在另一方向柱上板带上的连续梁。无梁板虽然是双向受力,但其受力特点却更接近于单向板,只不过单向板是一个方向由板受弯、另一个方向由梁受弯;而无梁板楼盖在两个方向都是由板受弯。与单向板不同的是,在无梁板计算跨度内的任一截面,内力与变形沿宽度方向是处处不同的。在工程实际中,考虑到钢筋混凝土板的塑性内力重分布,可以假定在同一种板带宽度内,内力的数值是相等的,钢筋也可以均匀布置。

3.内力计算

无梁楼盖可以按弹性理论计算,也可按塑性理论计算。下面介绍两种应用较广的弹性理论计算方法:弯矩系数法和等效框架法。

(1)弯矩系数法

弯矩系数法是在弹性薄板理论分析的基础上,给出柱上板带和跨中板带在跨中截面、支座截面上的弯矩计算系数。计算时,先算出一个区格板两个方向截面总弯矩,再乘以相应的弯矩计算系数可得到各截面的弯矩。

一个区格板截面总弯矩,为该区格内跨中弯矩与支座弯矩之和。在一个区格板中,x 和 y 方向的总弯矩设计值分别为

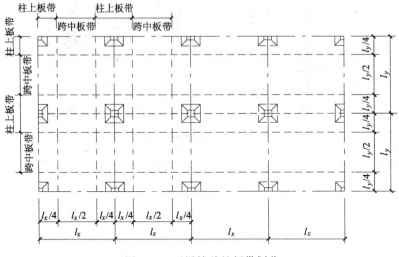

图 9-38　无梁楼盖的板带划分

$$M_{0x} = (g+q)l_x(l_y - 2c/3)^2/8 \tag{9-33}$$

$$M_{0y} = (g+q)l_y(l_x - 2c/3)^2/8 \tag{9-34}$$

式中　g,q——分别为板面永久荷载和可变荷载设计值;

$\quad\quad l_x,l_y$——分别为沿 x、y 方向的柱网轴线尺寸;

$\quad\quad c$——柱帽计算宽度,按图 9-39 确定。

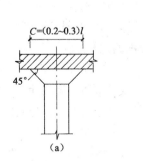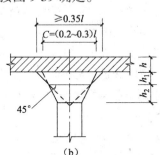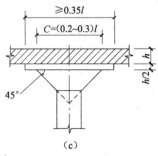

图 9-39　各种形式的柱帽和有效宽度
(a)台锥形柱帽;(b)折线形柱帽;(c)带托板柱帽

以 M_0 代表 M_{0x} 和 M_{0y},并将无梁楼盖在不同截面的弯矩计算系数汇总于表 9-19 中,表中系数可用于承受均布荷载的钢筋混凝土连续平板的计算。

在应用弯矩系数法时,应符合下列条件:

①每个方向至少有三个连续跨;

②同一方向相邻跨度的差值不超过较大跨度的 1/3;

③区格为矩形,任一区格长、短跨的比值不大于 1.5;

212

④活荷载与恒荷载的比值不大于 3。

表 9-19　无梁板的弯矩计算系数

截面位置	端　　跨			内　　跨	
	边 支 座	跨 中	内 支 座	跨 中	支 座
柱上板带	$-0.48M_0$	$0.22M_0$	$-0.50M_0$	$0.18M_0$	$-0.50M_0$
跨中板带	$-0.05M_0$	$0.18M_0$	$-0.17M_0$	$0.15M_0$	$-0.17M_0$

注:(1)在总弯矩值不变的情况下,必要时允许将柱上板带负弯矩的 10% 分给跨中板带负弯矩;
　　(2)表中系数用于长跨和短跨之比小于 1.5 的情况;
　　(3)端跨外有悬臂板且悬臂板端部的负弯矩大于端跨边支座弯矩时,需考虑悬臂弯矩对边支座和内跨弯矩的影响。

考虑到沿外边缘设置的圈梁的承荷作用,沿外边缘(靠墙)平行于圈梁的跨中板带和半柱上板带的截面弯矩,比中区格和边区格的相应系数值有所降低。一般可采用下列方法确定:跨中板带每米宽的正、负弯矩为中区格和边区格跨中板带每米宽相应弯矩的 80%;柱上板带每米宽的正、负弯矩为中区格和边区格柱上板带每米宽相应弯矩的 50%。对于有柱帽的板,考虑拱作用的有利影响,在计算钢筋截面面积时,除边缘及边支座外,可将上述方法确定的弯矩再乘以折减系数 0.8 后作为截面的弯矩设计值。

(2)等效框架法

当无梁板结构不符合弯矩系数法的应用条件时,可采用等效框架法计算结构的内力(当然,等效框架法也能用于符合弯矩系数法应用条件的场合)。等效框架法,即将整个无梁板结构分别沿纵横柱列方向划分为具有"等代柱"和"等代梁"的纵向和横向框架。等效框架的划分,如图 9-40 所示。

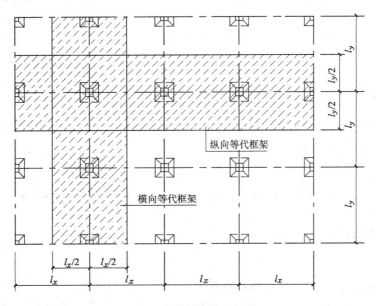

图 9-40　等效框架的划分

1)等代梁的高度取为板的厚度。等代梁的宽度,在竖向荷载作用下,取与梁跨方向垂直的板跨中心线间的距离。在水平荷载作用下,等代梁的刚度取值对计算结果影响很大,考虑到无梁板结构中,板的实际刚度比按板中心线间的全宽计算的刚度小得多,取板跨中心线间距离的一半作为水平荷载作用下等代梁的宽度。等代框架梁的计算跨度,在两个方向分别取 $l_x - 2C/3$ 和 $l_y - 2C/3$。

2)等代框架柱的截面取柱本身的截面。柱的计算高度,对于一般层,取层高减去帽的高度;对于底层,取基础顶面至底层楼面的高度减去柱帽高度。

3)当仅有竖向荷载作用时,可用分层法计算。

按等代框架计算时,应考虑活荷载的最不利组合。当活荷载不超过恒荷载的 75% 时,也可按满荷载法计算。

按框架内力分析得出的柱内力,可以直接用于柱截面设计。对于梁的内力,还需分配给不同的板带。梁的弯矩乘以表 9-20 的系数(该系数是根据试验研究得出的)后,就得到柱上板带和跨中板带的弯矩,依此进行板带的截面设计。等代框架法适用于任一区格长短跨之比不大于 2 的情况。当区格板的长短边之比不等于 1 时,应采用表 9-21 所列的分配比值。

表 9-20 等效框架计算的弯矩分配比值

截面位置	端　　跨			内　　跨	
	边 支 座	跨　　中	内 支 座	跨　　中	支　　座
柱上板带	0.90	0.55	0.75	0.55	0.75
跨中板带	0.10	0.45	0.25	0.45	0.25

注:本表适用于周边连续板。

表 9-21 不同边长比时柱上板带和跨中板带弯矩分配比值

L_x/l_y	负 弯 矩		正 弯 矩	
	柱上板带	跨中板带	柱上板带	跨中板带
0.50~0.60	0.55	0.45	0.50	0.50
0.60~0.75	0.65	0.35	0.55	0.45
0.75~1.33	0.70	0.30	0.60	0.40
1.33~1.67	0.80	0.20	0.75	0.35
1.67~2.00	0.85	0.15	0.85	0.15

注:①本表适用于周边连续板;

　②对有柱帽的平板,表中分配比值应作如下修正:

　　负弯矩:柱上板带 +0.05,跨中板带 -0.05;

　　正弯矩:柱上板带 -0.05,跨中板带 +0.05;

　③在保持总弯矩值不变的情况下,允许在板带之间或支座弯矩与跨中弯矩之间相应调整 10%。

9.4.3 板柱节点设计

1. 受冲切承载力计算

国内外试验研究结果表明,板柱节点在集中柱反力的作用下,可能发生局部冲切破坏,实测的冲切破坏锥斜面的倾角(简称冲切角)一般为 20°~30°,在靠近柱根处冲切角约为 45°。

根据试验结果并参考国外的有关资料,我国规范对混凝土板的受冲切承载力计算作出了如下规定:

(1)对不配置受冲切箍筋或弯起钢筋的混凝土板,其受冲切承载力可按下列公式计算:

$$F_1 \leqslant (0.7\beta_h f_t + 0.15\sigma_{pc,m})\eta u_m h_0 \tag{9-35}$$

式中系数 η 应按下列两个公式计算,并取其中较小值:

$$\eta_1 = 0.4 + 1.2/\beta_s \tag{9-36}$$

$$\eta_2 = 0.5 + \alpha_s h_0 / 4u_m \tag{9-37}$$

式中　F_1——局部荷载设计值或集中力设计值(当计算柱帽处的受冲切承载力时,取柱所承受的轴向压力设计值减去冲切破坏锥体范围内的荷载设计值);

　　f_t——混凝土抗拉强度设计值;

　　$\sigma_{pc,m}$——截面两个方向上混凝土有效预压应力的平均值。对于非预应力混凝土板,取 $\sigma_{pc,m} = 0$;

　　u_m——临界截面的周长,取距局部荷载或集中反力作用面积 $h_0/2$ 处的板垂直截面的周长(图 9-41);

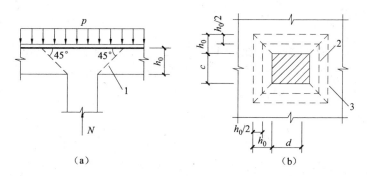

图 9-41　板受冲切承载力计算
1—冲切破坏锥体的斜截面;2—距集中反力作用面积 $h_0/2$ 处
板垂直截面的周长;3—冲切破坏锥体的底面线

　　β_h——截面高度影响系数。当 $h \leqslant 800mm$ 时,取 $\beta_h = 1.0$;当 $h \geqslant 2000mm$ 时,取 $\beta_h = 0.9$;其间按线性内插法取用;

　　h_0——板截面有效高度,取两个配筋方向的截面有效高度的平均值。

　　η_1——局部荷载或集中反力作用面积形状的影响系数;

　　η_2——临界截面周长与板截面有效高度之比的影响系数;

　　β_s——局部荷载或集中反力作用面积为矩形时的长边与短边尺寸的比值,β_s 不宜大于 4;当 β_s 小于 2 时,取 $\beta_s = 2$;当面积为圆形时,取 $\beta_s = 2$;

　　α_s——板柱结构中柱类型的影响系数。对中柱,取 $\alpha_s = 40$;对边柱,取 $\alpha_s = 30$;对角柱,取 $\alpha_s = 20$。

　　(2)配置受冲切箍筋或弯起钢筋的混凝土板,其受冲切承载力可按下列公式计算:

当配置箍筋时

$$F_1 (0.35 f_t + 0.15\sigma_{pc,m})\eta u_m h_0 + 0.8 f_{yv} A_{svu} \tag{9-38}$$

当配置弯起钢筋时

$$F_1 \leqslant (0.35f_t + 0.15\sigma_{pc,m})\eta u_m h_0 + 0.8f_y A_{sbu}\sin\alpha \tag{9-39}$$

且受冲切截面应符合下列条件

$$F_1 \leqslant 1.05f_t \eta u_m h_0 \tag{9-40}$$

式中 A_{svu}——与成 45°冲切破坏锥体斜截面相交的全部箍筋截面面积；

       A_{sbu}——与成 45°冲切破坏锥体斜截面相交的全部弯起钢筋截面面积；

       α——弯起钢筋与底板面的夹角；

       f_{yv}——箍筋抗拉强度设计值,当大于 360N/mm² 时取 $f_{yv}=360N/mm^2$；

       f_y——弯起钢筋抗拉强度设计值。

2．冲切钢筋的布置和构造要求

(1)板的厚度不应小于 150mm；

(2)按计算所需的箍筋及其架立钢筋应布置在冲切破坏锥体范围内,并布置在从柱边向外不小于 $1.5h_0$ 的范围内,如图 9-42a 所示。箍筋应做成封闭式,直径不应小于 6mm,间距不应大于 $h_0/3$；

(3)按计算所需的弯起钢筋应配置在冲切破坏锥体范围内,弯起角度可根据板的厚度在 30°~45°之间选取,如图 9-42b 所示。弯起钢筋的倾斜段应与冲切破坏斜截面相交,其交点应在离柱边以外((1/2~2/3)h 的范围内,弯起钢筋直径不应小于 12mm,且每一方向不宜小于 3 根。

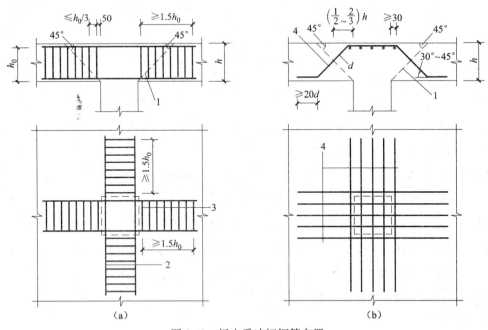

图 9-42   板中受冲切钢筋布置

(a)箍筋；(b)弯起钢筋

1—冲切破坏锥面；2—架立钢筋；3—箍筋；4—弯起钢筋

3．柱帽设计

在无梁楼盖的柱顶设置柱帽,可以增大板柱连接面积,提高板的冲切承载力,同时还可以减小板的计算跨度和柱的计算长度,但设置柱帽会减少室内的有效空间,也给施工带来不便。

常用的柱帽有三种形式:①台锥形柱帽;②折线形柱帽;③带托板柱帽,如图 9-43 所示。柱帽的计算宽度可按 45°压力线确定,一般取 $c=(0.2\sim0.3)l$,l 为区格板的长边。托板宽度一般取 $a\geqslant0.35l$,托板厚度一般取板厚的一半。柱帽内的应力值通常不大,钢筋按构造要求配置(图 9-43)。

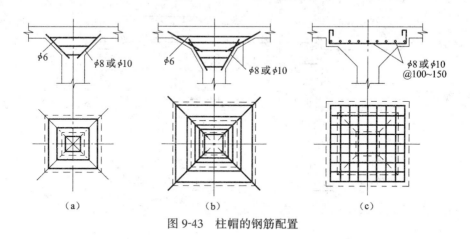

图 9-43 柱帽的钢筋配置

对设置柱帽的板,按式(9-35)计算受冲切承载力时,集中荷载的边长取柱帽的计算长度 c。由于集中荷载面积成倍放大,通常不配置受冲切钢筋可满足受冲切承载力的要求。

9.4.4 无梁楼盖的配筋和构造

1.板的厚度

无梁楼板通常做成是等厚的,板厚除满足承载力要求外,还须满足刚度要求,即在荷载作用下的挠度应满足正常使用的要求。精确计算无梁楼盖的挠度比较复杂,当不验算板的变形时,板的最小厚度为 150mm,板厚 h 与长跨 l_{02} 比值应满足:无柱帽顶板时,$h/l_{02}\geqslant1/32$(注:无柱帽时柱上板带可适当加厚,加厚部分的宽度可取相应跨度的 30%);有柱帽顶板时,$h/l_{02}\geqslant1/35$。

板的有效截面高度取值与双向板类似。同一部位的两个方向弯矩同号时,由于纵横钢筋重叠,应分别取各自的截面有效高度。当为正方形时,为了方便,可取两个方向截面有效高度的平均值。

2.板的配筋

根据柱上和跨中板带截面弯矩算得的钢筋,可沿纵、横两个方向均匀布置于各自的板面上。钢筋的直径和间距,与一般双向板的要求相同,对于承受负弯矩的钢筋,其直径不宜小于 12mm。

无梁楼盖中的配筋形式有弯起式和分离式两种。钢筋弯起或切断的位置应满足图 9-44 的要求。

3.边梁

无梁楼盖的周边应设置边梁,其截面高度应不小于板厚的 $2\sim5$ 倍,与板形成倒 L 形截面。边梁除了与边柱上的板带一起承受弯矩外,还要承受垂直于边梁轴线方向的扭矩,应配置抗扭钢筋。

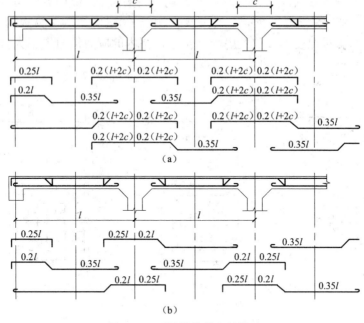

图 9-44　无梁楼盖的配筋构造

(a)柱上板带配筋;(b)跨中板带配筋

【例 9-3】　某无梁楼盖的平面布置如图 9-45 所示,承受均布荷载。恒荷载标准值为 4.5kN/m²,活荷载标准值为 5.5kN/m²。柱截面尺寸为 500mm×500mm,混凝土强度等级 C25,采用 HPB235 级钢筋。试设计此无梁楼盖。

1. 确定构件截面尺寸

(1)板

按挠度要求,$h \geqslant 1/35 l_{02}$, $l_{02} = 7000$mm, $h \geqslant 200$mm。按有柱帽要求,$h \geqslant 100$mm,取 $h = 200$mm。采用 C25 混凝土,钢筋采用 HPB235 级,$d = 12$mm,$f_y = 210$N/mm²。

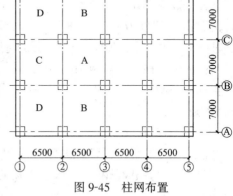

图 9-45　柱网布置

$$h_{0x} = h - 15 - 6 = 179\text{mm}$$

$$h_{0y} = 179 - 12 = 167\text{mm}$$

(2)柱帽

因板的荷载较小,采用无帽顶板柱帽。$c = (0.2 \sim 0.3)L_y = 1400 \sim 2100$mm,取 $c = 1750$mm。

2. 荷载的总弯矩值计算

恒荷载分项系数取 1.2,活荷载分项系数取 1.4,

均布荷载设计值 $q = 1.2 \times 4.5 + 1.4 \times 5.5 = 13.1$kN/m²

总弯矩值 $M_{0x} = 1/8 q l_x (l_y - 2/3 c)^2 = 1/8 \times 13.1 \times 6.5 \times (7.0 - 2/3 \times 1.75)^2 = 362.2$kN·m

$M_{0y} = 1/8 q l_y (l_x - 2/3 c)^2 = 1/8 \times 13.1 \times 7.0 \times (6.5 - 2/3 \times 1.75)^2 = 326.0$kN·m

218

3．用弯矩系数法求区格板带的弯矩值及配筋

x 方向，全板带宽3.5m，半板带宽1.75m；y 方向，全板带宽3.25m，半板带宽1.625m。x 方向和 y 方向弯矩及配筋计算过程分别见表9-22和表9-23。

板最小配筋率取 0.2% 和 $45f_t/f_y$% 两者中的较大值。

C25 混凝土，$f_t = 1.27\text{N/mm}^2$；HPB235 级钢，$f_y = 210\text{N/mm}^2$。$45f_t/f_y = 45 \times 1.27/210 = 0.2721 > 0.2$，因此每米板宽的受力钢筋的最小截面面积为：

$$A_{s,min} = 0.002721 \times 1000 \times 200 = 544\text{mm}^2$$

4．板的受冲切承载力计算

$$q = 13.1\text{kN/m}^2, h_0 = 167\text{mm}, l_x = 6.5\text{m}, l_y = 7.0\text{m}, f_t = 1.27\text{N/mm}^2。$$

冲切荷载设计值

$$\begin{aligned}
F_l &= q\left[l_x l_y - (c + 2h_0)(d + 2h_0)\right]\\
&= 13.1 \times \left[6.5 \times 7 - (1.75 + 2 \times 0.167)(1.75 + 2 \times 0.167)\right]\\
&= 539.2\text{kN}
\end{aligned}$$

按下式计算受冲切承载力

$$\begin{aligned}
(0.7f_t + 0.15\sigma_{pc,m}) \times u_m \times h_0 &= (0.7 \times 1.27 + 0.15 \times 0) \times\\
&\quad \left[4 \times (2000 + 167)\right] \times 167 \times 10^{-3}\\
&= 1286.9\text{kN} > F_l = 539.2\text{kN}
\end{aligned}$$

满足板的受冲切承载力要求，无需设置箍筋或抗冲切钢筋，柱帽采用构造配筋。配筋图略。

表 9-22　x 方向配筋计算表（弯矩系数法）

区格	板带弯矩值 （kN·m）	柱上板带每米 宽需配筋 $A_s(\text{mm}^2)$	跨中板带每米 宽需配筋 $A_s(\text{mm}^2)$	柱上板带 实际配筋 （mm²）	跨中板带 实际配筋 （mm²）
中区格A	柱上板带负弯矩 $M_1 = 0.5 \times 362.2 = 181.1$	1485		φ12@70(1614)	
	跨中板带负弯矩 $M_2 = 0.17 \times 362.2 = 61.6$		480		φ10@140(561)
	柱上板带正弯矩 $M_3 = 0.18 \times 362.2 = 65.2$	508		φ10@140(561)	
	跨中板带正弯矩 $M_4 = 0.15 \times 362.2 = 54.3$		421		φ10@140(561)
边区格C	边支座柱上板带负弯矩 $M_5 = 0.48 \times 362.2 = 173.9$	1421		φ12@70(1614)	
	边支座跨中板带负弯矩 $M_6 = 0.05 \times 362.2 = 18.1$		139		φ10@140(561)
	柱上板带正弯矩 $M_7 = 0.22 \times 362.2 = 79.7$	625		φ10@120(654)	
	跨中板带正弯矩 $M_8 = 0.18 \times 362.2 = 65.2$		508		φ10@140(561)

区格	板带弯矩值 (kN·m)		柱上板带每米 宽需配筋 $A_s(mm^2)$	跨中板带每米 宽需配筋 $A_s(mm^2)$	柱上板带 实际配筋 （mm²）	跨中板带 实际配筋 （mm²）
靠墙中区格与角区格B、D	靠墙边跨中板带	内支座负弯矩 $0.8M_2=49.3$		385		$\phi10@140(561)$
		中间跨正弯矩 $0.8M_4=43.4$		335		$\phi10@140(561)$
		边支座负弯矩 $0.8M_6=14.5$		111		$\phi10@140(561)$
		边跨正弯矩 $0.8M_8=52.2$		405		$\phi10@140(561)$
	靠墙边柱上板带	内支座负弯矩 $0.25M_1=45.3$	350		$\phi10@140(561)$	
		中间跨正弯矩 $0.25M_3=16.3$	125		$\phi10@140(561)$	
		边支座负弯矩 $0.25M_5=43.5$	336		$\phi10@140(561)$	
		边跨正弯矩 $0.25M_7=19.9$	152		$\phi10@140(561)$	

表 9-23 y 方向配筋计算表（弯矩系数法）

区格	板带弯矩值 (kN·m)	柱上板带每米 宽需配筋 $A_s(mm^2)$	跨中板带每米 宽需配筋 $A_s(mm^2)$	柱上板带 实际配筋 （mm²）	跨中板带 实际配筋 （mm²）
中区格A	柱上板带负弯矩 $M_1=0.5\times326.0=163.0$	1558		$\phi12@70(1614)$	
	跨中板带负弯矩 $M_2=0.17\times326.0=55.4$		499		$\phi10@140(561)$
	柱上板带正弯矩 $M_3=0.18\times326.0=58.7$	530		$\phi10@140(561)$	
	跨中板带正弯矩 $M_4=0.15\times326.0=48.9$		439		$\phi10@140(561)$
边区格C	边支座柱上板带负弯矩 $M_5=0.48\times326.0=156.5$	1490		$\phi12@70(1614)$	
	边支座跨中板带负弯矩 $M_6=0.05\times326.0=16.3$		144		$\phi10@140(561)$
	柱上板带正弯矩 $M_7=0.22\times326.0=71.7$	651		$\phi10@120(654)$	
	跨中板带正弯矩 $M_8=0.18\times326.0=58.7$		530		$\phi10@140(561)$

区格		板带弯矩值（kN·m）	柱上板带每米宽需配筋 A_s(mm²)	跨中板带每米宽需配筋 A_s(mm²)	柱上板带实际配筋（mm²）	跨中板带实际配筋（mm²）
靠墙中区格与角区格B、D	靠墙边跨中板带	内支座负弯矩 $0.8M_2=44.3$		397		φ10@140(561)
		中间跨正弯矩 $0.8M_4=39.1$		350		φ10@140(561)
		边支座负弯矩 $0.8M_6=13.0$		115		φ10@140(561)
		边跨正弯矩 $0.8M_8=47.0$		422		φ10@140(561)
	靠墙边柱上板带	内支座负弯矩 $0.25M_1=40.8$	365		φ10@140(561)	
		中间跨正弯矩 $0.25M_3=14.7$	130		φ10@140(561)	
		边支座负弯矩 $0.25M_5=39.1$	350		φ10@140(561)	
		边跨正弯矩 $0.25M_7=17.9$	158		φ10@140(561)	

第 10 章　高层房屋的基础设计

10.1　基础选型

高层建筑的荷载相对较大,往往设有地下室,基础埋置深度较深。基础工程量大、耗材多、工期长、施工难度大,对建筑总造价的影响较大。因此,基础的合理选型和设计是结构设计的关键环节。

高层建筑基础应满足以下基本要求:

①应满足地基承载力要求;

②应满足地基变形要求;

③对经常受水平荷载作用的高层建筑,以及建造在斜坡上或边坡附近的建筑物,应验算稳定性;

④当地下水埋深较浅,建筑地下室存在上浮问题时,应进行抗浮验算;

⑤基坑工程必要时应进行稳定性验算。

10.1.1　高层建筑基础类型

高层房屋的荷载相对较大,地基变形成为主要问题。因此,用于天然地基上的基础宜采用整体性较强的筏形基础(图 10-1a、图 10-1b)、箱形基础(图 10-1c)。当地质条件好、荷载较小,且能满足地基承载力和变形要求时,也可采用交叉梁基础(图 10-1d)等。当天然地基应用上述基础不能满足承载力或变形要求时,可采用桩基础(图 10-1e)、复合地基或对软弱地基进行处理等方法。桩基础多与承台、条形基础、筏形基础、箱形基础结合使用,分别形成桩-独立承台、桩-条形承台梁、桩-筏、桩-箱等基础形式。

基础类型的选择,需结合地基土的物理力学性质、水文地质条件、上部结构形式、荷载大小和分布、抗震设计要求、使用要求、施工条件以及建设投资等因素综合确定。此外,高层建筑由于基础埋置深度深,必须注意与相邻建筑基础的相互影响,了解地下设施的位置和标高,选择合适的基础形式,以确保施工安全。高层建筑往往设有地下室,有些还作为人防地下室,此时结合使用要求,基础形式宜优先选用筏形基础,必要时可选用箱形基础。和筏形基础相比,箱形基础的整体性好,自身刚度大,调节沉降差的能力强,但基础造价较高。

本章主要介绍筏形基础、箱形基础、桩基础的一般计算原则和构造要求。

10.1.2　基础埋深要求

高层建筑的基础应有一定的埋置深度。在确定埋置深度时,应综合考虑建筑物的高度、体型、地基土性质、抗震设防烈度以及相邻房屋及设备基础埋深等因素。基础的埋置深度必须满足地基承载力、变形和稳定性的要求。为保证建筑整体稳定性,抗震设防地区,从室外地坪至基础底面的埋置深度,一般宜满足下列要求:①天然地基或复合地基,可取房屋高度的1/15;②桩基础,可取房屋高度的1/18(桩长不计在内)。当采用岩石地基或采取有效措施满足地基承载力和稳定性等要求,基础埋深可不受上述两项要求的限制。当地基可能产生滑移时,其基础埋深还应该满足抗滑移要求。

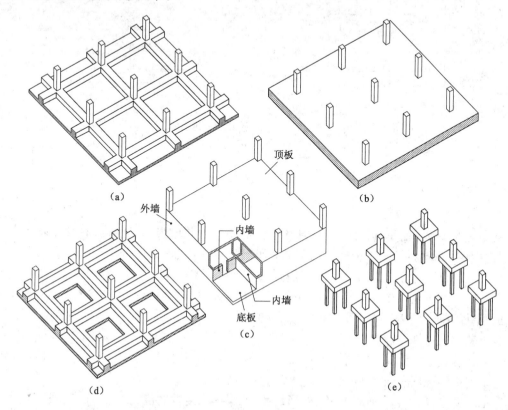

图 10-1　基础形式

(a)梁板式筏形基础;(b)平板式筏形基础;(c)箱形基础;(d)交叉梁基础;(e)桩基础

10.1.3　高层建筑与裙楼基础处理

高层建筑往往带有裙楼,裙楼一般为多层建筑,裙楼和高层建筑高度相差很大,荷载也相差悬殊,相邻基础应妥善处理,可以采取以下方法:

①"放"——高层建筑基础和裙楼基础之间设沉降缝(图 10-2a),两者可以自由沉降,沉降缝应有足够宽度,避免由于基础倾斜而使上部结构碰撞。但当设有地下室时,设置沉降缝会造成使用不便和构造复杂,并应考虑高层主楼基础侧向有可靠约束及有效埋深。高层建筑的基础埋深应大于裙楼基础埋深至少 2m,沉降缝地面以下处应用粗砂填实。

②"调"——高层建筑基础和裙楼基础相连。计算两者的沉降差,计算沉降差在结构中产生的附加内力,并在结构承载力计算时考虑附加内力的影响。

③"固"——高层建筑基础和裙楼基础相连。采取有效措施,减小沉降量,比如采用端承桩基础时,建筑沉降总量很小,沉降差也很小;或在与主楼基础相邻的裙楼基础中设置施工后浇带(图 10-2b),待两侧地基变形基本稳定后再浇筑施工后浇带混凝土。

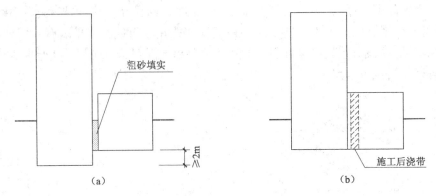

图 10-2　高层建筑与裙楼基础处理示意图
(a)设沉降缝；(b)设后浇带

10.2　筏形基础

筏形基础又称满堂基础，能减小地基的单位面积压力并增强基础刚度，调整不均匀沉降。按有无肋梁，筏形基础分为梁板式筏形基础和平板式筏形基础(图 10-1a、图 10-1b)。梁板式筏形基础沿柱网布置刚度很大的肋梁，特别适合于柱网不均匀，且尺寸和荷载均较大的结构。而平板式筏形基础适合于柱网均匀，且尺寸和荷载不太大的结构，特别适合于有地下室的建筑，其施工模板简单，目前得到广泛应用。

筏板基础的主要设计内容如下：
①合理确定基础埋深；
②确定材料强度等级；
③估算基础尺寸，包括底板厚度、外形尺寸，肋梁的高度及宽度；
④确定地基反力的力学模型，计算地基反力；
⑤地基承载力及变形计算；
⑥根据受冲切承载力和受剪切承载力要求，验算筏板厚度；
⑦进行梁、板内力和配筋计算；
⑧根据计算和构造要求绘制基础平面及剖面施工图。

10.2.1　一般要求

高层建筑荷载大，质心高，当荷载对基础底面有一定偏心时，在建的沉降过程中，总重量将对基础底面的形心产生附加倾覆力矩，可能造成建筑倾斜。因此，在地基土均匀的条件下，基础平面形心宜与上部结构竖向永久荷载重心重合。当不能重合时，为防止建筑整体倾覆，偏心距 e 宜符合下式要求：

$$e \leqslant 0.1W/A \tag{10-1}$$

式中　e——基底平面形心与上部结构荷载准永久值组合下(永久荷载标准值＋可变荷载标准值×准永久值系数)的重心的偏心距(m)；

　　　W——与偏心方向一致的基础底面边缘抵抗矩(m^3)；

A——基础底面面积(m^2)。

为防止高层建筑在水平荷载作用下倾覆,应限制基础底面零应力的范围。在水平力和竖向荷载作用下,对于高宽比大于 4 的高层建筑,基础底面不宜出现零应力区;高宽比不超过 4 的高层建筑,允许出现零应力区,但其面积不应超过基础底面面积的 15%。计算时,质量偏心较大的裙楼与主楼分开考虑。

10.2.2 梁板式筏形基础

梁板式筏形基础应进行地基反力和内力计算,并进行受冲切承载力和受剪切承载力验算。

1. 地基反力和内力计算

当地基比较均匀、上部结构刚度较好、肋梁高与柱距比值不小于 1/6、柱间距及柱荷载的变化不超过 20% 时,高层建筑的带肋梁的筏形基础可仅考虑局部弯曲作用,按倒楼盖法进行计算。如图 10-3a 所示带肋梁的筏形基础,梁的断面如图 10-3b 所示,凸出部分为长向肋梁的截面;此时不考虑宽度方向的肋梁存在。

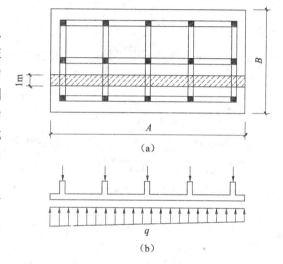

图 10-3 梁板式筏形基础计算简图

假定基础是刚性的,地基反力呈直线分布,因此地基土的反力为

$$\left.\begin{array}{c}q_{max}\\q_{min}\end{array}\right\} = \frac{\sum F}{A} \pm \frac{\sum M_x}{W_x} \pm \frac{\sum M_y}{W_y}$$

(10-2)

式中 q_{max}、q_{min}——地基的最大反力和最小反力;

$\sum F$——不计基础板及其上覆土重量的筏形基础总荷载,即按净反力计算的总荷载;

A——筏形基础的底面积;

$\sum M_x$、$\sum M_y$——不计基础板及其上覆土重量的荷载或作用对基础形心点 x、y 坐标的弯矩值;

W_x、W_y——筏形基础底板对 x、y 坐标的抵抗矩。

将地基反力作用在筏板上,根据肋梁布置不同,板分为双向板和单向板。当柱网单元内不布置次向肋梁时,板多为双向板,这时筏形基础的反力可按 45° 线划分,如图 10-4a 所示,荷载分别传到纵向肋梁和横向肋梁上。筏形基础底板可按多跨连续双向板计算,其中间支座可视为固定支座,纵向肋梁及横向肋梁可按多跨连续梁计算。

如果筏形基础布置次向肋梁,如图 10-4b 所示,板一般为单向板,这时筏形基础梁板的内力可采用类似于肋梁楼盖的计算方法进行,板可按连续单向板计算,次向肋梁按多跨连续梁计算,纵向梁作为主梁,也可按多跨连续梁计算。

2. 受冲切承载力计算和受剪切承载力计算

底板应满足受冲切承载力要求,冲切承载力按下式计算:

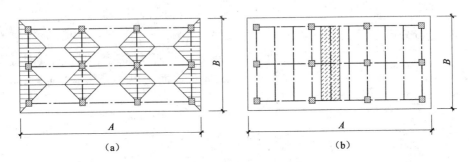

图 10-4　筏形基础反力划分图

$$F_1 \leqslant 0.7\beta_{hp}f_t u_m h_0 \qquad (10\text{-}3)$$

式中　F_1——冲切锥体范围以外面积上的地基土平均净反力设计值；

　　　β_{hp}——受冲切 z 承载力截面高度影响系数,当 h_0 不大于 800mm 时取 1.0,h_0 大于或等于 2000mm 时取 0.9,其间按结构内插法取用；

　　　f_t——混凝土轴心抗拉强度设计值；

　　　u_m——距基础梁边 $h_0/2$ 处冲切临界截面周长(图 10-5a)；

　　　h_0——板截面有效高度。

当为双向板时,受冲切承载力计算可转化为对 h_0 的验算,h_0 应符合下式要求:

$$h_0 \geqslant \frac{1}{4}\left[(l_{n1} + l_{n2}) - \sqrt{(l_{n1} + l_{n2})^2 - \frac{4pl_{n1}l_{n2}}{p + 0.7\beta_{hp}f_t}}\right] \qquad (10\text{-}4)$$

式中　l_{n1}、l_{n2}——计算板格的短边和长边的净长度；

　　　p——相应于荷载基本组合的地基土平均净反力设计值。

底板斜截面的受剪切承载力应符合下式要求:

$$V_s \leqslant 0.7\beta_{hs}f_t(l_{n2} - 2h_0)h_0 \qquad (10\text{-}5)$$

式中　V_s——距梁边 h_0 处,作用在图 10-5b 阴影冲切面积上的地基土平均净反力设计值；

　　　β_{hs}——受剪切承载力截面高度影响系数,$\beta_{hs} = (800/h_0)^{1/4}$。当板的有效高度 h_0 小于 800mm 时取 800mm,h_0 大于 800mm 时取 2000mm。

当不满足式(10-3)或式(10-5)验算要求时,可采取加大底板厚度或提高混凝土强度等级等措施。

10.2.3　平板式筏形基础

1．内力计算

当地基比较均匀、上部结构刚度较好、筏板的厚跨比不小于 1/6、柱间距及柱荷载的变化不超过 20％时,平板式筏形基础可仅考虑局部弯曲作用,近似按倒无梁楼盖的方法来计算,地基反力可假定均匀分布。如图 10-6 所示,将筏形基础每个方向划分为柱上板带和跨中板带,跨中板带宽度为该方向柱距的 1/2,位于跨中;柱上板带宽度为每侧柱距的 1/4。计算时将一个方向的柱上板带作为另一个方向跨中板带的支座,根据板带所承担的荷载,近似按倒置的连续梁来进行计算。

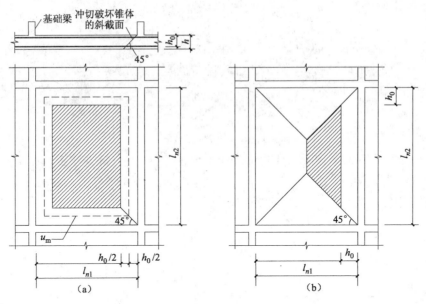

图 10-5 底板冲切计算和剪切计算示意图
(a)底板冲切计算示意图;(b)底板剪切设计示意图

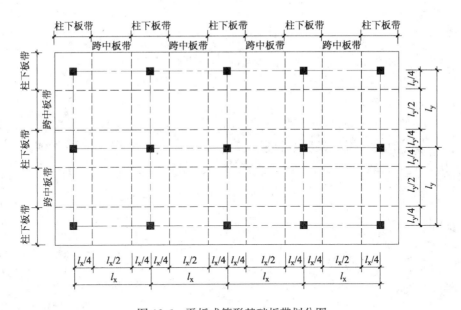

图 10-6 平板式筏形基础板带划分图

当地基比较复杂、上部结构刚度较差,或柱荷载及柱间距变化较大时,梁板式筏形基础和平板式筏形基础的内力计算应考虑地基和基础的变形协调,按弹性地基梁板法或有限元法等进行计算。

2.受冲切承载力和受剪切承载力计算

受冲切承载力计算时应考虑作用在冲切临界面上的不平衡弯矩产生的附加剪力。距柱边 $h_0/2$ 处冲切临界最大剪应力(图 10-7)τ_{max} 值应满足:

$$\tau_{\max} \leqslant 0.7(0.4 + 1.2/\beta_s)\beta_{hp}f_t \tag{10-6}$$

$\tau_{\max}$ 按下式计算

$$\tau_{\max} = F_1/(u_m h_0) + \alpha_s M_{unb} c_{AB}/I_s \tag{10-7}$$

$$\alpha_s = 1 - \frac{1}{1 + \dfrac{2}{3}\sqrt{c_1/c_2}} \tag{10-8}$$

式中　F_1——相应于荷载效应基本组合的集中力设计值,取轴力减去冲切破坏锥体内的地基反力设计值;

u_m——距柱边 $h_0/2$ 处冲切临界截面的周长;

h_0——筏板的有效高度;

M_{unb}——作用在冲切临界截面重心上的不平衡弯矩设计值;

c_{AB}——沿弯矩作用方向,冲切临界截面重心至冲切临界截面最大剪应力点的距离;

I_s——冲切临界截面对其重心的极惯性矩;

β_s——柱截面长边与短边的比值,当 β_s 小于 2 时取 $\beta_s = 2$,当 β_s 大于 4 时取 $\beta_s = 4$;

c_1——与弯矩作用方向一致的冲切临界截面边长;

c_2——与弯矩作用方向垂直的冲切临界截面边长;

α_s——不平衡弯矩通过冲切临界截面上的偏心剪力来传递的分配系数。

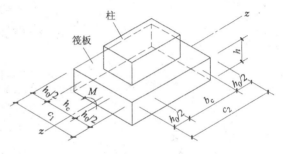

图 10-7　中柱冲切临界截面

对于中柱、边柱、角柱,u_m、c_{AB}、I_s、c_1、c_2 分别按下列公式计算(图 10-8):

(1)中柱

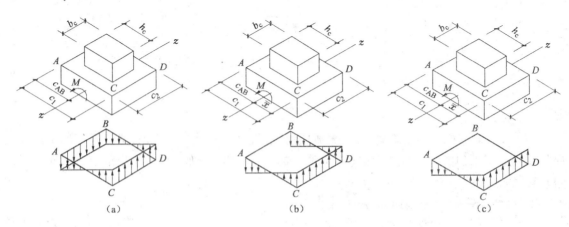

图 10-8　冲切临界截面

(a)中柱;(b)边柱;(c)角柱

228

$$u_m = 2c_1 + 2c_2$$
$$I_s = c_1 h_0^3/6 + c_1^3 h_0/6 + c_2 h_0 c_1^2/2$$
$$c_1 = h_c + h_0 \tag{10-9}$$
$$c_2 = b_c + h_0$$
$$c_{AB} = c_1/2$$

式中 h_c——与弯矩作用方向一致的柱截面边长；

b_c——与弯矩作用方向垂直的柱截面边长。

（2）边柱

$$u_m = 2c_1 + c_2$$
$$I_s = c_1 h_0^3/6 + c_1^3 h_0/6 + 2h_0 c_1 (c_1/2 - \overline{x})^2 + c_2 h_0 \overline{x}^2$$
$$c_1 = h_c + h_0/2 \tag{10-10}$$
$$c_2 = b_c + h_0$$
$$c_{AB} = c_1 - \overline{x}$$
$$\overline{x} = c_1^2/(2c_1 + c_2)$$

式中 $\overline{x}$——冲切临界截面中心位置。

（3）角柱

$$u_m = c_1 + c_2$$
$$I_s = c_1 h_0^3/12 + c_1^3 h_0/12 + h_0 c_1 (c_1/2 - \overline{x})^2 + c_2 h_0 \overline{x}^2$$
$$c_1 = h_c + h_0/2 \tag{10-11}$$
$$c_2 = b_c + h_0/2$$
$$c_{AB} = c_1 - \overline{x}$$
$$\overline{x} = c_1^2/(2c_1 + 2c_2)$$

平板式筏形基础受剪切承载力按下式验算：

$$V_s \leqslant 0.7\beta_{hs} f_t b_w h_0 \tag{10-12}$$

式中 V_s——荷载效应基本组合，地基土净反力平均值产生的距柱边 h_0 筏板单位宽度的剪力设计值；

b_w——筏板计算截面单位宽度；

h_0——距柱边缘 h_0 处筏板截面的有效高度。

10.2.4 构造要求

1. 一般要求

高层建筑基础混凝土强度等级不应低于C30。当有地下室时,应采用防水混凝土,防水混凝土的抗渗等级应根据地下水最大水头与防水混凝土厚度的比值按表10-1采用,且不应小于P6。

表 10-1　基础防水混凝土的抗渗等级

	设计抗渗等级		设计抗渗等级
$H/h<10$	P6	$25\leqslant H/h<35$	P16
$10\leqslant H/h<15$	P8	$H/h\geqslant 35$	P20
$15\leqslant H/h<25$	P12		

注:表中 H 为最大水头,h 为防水混凝土厚度。

基础下宜设置混凝土强度等级 C10 的垫层,垫层伸出基础边缘尺寸为 100mm,垫层厚度不宜小于 70mm。底板钢筋的保护层厚度,当有垫层时不小于 40mm,无垫层时不小于 70mm。

2.梁板式筏形基础构造要求

当满足地基承载力时,筏形基础的周边不宜向外有较大的伸挑扩大。当需要外挑时,有肋梁的筏基宜将梁一同挑出。周边有墙体的筏基,筏板可不外伸。

梁板式筏基底板的板厚与板格最小跨度的比值不宜小于 1/20,且不应小于 300mm;12 层以上的建筑板厚与板格最小跨度的比值不宜小于 1/14,且不应小于 400mm。

基础梁与剪力墙连接时,基础梁比剪力墙每边的尺寸宜大于 50mm。

当基础梁边与柱边距离小于 50mm 时,应采取如图 10-9 所示的水平加腋构造。

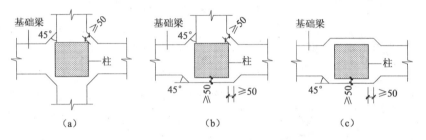

图 10-9　现浇柱与基础梁交接处平面尺寸

筏形基础的钢筋间距不应小于 150mm,宜为 200～300mm,受力钢筋直径不宜小于 12mm,采用双向钢筋网片配置在板的顶面和底面。

梁板式筏形基础的底板配筋除满足计算要求外,纵横方向的底部钢筋应有 1/2～1/3 贯通全跨,且其配筋率不应小于 0.15%,顶部钢筋按计算配筋全部连通。

平板式筏形基础的板厚不应小于 400mm。柱下板带中,柱宽及其两侧各 0.5 倍板厚且不大于 1/4 板跨的有效宽度范围内,其钢筋配置量不应小于柱下板带钢筋数量的一半。柱下板带和跨中板带的底部钢筋应有 1/2～1/3 贯通全跨,且配筋率不小于 0.15%,顶部钢筋应按计算全部连通。当板的厚度大于 2m 时,尚宜沿板厚方向设置间距不超过 1m 与板面平行的构造钢筋网片,其直径不宜小于 12mm,纵横方向的间距不宜大于 200mm。

现浇柱的插筋下端宜做成直钩放在基础底板钢筋网上,且柱筋伸入基础的长度应不小于锚固长度 l_a 或 l_{aE}(有抗震设防要求时)。当轴心受压或小偏心受压柱,基础高度不小于 1.2m 或者大偏心受压柱,基础高度不小于 1.4m 时,可仅将四角的插筋伸到底板钢筋网上,其余插筋锚固在基础顶面下 l_a 或 l_{aE}(有抗震设防要求时)处(图 10-10)。

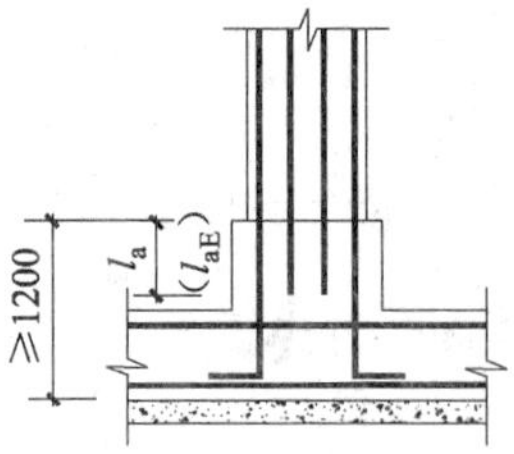

图 10-10　基础插筋构造示意
注:括号内的标注用于抗震设计。

230

10.3　箱形基础

箱形基础是由钢筋混凝土顶板、底板、外墙和纵、横内墙等组成(图 10-1c),是具有相当大整体刚度的空间结构。箱形基础底面的荷载偏心距要求及在水平作用下零应力区的要求同筏形基础。

箱形基础设计的主要内容如下:

①确定箱形基础埋深;

②根据地基承载力确定基底最小尺寸;

③地基沉降计算;

④箱形基础内力计算,包括顶板、底板和墙体等;

⑤箱形基础各构件配筋计算;

⑥箱形基础的构造设计及绘制施工图。

10.3.1　一般要求

箱形基础的平面尺寸应根据地基土承载力和上部结构荷载的大小和分布等因素确定。箱形基础的外墙宜沿建筑物周边布置,内墙沿上部结构的柱网或剪力墙位置纵横均匀布置,墙体水平截面总面积不宜小于箱形基础外包尺寸的水平投影面积的1/10。对基础平面长宽比大于4 的箱形基础,其纵墙水平截面面积尚不应小于箱形基础外墙外包尺寸水平投影面积的1/18。箱形基础的高度不宜小于其长度的 1/20,且不宜小于 3m。箱形基础的墙体厚度应根据实际受力情况确定,外墙厚度不应小于 300mm,内墙厚度不应小于 200mm。箱形基础底板的厚度不应小于 300mm,顶板厚度不应小于 200mm。

10.3.2　内力分析与截面设计

箱形基础的内力计算包括整体内力计算和局部内力计算。计算时应确定顶板、底板、外墙和内纵横墙的内力。内纵横墙以抗剪强度验算为主,外墙因承受土压力、水压力等作用还应满足抗弯验算要求。

箱形基础的结构设计中,基底反力的分布和形状是决定其内力的主要因素。基底反力的分布规律与地基础土的性质、基础平面形状尺寸、荷载大小及分布、上部结构刚度、地下水浮力等因素有关。对于软土地基,基底纵向反力曲线呈马鞍形,中间平缓,在接近端部附近反力最大。

当地基压缩层深度范围内的土层在竖向和水平方向都比较均匀,且上部结构为平立面布置较规则的框架、剪力墙、框架-剪力墙结构时,顶板、底板整体弯曲的影响较小,可不考虑整体弯曲,仅需考虑局部弯曲作用。计算底板承载力时应扣除基础自重和填土重量,即按净反力计算,而顶板的荷载应按实际情况考虑。当地下水位于基底以上时,还应考虑地下水浮力的作用。当不满足上述条件时,应考虑箱形基础整体弯矩作用。箱形基础底板的斜截面受剪承载力应符合下式要求:

$$V_s \leqslant 0.7\beta_{hs}f_t bh_0 \tag{10-13}$$

式中　V_s——荷载效应基本组合,地基土净反力平均值产生的支座边缘处的剪力设计值;

　　　b——支座边缘处的净宽;

　　　h_0——底板的有效高度。

箱形基础的内外墙,除与剪力墙连接者外,由柱根传给各片墙的竖向剪力设计值,可按与该柱相交的各片墙的刚度进行分配。

箱形基础墙洞口的上、下过梁的受剪截面应分别符合下列公式要求:

$$V_1 = \mu V + q_1 l /2 \leqslant 0.25 f_c A_1 \tag{10-14}$$

$$V_2 = (1 - \mu) V + q_2 l /2 \leqslant 0.25 f_c A_2 \tag{10-15}$$

$$\mu = \frac{l}{2}\left(\frac{b_1 h_1}{b_1 h_1 + b_2 h_2} + \frac{b_1 h_1^3}{b_1 h_1^3 + b_2 h_2^3} \right) \tag{10-16}$$

式中 V_1 , V_2——分别为洞口上、下过梁的剪力设计值;

       V——洞口中点处的剪力设计值;

       μ——剪力分配系数;

    q_1 , q_2——分别作用在上、下过梁上的均布荷载设计值;

       l——洞口净宽;

   A_1 , A_2——上、下过梁的有效截面积,按图 10-11a、图 10-11b 中的阴影部分计算,并取其中较大值。

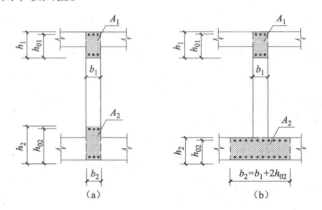

图 10-11 洞口上、下过梁的有效截面积

10.3.3 构造要求

箱形基础的顶板和底板钢筋除符合计算要求外,纵横方向支座钢筋尚应有总截面面积的 $1/3 \sim 1/2$ 贯通配置,且贯通钢筋的配筋率,纵向不应小于 0.15%,横向不应小于 0.10%。钢筋接头宜采用机械连接,若采用绑扎接头时,搭接长度应按受拉钢筋考虑。

中柱的四角钢筋应直通至基底,其余钢筋可伸至顶板底面上下 40 倍纵向钢筋直径处,边柱、角柱及与剪力墙相连的柱纵向钢筋应直通至基底。

墙体的门洞口宜设在柱间居中部位,洞边至上层柱中心的水平距离不宜小于 1.2m,洞口上过梁的高度不宜小于层高的 1/5,洞口面积也不宜大于柱距与箱形基础全高乘积的 1/6。墙体洞口周围应设置加强钢筋,洞口四周附加钢筋面积不应小于洞口内被切断钢筋面积的一半,且不少于 2ϕ16。

与高层建筑毗连的门厅等低矮裙房的基础,可采用箱形基础挑出墙或基础梁方案,挑出部分长度应小于 0.15 倍箱形基础宽度。此时应考虑挑出部分对箱形基础产生的偏心荷载的影响。挑出部分下面应填一定厚度的松散材料,或采取其他能保证外挑部分自由下沉的措施。

当箱形基础外墙设有窗井时,窗井的分隔墙应与内墙连成整体。窗井分隔墙可视作由箱形基础内墙伸出的挑梁。窗井底板按支承在箱形基础外墙和窗井分隔墙、外墙上的板计算。

10.4 桩基础

桩基础是由一根或多根在土中的桩和承接上部结构荷载的承台组成,按不同的方法,可以分成多种类型。根据桩的受力情况,可分为摩擦桩、端承桩、摩擦端承桩;按桩的施工方法,可分为预制桩和灌注桩两大类;按沉桩方法,可分为打入桩、静压桩、沉管灌注桩、钻孔灌注桩等;按桩截面形状,可分为圆形桩、方形桩、实心桩、空心桩;按材料可分为钢筋混凝土桩和钢桩,其中钢筋混凝土桩又分为预应力和非预应力两种等。

高层建筑应根据结构类型、荷载性质、桩端持力层、穿越土层、地下水位、施工设备、施工环境、施工经验、制桩材料供应等条件选择桩型和成桩工艺,可参考表 10-2 选用。

桩基础的主要设计内容如下:

①合理确定基础埋深和桩端持力层,合理布置桩位;

②确定材料强度等级;

③验算单桩竖向和水平承载力,对于群桩基础宜考虑由桩群、土、承台相互作用产生的群桩效应;

④确定承台或基础厚度,验算承台或基础受桩作用的冲切和剪切承载力;

⑤桩基沉降计算;

⑥进行承台或基础内力和配筋计算;

⑦根据计算和构造要求绘制基础平面及剖面施工图。

基础视具体情况可采用桩下独立承台,或采用桩—条形承台梁、桩筏、桩箱等形式。本节主要介绍桩基的一般计算原则及桩和承台的构造要求。

10.4.1 桩的计算

1. 轴心竖向力作用

在轴心竖向力作用下,单桩竖向承载力应满足:

$$Q_k \leqslant R_a \tag{10-17}$$

式中　　Q_k——按荷载标准组合的轴心竖向力作用下任一单桩的竖向力,$Q_k = (F_k + G_k)/n$;

　　F_k, G_k——分别为按荷载标准组合的作用于桩顶的竖向力和承台及其上土自重标准值;

　　　　　n——桩基中的桩数;

　　　　　R_a——单桩竖向承载力特征值,可通过静荷载试验确定,也可按下式估算:

$$R_a = u_p \sum q_{sia} l_i + q_{pa} A_p \tag{10-18}$$

式中　　u_p, A_p——分别为桩身周边长度和桩底端横截面面积;

　　q_{sik}, q_{pk}——分别为第 i 层土桩侧阻力特征值和桩端端阻力特征值;

　　　　　l_i——第 i 层土的厚度。

表10-2 成桩工艺选择参考表

桩类		桩身(mm)	扩大端(mm)	桩长(m)	穿越 一般黏性土及其填土	穿越 淤泥和淤泥质土	穿越 粉土	穿越 砂土	穿越 碎石土	穿越 季节性冻胀膨胀土	黄土 非自重湿陷性黄土	黄土 自重湿陷性黄土	层 中间有硬夹层	层 中间有砂夹层	层 中间有砾石夹层	桩端进入持力层 硬黏性土	桩端进入持力层 密实砂土	桩端进入持力层 碎石土	桩端进入持力层 软质岩石和风化岩石	地下水位 以上	地下水位 以下	对环境影响 振动和噪音	对环境影响 排浆	孔底有无挤密
非挤土成桩法 干作业桩	长螺旋钻孔灌注桩	300~600	—	≤12	○	×	○	☆	☆	○	○	☆	×	☆	×	○	○	×	×	○	×	无	无	无
	短螺旋钻孔灌注桩	300~800	—	≤8	○	×	○	☆	☆	○	○	○	×	☆	×	○	○	×	×	○	○	无	无	无
	钻孔扩底灌注桩	300~400	800~1200	≤5	○	×	○	×	×	○	○	☆	×	☆	×	○	○	○	×	○	×	无	无	无
	机动洛阳铲成孔灌注桩	300~500	—	≤20	○	×	☆	×	×	○	☆	☆	☆	☆	☆	○	○	×	○	○	×	无	无	无
	人工挖孔扩底灌注桩	1000~2000	1600~3000	≤30	○	×	☆	×	☆	☆	☆	☆	○	☆	○	○	○	×	○	☆	☆	无	无	无
泥浆护壁成桩法	潜水钻成孔灌注桩	500~800	—	≤50	○	☆	○	☆	☆	☆	×	×	○	○	○	○	○	☆	○	○	○	无	有	无
	反循环钻成孔灌注桩	600~1200	—	≤50	○	☆	○	☆	☆	☆	×	×	○	○	○	○	○	☆	○	○	○	无	有	无
	回旋钻成孔灌注桩	600~1200	—	≤50	○	☆	○	☆	☆	☆	×	×	○	○	○	○	○	☆	○	○	○	无	有	无
	机挖异型灌注桩	400~600	—	≤12	○	☆	☆	☆	☆	☆	☆	☆	☆	☆	☆	○	○	☆	☆	☆	☆	无	有	无
	钻孔扩底灌注桩	600~1200	1000~1600	≤20	○	☆	☆	☆	☆	☆	×	×	☆	☆	☆	○	○	☆	☆	○	○	无	有	无
套管护壁桩	贝诺托灌注桩	800~1600	—	≤50	○	☆	○	☆	○	☆	×	×	☆	○	○	○	○	☆	○	○	○	有	有	无
	短螺旋旋钻成孔灌注桩	300~800	—	≤12	○	☆	☆	☆	☆	☆	○	☆	☆	☆	○	○	○	☆	○	○	☆	无	无	无
	冲击成孔灌注桩	600~1200	—	≤50	○	☆	○	☆	○	☆	×	×	☆	☆	○	○	○	○	☆	○	○	有	有	无
部分挤土成桩法	钻孔压注成型灌注桩	300~1000	—	≤30	○	○	○	☆	☆	○	○	☆	☆	☆	☆	○	○	×	☆	☆	☆	无	无	无
	组合桩	≤600	—	≤30	○	○	○	☆	×	○	○	☆	○	☆	○	○	○	○	☆	○	○	有	无	无
	预钻孔打入式预制桩	≤500	—	≤30	○	○	○	☆	×	○	○	○	☆	☆	☆	○	○	☆	☆	○	○	有	无	有

成桩方法	类	桩身(mm)	扩大端(mm)	桩长(m)	穿越土层											桩端进入持力层				地下水位		对环境影响		
					一般黏性土及其填土	淤泥和淤泥质土	粉土	砂土	碎石土	季节性冻土膨胀土	非自重湿陷性黄土	自重湿陷性黄土	中间有硬夹层	中间有砂夹层	中间有砾石夹层	硬黏性土	密实砂土	碎石土	软质岩石和风化岩石	以上	以下	振动和噪音	排浆	孔底有无挤密
部分挤土成桩法	混凝土管桩	≤600	—	≤50	○	○	○	☆	×	☆	○	☆	☆	☆	☆	○	○	○	☆	○	○	有	无	有
	H型钢桩	600~900	—	≤50	○	○	○	○	○	☆	×	×	○	○	○	☆	☆	○	○	○	○	有	无	无
	敞口钢管桩	600~900	—	≤50	○	○	○	☆	☆	☆	○	○	○	☆	○	○	○	○	○	○	○	有	无	有
挤土灌注桩	振动沉管灌注桩	270~400	—	≤20	○	○	☆	☆	×	☆	○	☆	☆	☆	×	○	○	○	○	○	○	有	无	有
	锤击沉管灌注桩	300~500	—	≤24	○	○	☆	☆	×	☆	○	☆	☆	☆	☆	○	☆	○	○	○	○	有	无	有
	锤击振动沉管灌注桩	270~400	—	≤20	○	○	☆	☆	☆	☆	☆	☆	×	☆	☆	☆	☆	☆	○	○	○	有	无	有
	平底大头灌注桩	350~400	450×450~500×500	≤15	○	×	☆	×	×	☆	☆	☆	☆	☆	☆	☆	☆	☆	○	○	×	有	无	有
	沉管灌注同步桩	≤400	—	≤20	○	○	☆	☆	×	☆	☆	☆	☆	☆	×	☆	☆	○	☆	○	○	有	无	有
	夯压成型灌注桩	325,377	460~700	≤20	○	○	☆	☆	☆	☆	☆	☆	☆	☆	☆	☆	☆	☆	☆	○	○	有	无	有
	干振灌注桩	350	—	≤10	○	○	☆	☆	☆	☆	☆	☆	☆	☆	☆	☆	☆	☆	☆	○	×	有	无	无
	爆破成型灌注桩	≤350	≤1000	≤12	○	○	☆	☆	☆	☆	○	○	☆	☆	○	☆	☆	☆	☆	○	×	有	无	有
	弗兰克桩	≤600	≤1000	≤20	○	○	☆	☆	☆	☆	○	○	☆	☆	☆	☆	☆	☆	○	○	○	有	无	有
挤土预制桩	打入实心混凝土预制桩	≤500×500	—	≤50	○	○	☆	☆	☆	☆	☆	☆	☆	☆	☆	☆	☆	☆	☆	○	○	有	无	有
	闭口钢管桩,混凝土管桩	≤600	—	≤50	○	○	☆	☆	☆	☆	○	☆	☆	○	☆	☆	☆	☆	☆	○	○	有	无	有
	静压桩	100×100	—	≤40	○	○	☆	☆	×	☆	○	☆	☆	☆	☆	×	○	×	×	○	○	无	无	有

注：表中符号"○"表示比较合适，"☆"表示可能采用，"×"表示不宜采用。

2. 偏心竖向力作用

在偏心竖向力作用下,单桩竖向承载力除平均值应满足式(10-17)外,单桩竖向力最大值 $Q_{i\,k\max}$ 还应满足:

$$Q_{i\,k\max} \leqslant 1.2R_a \tag{10-19}$$

$$Q_{ik} = \frac{F_k + G_k}{n} \pm \frac{M_{xk}y_i}{\sum y_i^2} \pm \frac{M_{yk}x_i}{\sum x_i^2} \tag{10-20}$$

式中　M_{xk}, M_{yk}——分别为按荷载标准组合的承台底面通过群桩形心的 x、y 轴的力矩;

　　　　x_i, y_i——第 i 根桩至群桩形心的 y、x 轴线的距离。

3. 水平力作用

在水平力作用下,单桩承载力应满足:

$$H_{ik} \leqslant R_{Ha} \tag{10-21}$$

式中　H_{ik}——按荷载标准组合的水平力作用下任一单桩的水平力,$H_{ij} = H_k/n$;

　　　　H_k——按荷载标准组合的作用于桩顶的水平力标准值;

　　　　R_{Ha}——单桩水平承载力特征值。

10.4.2　桩和承台构造

布桩时,宜使各桩承台承载力合力点与相应竖向永久荷载合力作用点重合,并使桩基在水平力产生的力矩较大方向有较大的抵抗矩。桩的中心距不应小于 3 倍桩直径或边长,扩底桩中心距不应小于扩底直径的 1.5 倍,且两个扩大头之间的净距不宜小于 1m。当柱距较小时,布置独立承台可能使桩间距不满足要求,此时可以布置双柱或多柱的联合承台,且应使群桩的形心与多柱的永久荷载中心尽量重合。

应选择较硬土层为桩端持力层。桩端全截面进入持力层的深度,对于黏性土、粉土不宜小于 $2d$(d 为桩径);砂土不宜小于 $1.5d$;碎石类土不宜小于 $1d$。当桩底存在软弱下卧层时,桩基以下硬持力层厚度不宜小于 $4d$。

抗震设计时,桩进入碎石土、砾砂、粗砂、中砂、密实粉土、坚硬黏性土的深度尚不应小于 $0.5m$,对其他非岩类土尚不应小于 $1.5m$。

为保证桩与承台的整体性及水平力和弯矩可靠传递,桩顶嵌入承台的长度,对大直径桩不宜小于 100mm,对中小直径的桩不宜小于 50mm。

桩身混凝土强度等级,预制桩不应低于 C30,灌注桩不应低于 C20,预应力桩不应低于 C40。桩身截面的最小配筋率,打入式预制桩不宜小于 0.8%,静压预制桩不宜小于 0.6%,灌注桩不宜小于 0.20%~0.65%(小直径桩取大值)。受水平荷载和弯矩较大的桩,配筋长度应通过计算确定,且桩径大于 600mm 的钻孔灌注桩不宜小于桩长的 2/3。对于坡地岸边的桩、端承桩、嵌岩桩、8 度及 8 度以上地震区的桩,桩身应通长配筋。

承台的宽度不应小于 500mm。边桩中心至承台边缘的距离不宜小于桩的直径或边长,且桩的外边缘至承台边缘的距离不应小于 150mm。对于条形承台梁,桩的外边缘至承台边缘的距离不小于 75mm。承台的最小厚度不应小于 300mm。承台钢筋的直径不宜小于 10mm,间距不宜大于 200mm;承台梁主筋直径不宜小于 12mm,架立筋不宜小于 10mm,箍筋直径不宜小于 6mm。为保证水平传力的可靠,承台和地下室周围的回填土应密实。

对于单桩承台,应在两个相互垂直的方向设连系梁。对于两桩承台,应在承台短向设连系梁,但有抗震设防要求的建筑也应在两方向设连系梁。连系梁的高度可取相邻承台中心距的 1/10～1/15,上下纵向钢筋均不宜少于 2 ϕ 12,且应按受拉钢筋要求锚入承台内,箍筋直径不小于 8mm,间距不大于 300mm。

第 11 章 结构施工图平面整体表示方法

11.1 结构计算合理性分析

高层建筑结构布置复杂,构件很多,计算后数据输出量很大,如何对计算结果进行分析是非常重要的问题。我们必须根据工程设计的经验,对计算结果进行分析、判断,根据其正确与否,来判断计算模型简化是否合理,输入数据是否正确,从而决定该结果能否作为施工图设计的依据。计算合理性分析是结构设计的最后环节,也是绘制施工图前的必须工作。计算合理性分析包括整体分析结果的合理性判断和构件设计结果的合理性判断。

11.1.1 整体分析结果的合理性判断

在计算机和计算机软件广泛应用的条件下,除了要选择使用可靠的计算机软件外,还应对软件产生的计算结果从力学概念和工程经验等方面加以分析判断,确认其合理性和可靠性。

1. 规则性判断

根据表 3-3、表 3-4 和表 3-5,估计建筑的抗震性能,区分规则、不规则、特别不规则和严重不规则等程度,确定结构的薄弱环节和薄弱部位,在施工图设计阶段采取相应的构造措施。

2. 结构应有适宜的刚度

结构刚度过大,不经济;刚度过小,侧移大,结构应有适宜的刚度。结构刚度是否适宜,体现在结构侧移、自振周期、水平地震剪力系数及框剪结构中剪力墙数量等指标是否合理。根据实际工程的统计,上述指标有一个合理的范围,供结构设计参考。

(1)侧移

在正常使用条件下,要求高层建筑结构应具有足够的刚度,避免产生过大的位移而影响结构的承载力、稳定性和使用要求,即对水平位移应加以限制。首先,楼层层间最大位移与层高之比应满足表 5-2 的限值要求。水平位移满足限值要求是合理设计的必要条件,但不是充分条件。根据我国实际工程统计,大部分工程层间侧移小于 $\frac{1}{1000}$。所以,在设计时,框架结构的侧移控制在 $\frac{1}{800}$ 之内,框架-剪力墙结构的侧移控制在 $\frac{1}{1000}$ 之内。

(2)自振周期

抗震设计时,地震作用大小与刚度直接相关,当刚度过小,由于地震作用也小,所以位移也有可能在限值范围内,此时并不能认为结构合理,因为它的周期长、地震作用太小,并不安全,因为此时可能由速度谱或位移谱控制。对于比较正常的工程设计,其不考虑折减的计算自振周期大概在下列范围内:

框架结构:$T_1 = (0.12 \sim 0.15)n$

框架-剪力墙结构和框架-筒体结构:$T_1 = (0.06 \sim 0.12)n$

剪力墙结构和筒体结构：$T_1 = (0.04 \sim 0.06)n$

式中　n——建筑物层数。

第二振型及第三振型的周期近似为：$T_2 \approx \left(\dfrac{1}{3} \sim \dfrac{1}{5}\right)T_1$；$T_3 \approx \left(\dfrac{1}{5} \sim \dfrac{1}{7}\right)T_1$。

如果计算结果偏离上述数值太远，应考虑工程中构件截面是否太大、太小，剪力墙数量是否合理，应适当予以调整。反之，如果构件截面尺寸、结构布置都正常，无特殊情况而偏离太远，则应检查输入数据是否有错误。

以上的判断是根据平移振动（质点系）振型分解方法提出的。考虑扭转耦连振动（刚片系）时，应采用与平移振动对应的振型进行上述比较。

（3）水平地震剪力系数（剪重比）

抗震验算时，结构任一楼层的水平地震剪力应符合下式要求：

$$V_{EKi} > \lambda \sum_{j=1}^{n} G_j \tag{11-1}$$

式中　λ——水平地震剪力系数，$\lambda = V_{EKi} \bigg/ \displaystyle\sum_{j=1}^{n} G_j$；

　V_{EKi}——第 i 层对应于水平地震作用标准值的剪力；

　G_j——第 j 层的重力荷载代表值；

　n——结构计算总层数。

根据式（11-1）可知水平地震剪力系数是水平地震剪力与重力荷载代表值之比，故又称之为"剪重比"。下面以底部剪力法为例，说明水平地震剪力系数（剪重比）的含义。当采用底部剪力法计算地震作用时，首层对应于水平地震作用标准值的剪力为：

$$V_{EK1} = 0.85 \left(\frac{T_g}{T}\right)^{0.9} \alpha_{\max} \sum_{j=1}^{n} G_j \tag{11-2}$$

首层水平地震剪力系数（剪重比）：

$$\lambda = \frac{V_{EK1}}{\displaystyle\sum_{j=1}^{n} G_j} = 0.85 \left(\frac{T_g}{T}\right)^{0.9} \alpha_{\max} \tag{11-3}$$

由式（11-3）可见，在抗震设防烈度和场地类别一定的情况下，水平地震剪力系数（剪重比）的大小取决于结构自振周期。根据目前许多工程的计算结果，截面尺寸、结构布置都是比较正常的结构，其底部剪力在一定的范围内变化，表 11-1 给出了底部水平地震剪力系数（剪重比）的合理范围和楼层最小值（$\lambda_{\min}$）。

表 11-1　适宜的水平地震剪力系数（剪重比）

设防烈度	设计基本加速度	场地类别	λ 值（底部）的合理范围	$\lambda_{\min}$
7 度	0.10g	Ⅱ	0.017～0.034	0.016
		Ⅲ	0.02～0.042	
	0.15g	Ⅱ	0.026～0.051	0.024
		Ⅲ	0.033～0.064	

设防烈度	设计基本加速度	场地类别	λ 值(底部)的合理范围	$\lambda_{\min}$
8 度	0.20g	Ⅱ	0.034~0.068	0.032
		Ⅲ	0.043~0.085	
	0.30g	Ⅱ	0.052~0.100	0.040
		Ⅲ	0.065~0.130	

在合理范围内,层数多、刚度小时,偏于较小值;层数少、刚度大时,偏于较大值。当其他烈度和场地类型时,相应调整此数值。

当计算的底部剪力偏小时,宜适当加大构件截面尺寸,提高刚度,增大地震作用,以保证结构安全;反之,地震作用过大,宜适当降低刚度以求得合适的经济技术指标。

(4)框—剪结构中剪力墙数量

框—剪结构,除应满足《高层建筑混凝土结构技术规程》规定的位移限值要求外,还应考虑墙、柱刚度匹配的问题,使剪力墙与柱内力比适宜,剪力墙与柱内力比的适宜范围为:

$$\frac{M_{\mathrm{f}}}{M_{\mathrm{o}}} = 0.25 \sim 0.5 \tag{11-4}$$

$$\frac{V_{\mathrm{f}}}{V_{\mathrm{o}}} = 0.2 \sim 0.4 \tag{11-5}$$

11.1.2 构件设计结果的合理性判断

构件设计结果的合理性主要体现在以下四个方面:

1. 构件截面尺寸大小

构件截面尺寸在满足整体结构刚度(侧移)要求的前提下,还应考虑截面尺寸对构件受力性能的影响,选择合理的构件截面尺寸。例如为避免构件发生脆性受剪破坏,一般要求框架梁的净跨与截面高度之比不宜小于 4;柱的剪跨比不宜大于 2,即控制构件截面尺寸不宜太大。但为保证框架柱具有良好的延性,要求柱的截面尺寸不应太小,应满足轴压比的限值要求(表 11-2)。

表 11-2　构件截面及配筋超限指标

构件	超限指标	指标限值与要求	验算目的	备注
框架梁	梁端压区高度 x 超限	$x \leqslant 0.25h_0$(一级框架梁) $x \leqslant 0.30h_0$(二、三级框架梁)	保证梁有足够延性系数	按双筋梁计算压区高度
	梁端最大配筋率超限	$\rho_{\max} = 2.5\%$	防止超筋破坏	宜按实配值计算
	剪压比超限	跨高比>2.5 时,$V \leqslant 0.20f_c bh_0/\gamma_{\mathrm{RE}}$ 跨高比≤2.5 时,$V \leqslant 0.15f_c bh_0/\gamma_{\mathrm{RE}}$	防止斜压破坏	超限表示梁抗剪截面不够
	剪扭超限	$V/(b \times h_0) + T/(0.85W_{\mathrm{t}}) \leqslant 0.25f_c$		超限表示梁抗剪扭截面不够

构件	超限指标	指标限值与要求	验算目的	备注
框架柱	轴压比超限	轴压比 $\frac{N}{A_c f_c}$ 应小于允许轴压比	保证柱有良好的延性	允许轴压比与抗震等级有关
	最大配筋率超限	全部纵筋最大配筋率为 5% 剪跨比≤2 时,单边纵筋最大配筋率为 1.2%		
	剪压比超限	剪跨比>2 时,$V \leqslant 0.20 f_c b h_0 / \gamma_{RE}$ 剪跨比≤2 时,$V \leqslant 0.15 f_c b h_0 / \gamma_{RE}$	防止斜压破坏	超限表示梁抗剪截面不够
剪力墙	最大配筋率超限	墙肢一端暗柱配筋率≤1.2%,或 按柱配筋时全截面配筋率≤4%		
	剪压比超限	剪跨比>2.5 时,$V \leqslant 0.20 f_c b_w h_{w0} / \gamma_{RE}$ 剪跨比≤2.5 时,$V \leqslant 0.15 f_c b_w h_{w0} / \gamma_{RE}$	保证剪力墙有良好的延性	
	轴压比超限	轴压比 $\frac{N}{A_c f_c}$ 应小于允许轴压比	保证剪力墙有良好的延性	只验算底部加强部位

2. 纵向受力钢筋数量

纵向受力钢筋数量应满足最大和最小配筋率要求,在程序计算结果中已考虑并满足最小配筋率要求,所以,只需判断纵筋是否满足最大配筋率要求(表 11-2)。

3. 斜截面受力的合理性

防止构件发生斜压破坏,应控制构件的剪压比(表 11-2)。

4. 没有计算的附加应力大小

在结构整体分析时,对实际整体结构作了必要的简化和假定。这将使得实际存在于结构构件中的某些应力,无法通过计算得到。此外,温度应力和地基不均匀沉降引起的应力,也无法通过计算准确定量确定。这些没有计算的应力对结构的影响,只有通过概念判断和构造措施加以考虑。

设计较正常的结构,一般而言不应有太多的超限截面(构件截面及配筋超限指标如表11-2所示),基本上应符合以下规律:

(1)柱、墙的轴力设计值绝大部分为压力;

(2)柱、墙大部分为构造配筋;

(3)梁基本上无超筋;

(4)除个别墙段外,剪力墙符合截面抗剪要求;

(5)梁截面抗剪不满足要求、抗扭超限截面不多。

符合上述五项要求,可以认为计算结果大体正常,可以在工程设计中应用。

11.2 结构施工图的主要内容

结构施工图是用来表达结构工程师对房屋结构设计、计算结果的专业设计文件,是具有法律意义的施工依据性文件。结构专业施工图一般应包括图纸目录、设计说明、基础平面图及基础详图、结构平面图、现浇梁、板、柱及墙等详图、楼梯图、节点构造详图等。

11.2.1 结构设计总说明

每一单项工程应编写一份结构设计说明,对多子项工程宜编写统一的结构施工图设计总说明。若为简单的小型单项工程,则设计总说明中的内容可分别写在基础平面图和各层结构平面图上。结构设计总说明一般包括下列主要内容:

(1)本工程设计的主要依据(①采用的主要标准及法规;②地质勘察报告及主要内容;③批准的方案设计文件等)。

(2)设计±0.000 标高对应的绝对标高。

(3)图纸中标高、尺寸单位。

(4)建筑结构的安全等级和设计使用年限,环境类别及混凝土结构的耐久性要求。

(5)建筑场地类别、地基的液化等级、建筑抗震设防类别、抗震设防烈度(设计基本地震加速度值及设计地震分组)、抗震等级。

(6)人防工程抗力等级。

(7)扼要说明地基概况,不良地基处理措施及技术要求、抗液化措施及要求、地基土的冻土深度,地基基础的设计等级。

(8)采用的设计活荷载,包括风荷载、雪荷载、楼屋面允许使用荷载、特殊部位的最大使用荷载标准值。

(9)所选用材料的品种、规格、性能及相应的产品标准。

(10)上部结构:①各构件材料;②保护层厚度;③锚固长度,搭接长度,搭接方法。

(11)采用的标准图集。

(12)通用做法。

(13)施工要求。

11.2.2 基础平面图及基础详图

1.基础平面图

基础平面图的具体内容为:

(1)给出定位轴向、基础构件(包括承台、基础梁等)的位置、尺寸、底标高、构件编号,基础底标高不同时,应绘出放坡示意。

(2)标明结构承重墙、柱的位置与尺寸、编号。

(3)标明地沟、地坑和已定设备基础的平面位置、尺寸、标高,无地下室时±0.000 标高以下的预留孔与埋件的位置、尺寸、标高。

(4)提出沉降观测要求及测点布置。

(5)说明中应包括持力层及基础进入持力层的深度,地基的承载力特征值,基底及基槽回填土的处理措施与要求,以及对施工的有关要求等。

(6)桩基应绘出桩位平面位置及定位尺寸,说明桩的类型和桩顶标高、入土深度、桩端持力层及进入持力层的深度、成桩的施工要求、试桩要求和桩基的检测要求,注明单桩的允许极限承载力值。

(7)当采用人工复合地基时,应绘出复合地基的处理范围和深度,置换桩的平面布置及其材料和性能要求、构造详图;注明复合地基承载力特征值及压缩模量等有关参数和检测要求。

当复合地基另由有设计资质的单位设计时,主体设计方应明确提出对地基承载力特征值和变形值的控制要求。

2．基础详图

基础详图的具体内容为:

(1)扩展基础应绘出平、剖面及配筋、基础垫层,标注总尺寸、分尺寸、标高及定位尺寸等。

(2)桩基应绘出承台梁剖面或承台板平面、剖面、垫层、配筋,标注总尺寸、分尺寸、标高及定位尺寸,桩构造详图(可另图绘制)及桩与承台的连接构造详图。

(3)筏形基础、箱形基础可参照现浇楼面梁、板详图的方法表示,但应绘出承重墙、柱的位置。当要求设后浇带时应表示其平面位置并绘制构造详图。对箱形基础和地下室基础,应绘出钢筋混凝土墙的平面、剖面及其配筋,当预留孔洞、预埋件较多或复杂时,可另绘制墙的模板图。

(4)基础梁可参照现浇楼面梁详图方法表示。

(5)附加说明基础材料的品种、规格、性能、抗渗等级、垫层材料、钢筋保护层厚度及其他对施工的要求。

11.2.3 结构平面图

现浇楼板的配筋详图可直接表示在结构平面图上,一般建筑的结构平面图,均应有各层结构平面图及屋面结构平面图,结构平面图的具体内容(参见图 11-9b)一般包括:

(1)注明图纸名称及绘图比例。

(2)绘出定位轴线及梁、柱、承重墙等定位尺寸,并注明其编号和楼层标高。

(3)注明现浇板编号、板厚、板面标高、配筋(亦可另绘放大比例的配筋图,必要时应将现浇楼面模板图和配筋图分别绘制),标高或板厚变化处绘局部剖面,有预留孔、埋件、已定设备基础时应示出规格与位置,洞边加强措施,当预留孔、埋件、设备基础复杂时亦可放大另绘。

(4)有圈梁时应注明位置、编号、标高,可用小比例绘制单线平面示意图。

(5)楼梯间可绘斜线注明编号与所在详图号。

(6)电梯间应绘制机房结构平面布置(楼面与屋面)图,注明梁板编号、板的厚度与配筋、预留洞大小与位置、板面标高及吊钩平面位置与详图。

(7)屋面结构平面布置图内容与楼层平面类同,当结构找坡时应标注屋面板的坡度、坡向、坡向起终点处的板面标高,当屋面上有留洞或其他设施时应绘出其位置、尺寸与详图,女儿墙或女儿墙构造柱的位置、编号及详图。

(8)当选用标准图中节点或另绘节点构造详图时,应在平面图中注明详图索引号。

11.2.4 现浇梁、柱及墙详图

现浇梁、柱及墙详图应绘出:

(1)纵剖面、长度、定位尺寸、标高及配筋、梁和板的支座;

(2)横剖面、定位尺寸、断面尺寸、配筋;

(3)需要时可增绘墙体立面;

(4)钢筋较复杂不易表示清楚时,宜将钢筋分离绘出;

(5)对构件受力有影响的预留洞、预埋件,应注明其位置、尺寸、标高、洞边配筋及预埋件编号等;

(6)曲梁或平面折线梁宜增绘平面图,必要时可绘展开详图;

(7)一般现浇结构的梁、柱、墙可采用"平面整体表示法"绘制,标注文字较密时,纵、横向梁宜分两幅平面绘制。

11.2.5　节点构造详图及楼梯图

1．对于现浇钢筋混凝土结构应绘制节点构造详图(可采用标准设计通用详图集)。

2．预制装配式结构的节点,梁、柱与墙体锚拉等详图应绘出平、剖面,注明相互定位关系,构件代号、连接材料、附加钢筋(或埋件)的规格、型号、性能、数量,并注明连接方法以及对施工安装、后浇混凝土的有关要求等。

3．楼梯图应绘出每层楼梯结构平面布置及剖面图,注明尺寸、构件代号、标高;梯梁、梯板详图(可用列表法绘制)。

11.3　施工图平面整体表示方法

11.3.1　平法施工图及其主要内容

目前,建筑结构施工图的表示方法分为传统表示方法和平面整体表示方法。实际工程中多采用平面整体表示方法。

建筑结构施工图传统的表示方法是首先把结构构件整体直接表达在各类构件的结构平面布置图上,再把结构构件的尺寸和配筋等直观绘制并标注在结构构件纵、横剖面图上,如图11-1a所示。

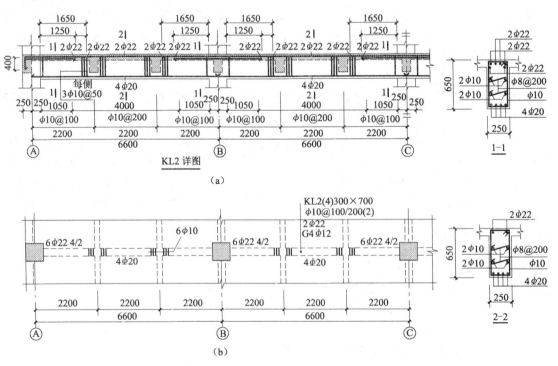

图 11-1　施工图表示方法示例

(a)传统表示方法;(b)平面整体表示方法

244

建筑结构施工图平面整体表示方法(简称平法)的表达形式,概括来讲,是把结构构件的尺寸和配筋等,按照平面整体表示方法、制图规则,整体直接表达在各类构件的结构平面布置图上,再与标准构造详图相配合,即构成一套新型完整的结构设计,如图11-1b所示,采用平面整体表示方法绘制的施工图称为平法施工图,与传统表示方法相比平面整体表示方法具有如下优点:

(1)对施工、监理人员而言,更加标准化。

(2)对设计人员而言,减少了大量绘图工作。

(3)施工图与标准构造详图相配合使用,保证了结构构造的设计标准化和施工的定型统一化。

平法施工图的主要内容包括现浇混凝土柱、墙、梁详图和现浇混凝土楼梯详图。《混凝土结构施工图平面整体表示方法制图规则和构造详图》03G101—1(简称03G101—1图集)是绘制现浇混凝土柱、墙、梁平法施工图的依据,03G101—1图集包括常用的现浇混凝土柱、墙、梁三种构件的平法制图规则和标准构造详图两大部分内容;《混凝土结构施工图平面整体表示方法制图规则和构造详图》03G101—2(简称03G101—2图集)是绘制现浇混凝土楼梯平法施工图的依据,03G101—2图集包括现浇混凝土楼梯的平法制图规则和标准构造详图两大部分内容。

11.3.2 柱平法施工图

柱平法施工图是在柱平面布置图上,采用列表注写方式或截面注写方式表达。柱平面布置图,可采用适当比例单独绘制,也可与剪力墙平面布置图合并绘制。在柱、剪力墙平法施工图中,应注明各结构层的楼面标高、结构层高及相应的结构层号。

1. 列表注写方式

列表注写方式,是在柱、剪力墙平面布置图上(一般需采用适当比例绘制一张柱、剪力墙平面布置图,包括框架柱、框支柱、梁上柱、剪力墙上柱),分别从同一编号的柱中选择一个或几个截面标注几何参数代号;在柱表中注写柱号、柱段起止标高、几何尺寸(含柱截面对轴线的偏心情况)与配筋的具体数值,并配以各种柱截面形状及其箍筋类型图的方式,来表达柱的平法施工图(图11-2)。详细内容参见03G101—1图集。

2. 截面注写方式

截面注写方式,是在分标准层绘制的柱平面布置图的柱截面上,分别从同一编号的柱中选择一个截面,直接注写柱截面尺寸和配筋具体数值的方式来表达柱的平法施工图(图11-3)。

具体表示方式是对芯柱之外的所有柱截面按03G101—1图集规定进行编号,从相同编号的柱中选择一个截面,按另一种比例原位放大绘制柱截面配筋图,并在各配筋图上继其编号后,再注写截面尺寸$b \times h$、角筋或全部纵筋、箍筋的具体数值,以及在柱截面配筋图上标注柱截面配筋与轴线关系b_1、b_2和h_1、h_2的具体数值。详细注写方式和内容参见03G101—1图集。

11.3.3 剪力墙平法施工图

剪力墙平法施工图是在剪力墙平面布置图上采用列表注写方式或截面注写方式表达。剪力墙平面布置图,可采用适当比例单独绘制,也可与柱或梁平面布置图合并绘制。当剪力墙较复杂时或采用截面注写方式时,应按标准层分别绘制剪力墙平面布置图。在剪力墙平法施工图中,应注明各结构层的楼面标高、结构层高及相应的结构层号。对于轴线未居中的剪力墙(包括端柱),应标注其偏心定位尺寸。

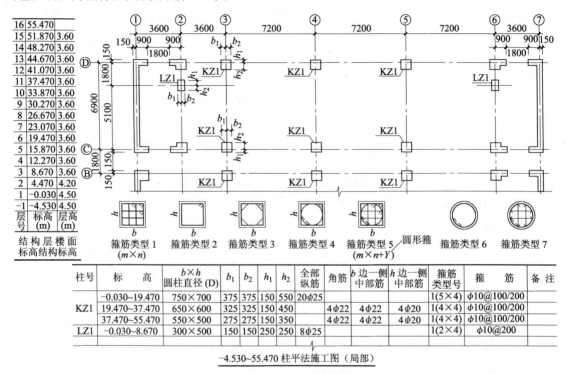

柱号	标　　高	b×h 圆柱直径(D)	b₁	b₂	h₁	h₂	全部纵筋	角筋	b边一侧中部筋	h边一侧中部筋	箍筋类型号	箍　　筋	备注
KZ1	-0.030~19.470	750×700	375	375	150	550	20Φ25				1(5×4)	φ10@100/200	
	19.470~37.470	650×600	325	325	150	450		4Φ22	4Φ22	4Φ20	1(4×4)	φ10@100/200	
	37.470~55.470	550×500	275	275	150	350		4Φ22	4Φ22	4Φ20	1(4×4)	φ10@100/200	
LZ1	-0.030~8.670	300×500	150	150	250	250	8Φ25				1(2×4)	φ10@200	

-4.530~55.470柱平法施工图（局部）

图 11-2　柱平法施工图列表注写方式示例

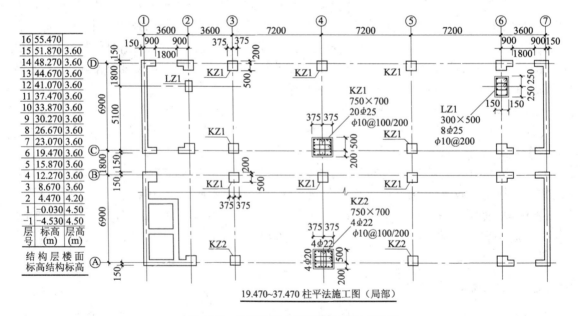

19.470~37.470柱平法施工图（局部）

图 11-3　柱平法施工图截面注写方式示例

246

1. 列表注写方式

剪力墙可视为由剪力墙柱、剪力墙身和剪力墙梁三类构件构成。列表注写方式,是分别在剪力墙柱表、剪力墙身表和剪力墙梁表中,对应于剪力墙平面布置图上的编号,用绘制截面配筋图并注写几何尺寸与配筋具体数值,来表达剪力墙的平法施工图(图11-4)。详细内容参见03G101—1图集。

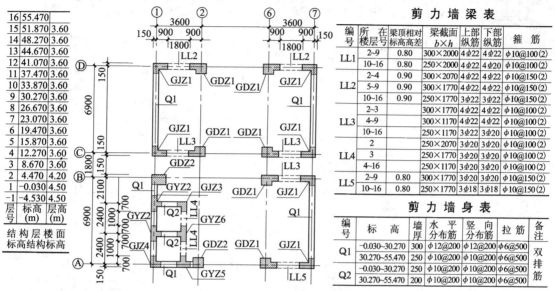

剪力墙梁表

编号	所在楼层号	梁顶相对标高高差	梁截面 $b \times h$	上部纵筋	下部纵筋	箍筋
LL1	2~9	0.80	300×2000	4Φ22	4Φ22	Φ10@100(2)
	10~16	0.80	250×2000	4Φ22	4Φ22	Φ10@100(2)
LL2	2~4	0.90	300×2070	4Φ22	4Φ22	Φ10@150(2)
	5~9	0.90	300×1770	4Φ22	4Φ22	Φ10@150(2)
	10~16	0.90	250×1770	3Φ22	4Φ22	Φ10@150(2)
LL3	2~3		300×1770	4Φ22	4Φ22	Φ10@100(2)
	4~9		300×1170	4Φ22	4Φ22	Φ10@100(2)
	10~16		250×1170	3Φ22	3Φ20	Φ10@100(2)
LL4	2		250×2070	3Φ20	3Φ20	Φ10@100(2)
	3		250×1770	3Φ20	3Φ20	Φ10@100(2)
	4~16		250×1170	3Φ20	3Φ20	Φ10@100(2)
LL5	2~9	0.80	300×1770	3Φ20	3Φ20	Φ10@150(2)
	10~16	0.80	250×1770	3Φ18	3Φ18	Φ10@150(2)

剪力墙身表

编号	标高	墙厚	水平分布筋	竖向分布筋	拉筋	备注
Q1	-0.030~30.270	300	Φ12@200	Φ12@200	Φ6@500	双排筋
	30.270~55.470	250	Φ10@200	Φ10@200	Φ6@500	
Q2	-0.030~30.270	250	Φ10@200	Φ10@200	Φ6@500	
	30.270~55.470	200	Φ10@200	Φ10@200	Φ6@500	

16	55.470	
15	51.870	3.60
14	48.270	3.60
13	44.670	3.60
12	41.070	3.60
11	37.470	3.60
10	33.870	3.60
9	30.270	3.60
8	26.670	3.60
7	23.070	3.60
6	19.470	3.60
5	15.870	3.60
4	12.270	3.60
3	8.670	3.60
2	4.470	4.20
1	-0.030	4.50
-1	-4.530	4.50
层号	标高(m)	层高(m)

结构层楼面标高结构标高

−4.530~55.470 剪力墙平法施工图

剪力墙柱表

编号	GDZ1			GDZ2			GDZ4		
截面									
标高	-0.030~8.670	8.670~30.270	(30.270~55.470)	-0.030~8.670	8.670~30.270	30.270~55.470	-0.030~8.670	8.670~30.270	30.270~55.470
纵筋	22Φ22	22Φ22	(22Φ18)	12Φ25	12Φ22	12Φ20	16Φ22	(16Φ20)	(16Φ18)
箍筋	Φ10@100	Φ10@100/200	(Φ10@100/200)	Φ10@100	Φ10@100/200	Φ10@100/200	Φ10@100	(Φ10@150)	(Φ10@150)

编号	GJZ1			GYZ2			GJZ3		
截面									
标高	-0.030~8.670	8.670~30.270	(30.270~55.470)	-0.030~8.670	8.670~30.270	(30.270~55.470)	-0.030~8.670	8.670~30.270	(30.270~55.470)
纵筋	24Φ20	24Φ18	(22Φ16)	20Φ20	20Φ18	(20Φ18)	20Φ20	20Φ18	(20Φ18)
箍筋	Φ10@100	Φ10@150	(Φ10@150)	Φ10@100	Φ10@150	(Φ10@150)	Φ10@100	Φ10@150	(Φ10@150)

−4.530~55.470 剪力墙平法施工图(部分剪力墙柱表)

图11-4 剪力墙平法施工图列表注写方式示例

247

2.截面注写方式

截面注写方式即为原位注写方式,是在分标准层绘制的剪力墙平面布置图上,以直接在墙柱、墙身、墙梁上注写截面尺寸和配筋具体数值的方式,来表达剪力墙的平法施工图(图11-5)。

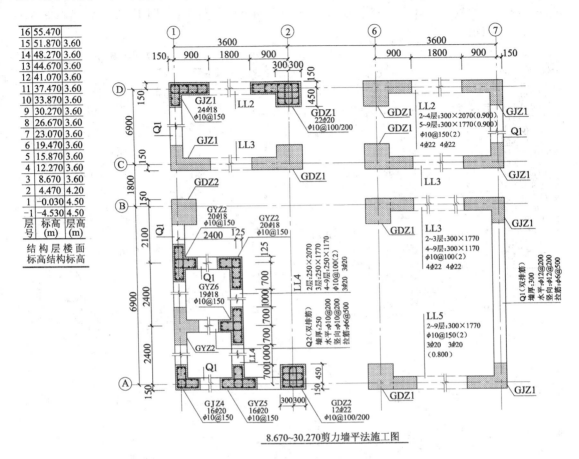

图 11-5 剪力墙平法施工图截面注写方式示例

具体表示方式是选用适当比例原位放大绘制剪力墙平面布置图,其中对墙柱绘制配筋截面图;对所有墙柱、墙身、墙梁分别按03G101—1图集的相关规定进行编号,并分别从相同编号的墙柱、墙身、墙梁中选择一根墙柱、一道墙身、一根墙梁进行注写,详细注写方式和注写内容参见03G101—1图集。

11.3.4 梁平法施工图

梁平法施工图是在梁平面布置图上,采用平面注写方式或截面注写方式表达。梁平面布置图,应分别按梁的不同结构层(标准层),将全部梁和与其相关联的柱、墙、板一起采用适当比例绘制。在梁平法施工图中,应注明各结构层的顶面标高及相应的结构层号。对于轴线不居中的梁,应标注其偏心定位尺寸(贴柱边的梁可以不注)。

1.平面注写方式

平面注写方式,是在梁平面布置图上,分别从不同编号的梁中各选一根梁,在其上注写截面尺寸和配筋具体数值的方式,来表达梁的平法施工图。

248

平面注写包括集中标注与原位标注,集中标注表达梁的通用数值,原位标注表达梁的特殊数值。当集中标注的某项数值不适用于梁的某部位时,则将该项数值原位标注,施工时,原位标注取值优先(图 11-6)。

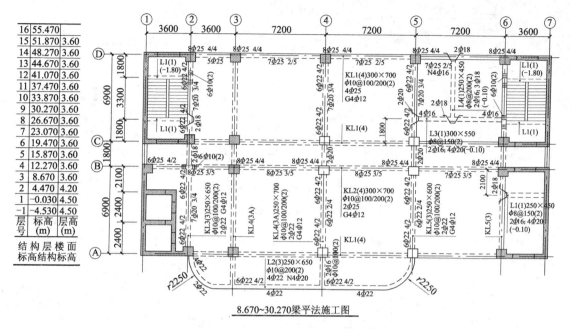

图 11-6　梁平法施工图平面注写方式示例

　　梁集中标注的内容:①梁编号及跨数;②梁截面尺寸;③梁箍筋;④梁上部通长筋或架立筋配置;⑤梁侧面纵向构造钢筋或受扭钢筋配置。

　　梁原位标注的内容:①梁支座上部纵筋;②梁下部纵筋;③附加箍筋或吊筋。

2.截面注写方式

　　截面注写方式,是在分标准层绘制的梁平面布置图上,分别从不同编号的梁中各选择一根梁用剖面号引出配筋图,并在其上注写截面尺寸和配筋具体数值的方式,来表达梁的平法施工图。截面注写方式既可以单独使用,也可以与平面注写方式结合使用。

　　具体表示方式是对所有的梁编号,从相同编号的梁中选择一根梁,先将"单边截面号"画在该梁上,再将截面配筋详图画在本图或其他图上,在截面配筋详图上注写截面尺寸 $b \times h$、上部筋、下部筋、侧面构造筋或受扭筋、以及箍筋的具体数值时,其表达形式与平面注写方式相同(图 11-7)。

11.3.5　现浇混凝土板式楼梯平法施工图

　　板式楼梯平法施工图(以下简称楼梯平法施工图)是在楼梯平面布置图上,采用平面注写方式(图 11-8)。楼梯平面布置图,应按照楼梯标准层,采用适当比例集中绘制,或按标准层与相应标准层的梁平法施工图一起绘制在同一张图上。在集中绘制的楼梯平法施工图中,按规定注明各结构层的楼面标高、结构层高及相应的结构层号。详细内容参见03G101—2 图集。

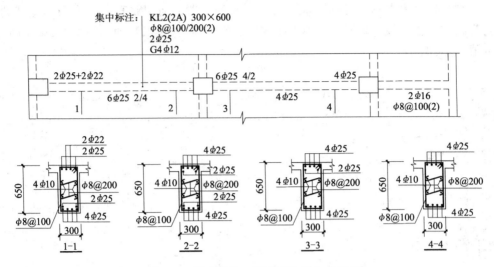

图 11-7 梁平法施工图截面注写方式示例

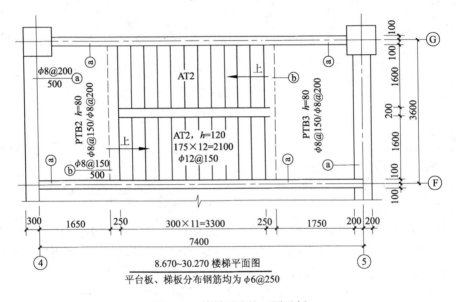

8.670~30.270 楼梯平面图

平台板、梯板分布钢筋均为 φ6@250

图 11-8 楼梯平法施工图示例

11.4 某高层建筑施工图实例

工程概况:某学生公寓,主体 14 层,总高度 49.8m,地下室一层,层高 4.2m。采用全现浇的钢筋混凝土框架-剪力墙结构体系。采用桩-筏基础。

设计使用年限为 50 年,建筑结构安全等级为二级,建筑物抗震重要性分类为丙类。建筑抗震设防烈度为 7 度,设计基本地震加速度值为 0.10g,剪力墙抗震等级为二级,框架抗震等级为三级。建筑场地类别为Ⅲ类。

图 11-9a、图 11-9b、图 11-9c、图 11-9d 分别为某高层建筑基础平面图、标准层结构平面图、梁平面表示图、柱详图示例。

250

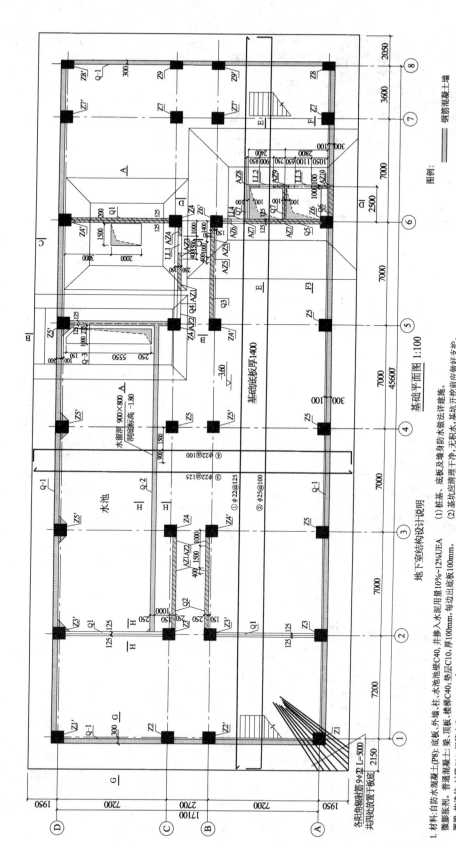

图11-9a 某建筑基础平面图

基础底板厚1400

基础平面图 1:100

地下室结构设计说明

1. 材料:自防水混凝土(P8);底板、外墙、柱、水池池壁C40,并掺入水泥用量10%~12%UEA微膨胀剂。普通混凝土:梁、顶板、楼梯C40;垫层C10,厚100mm,每边出底板300。圈梁、构造柱:过梁C20,钢筋 φ 为HPB235级,φ 为HRB335级。
2. 主筋保护层厚度:底板底筋50mm,上筋35mm;柱、梁25mm;普通端、板15mm。与水土接触的一侧墙体为25mm。
3. 基础采用桩筏基础,板厚1400mm,板顶标高-3.60m。板底顶层钢筋预留沟,沟向下弯折;抗底、沟底另加同等直径数量筋,见各详图。
4. 抗震设防烈度为七度,框架抗震等级为三级,剪力墙抗震等级为二级。
5. 地下工程施工要求:

各阳角附加筋 9 φ 22 L=500
共四处放置于板底

图例:

—————— 钢筋混凝土墙

▨▨▨ 钢筋混凝土剪力墙及暗柱

(1) 桩基、底板及墙身防水做法详建施。
(2) 基础应清理干净,无积水,基坑开挖前应做好支护。
(3) 开挖前采取可靠的降水清施,降水至槽底下1.0m。
(4) 地下室外墙四周用1.0m内应用2:8灰土分层夯实。
6. 本工程底板为大体积混凝土,施工时应连续浇筑,并应采取措施防止内外温差过大而产生裂缝。应随通长钢筋的搭接设置,底筋在拼距三等分处的中间范围内,顶筋在拼距三等分处的两分的边沿围内,搭接长度 44d, d 为钢筋直径,同一接头区段长度钢筋的搭接面积不超过总截面面积的50%,一个搭头区段指规定的搭接长度,条件许可时,优先采用焊接或机械连接。
7. 各区段通长钢筋的搭接位置,底筋在拼距三等分处截面的中间观测直至位置。
8. 施工期间及竣工后应做好沉降观测,并作详细记录。
9. 未详之处均应满足国家现行设计、施工规范、规程的规定。

251

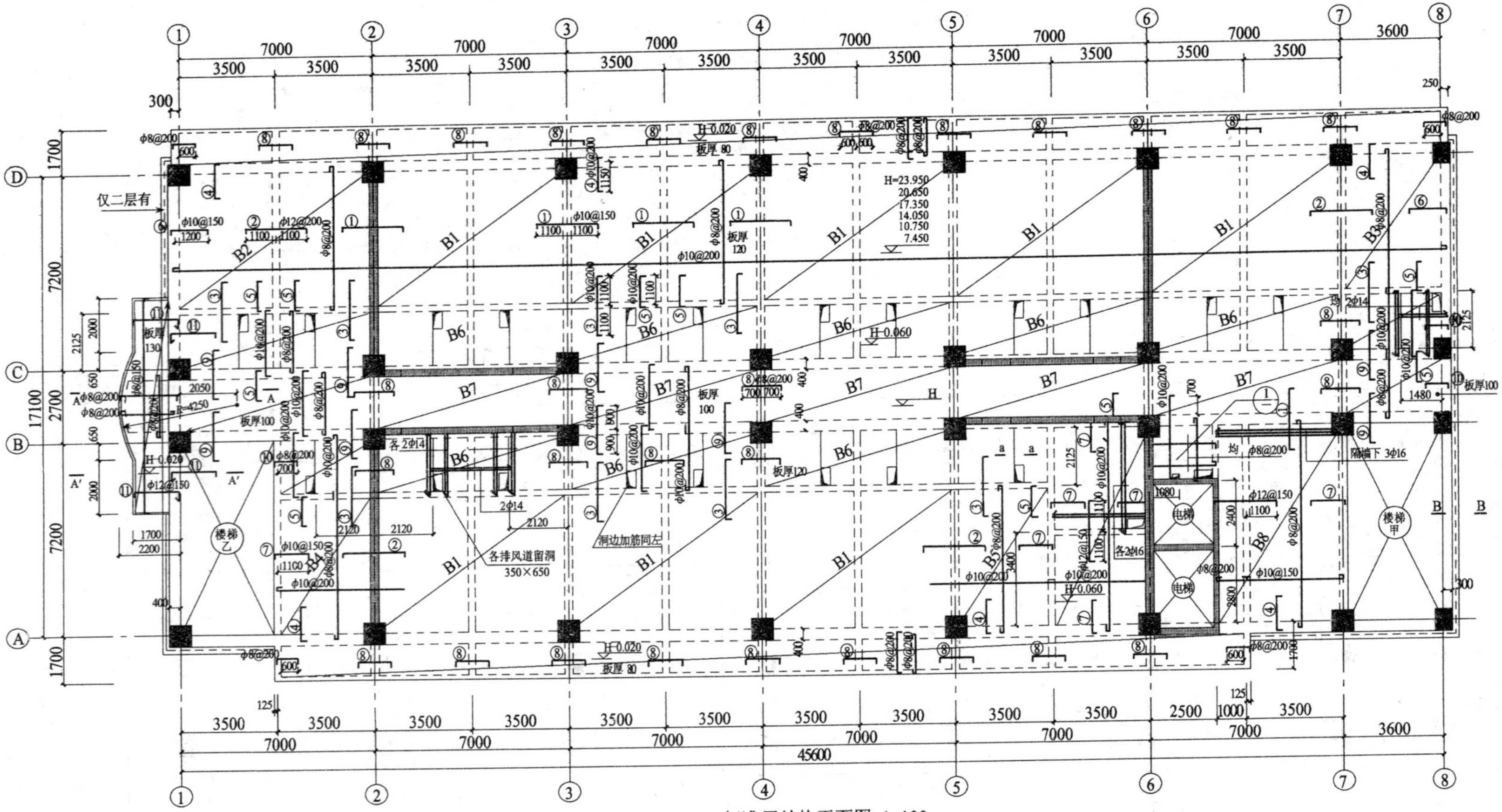

标准层结构平面图 1:100

图11-9b 某建筑标准层结构平面图

说明:
1. 材料:混凝土强度等级C30。钢筋 φ 为HPB235级, φ 为HRB335级。
2. 未注明板厚为120mm。
3. 标高卫生间(涂红)为H-0.06,阳台为H-0.02,其他未注明板为H。各排风道预留洞口尺寸为350×650,洞侧均加筋2 φ14。
4. 各排风道预留洞纵向及山墙外,均居中定位。
5. 框架梁除纵向定位。

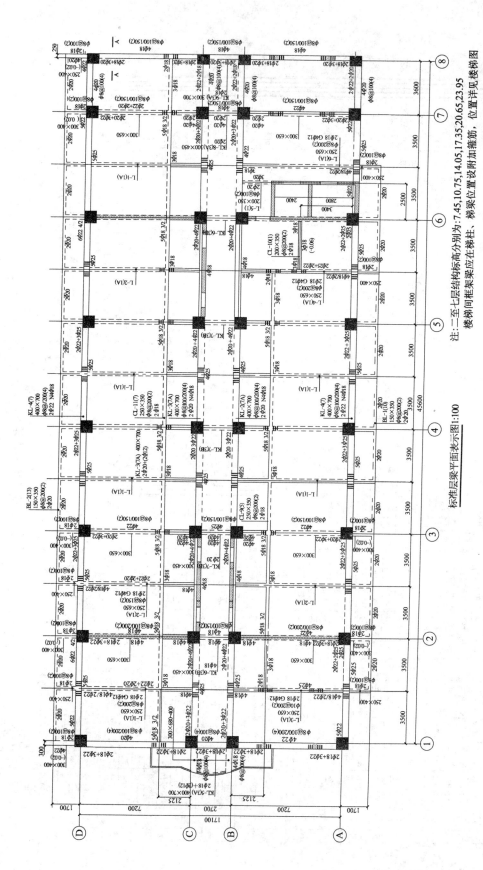

标准层梁平面表示图1:100

图11-9c 某建筑标准层梁平面表示图

注:二至七层结构标高分别为:7.45,10.75,14.05,17.35,20.65,23.95
楼梯间框架梁应在梯柱、梯梁位置设置附加箍筋,位置详见楼梯图

253

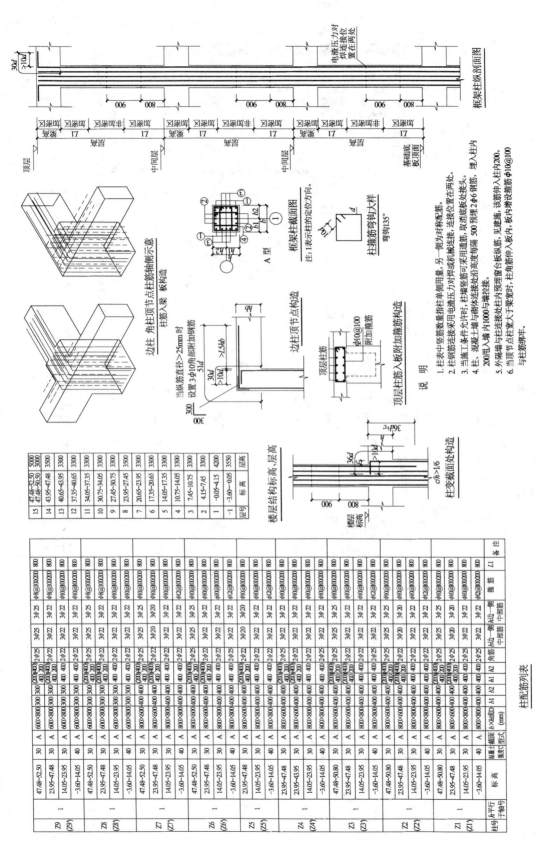

图11-9d 某建筑柱详图

254

参 考 文 献

1 建筑结构可靠度设计统一标准 GB 50068—2001. 北京:中国建筑工业出版社,2002

2 建筑结构荷载规范 GB 50009—2001. 北京:中国建筑工业出版社,2002

3 高层建筑混凝土结构技术规程 JGJ 3—2002. 北京:中国建筑工业出版社,2002

4 建筑抗震设计规范 GB 50011—2001. 北京:中国建筑工业出版社,2001

5 混凝土结构设计规范 GB 50010—2002. 北京:中国建筑工业出版社,2002

6 徐培福,黄小坤. 高层建筑混凝土结构技术规程理解与应用. 北京:中国建筑工业出版社,2003

7 高小旺,龚思礼,苏经宇,易方民. 建筑抗震设计规范理解与应用. 北京:中国建筑工业出版社,2002

8 徐有邻,周　氏. 混凝土结构设计规范理解与应用. 北京:中国建筑工业出版社,2002

9 霍达,王志忠等. 高层建筑结构实用设计与工程实践. 郑州:河南科学技术出版社,1992

10 包世华. 新编高层建筑结构. 北京:中国水利水电出版社,2001

11 林同炎,S.D.斯多台斯伯利著. 高立人,方鄂华,钱稼茹译. 结构概念和体系. 北京:中国建筑工业出版社,1999

12 方鄂华. 多层及高层建筑结构设计. 北京:地震出版社,1992

13 赵西安. 钢筋混凝土高层建筑结构设计. 北京:中国建筑工业出版社,1992

14 李国胜. 简明高层钢筋混凝土结构设计手册. 北京:中国建筑工业出版社,1995

15 刘大海,钟锡根,杨翠如. 房屋抗震设计. 陕西:陕西科学技术出版社,1985

16 胡庆昌. 钢筋混凝土房屋抗震设计. 北京:地震出版社,1991

17 中国建筑科学研究院建筑结构研究所主编. 高层建筑结构设计. 北京:科学出版社,1985

18 刘大海,杨翠如,钟锡根. 高层建筑抗震设计. 北京:中国建筑工业出版社,1993

19 中国建筑科学研究院 PKPM CAD 工程部. 多层及高层建筑结构三维分析软件(TAT). 2002

20 中国建筑科学研究院 PKPM CAD 工程部. 高层建筑结构空间有限元分析与设计软件(SATWE). 2002

21 混凝土结构施工图平面整体表示方法制图规则和构造详图 03G101—1. 中国建筑标准设计研究所,2003

22 混凝土结构施工图平面整体表示方法制图规则和构造详图 03G101—2. 中国建筑标准设计研究所,2003

23 建筑工程设计文件编制深度规定. 中华人民共和国建设部,2003